KB124824

알면 알수록 신비한 인간 유전의 세계

인간 유전 상식사전 100

100 Wonders of Human Genetics (HITO NO IDEN NO 100 FUSHIGI)
by Emiko Samaki, Junko Tatsumi,
Shin Tochinai, Masao Aui, Tetsuya Abe

Originally Published in Japan by Tokyo Shoseki Co., Ltd., Tokyo

알면 알수록 신비한 인간 유전의 세계
인간 유전
상식사전
100
사마키 에미코 · 다쓰미 준코 · 도치나이 신 · 아구이 마사오 · 아베 데쓰야 지음
홍영남(서울대학교 생명과학부 명예교수) 감수 | 박주영 옮김

중앙에듀북스

| 저자의 글 |

요즘은 해파리의 발광 유전자가 조합되어 황록색의 형광 빛을 내는 송사리가 애완용품 코너에서 팔리는 시대입니다. 이뿐만 아니라 우리는 자신도 모르는 사이에 유전자 재조합된 식품 원료로 만들어진 식용유나 감자튀김을 먹고 있을 가능성도 있습니다. 그렇기 때문에 이제는 '유전자'에 대한 기초 지식을 모두가 꼭 알고 있어야 하는 시대입니다.

왓슨과 크릭이 'DNA의 이중나선 구조'를 밝혀내어 세상 사람들을 놀라게 한 지 50년이 지난 2003년 4월, 인간 게놈(인간 유전체, 인간 세포가 가지고 있는 모든 유전 정보)이 모두 해독되었습니다. 이는 미국과 영국, 일본, 프랑스, 독일, 중국, 이 여섯 나라의 1500여 명이라는 많은 연구자들이 13년이라는 세월을 보내며 이루어낸 연구 성과입니다. 이 연구 성과를 계속 응용해나간다면, 인간과 관련된 생명 현상(이를테면 수정과 성장, 노화와 죽음 등의 기본적인 현상)의 조작과 병에 걸리는 구조, 그리고 유전 구조 등을 밝혀내는 데 실마리를 찾을 수 있을 것으로 보입니다.

지구상에 생명체가 생겨나고 나서 40억 년이 흘렀습니다. 이 긴 시간 속에서 생명체는 진화를 거듭하며 여러 종류의 다양한 생명체를 탄생시켜왔고, 이러한 생명체의 역사는 DNA라는 '생명의 실'로 끊임없이 이어져오고 있습니다. 인류의 역사는 대략 500만 년 전에 시작되었고, 한 세대의 성장 기간을 20년으로 계산한다면 우리는 25만 번째 세대의 자손이 됩니다.

이 책은 '인간 유전'에 관한 주제를 중심으로 다룬 책으로, 생명이란 무엇인지, 유전 구조는 어떻게 밝혀졌는지, DNA란 어떤 물질인지, 유전자와 진화의 관계, 그리고 유전자 조작의 구체적인 사례와 같은 내용을 주로 다루었습니다. 그 이유는 이러한 설명을 통해 이 책을 읽는 여러분이 '인간 유전'을 더욱 깊이 이해할 수 있을 것이라고 생각했기 때문입니다. 또한 여기에 생명 윤리 시점을 추가하여 설명했기 때문에 기존의 유전 책과는 다른 느낌을 줄 것이라고 집필자 일동은 확신하고 있습니다.

마지막으로 이 책을 편집하는 데 수고를 아끼지 않으신 도쿄서적사전 편집부의 츠노다 아키코 씨와 예쁜 삽화를 그려주신 일러스트레이터 스즈키 마도카 씨에게 깊은 감사의 마음을 전합니다.

집필자를 대표하여 사마키 에미코

| 감수자의 글 |

생명공학은 여러 면에서 우리가 기대했던 것보다 훨씬 빠르게 발전하고 있다. 2003년 4월, 인간 유전체(게놈)가 모두 해독되고 인간 유전체 지도가 발표되면서 21세기의 시작과 함께 게놈 시대가 막을 올렸다.

생명공학에 모든 국가가 높은 관심을 보이는 이유는 무엇일까? 그것은 인간의 질병에 대처하기 위한 의약품과 새로운 전략을 만들어내고, 인간 수명을 연장시키며 삶의 질을 높일 수 있다고 확신하기 때문이다.

이에 발맞춰 지금까지 생명공학에 대한 많은 책이 출간되었으나 대부분 기본적 원리와 더불어 생물학적 내용에 초점이 맞추어져 있다. 이 책은 DNA를 기초로 한 생명공학 연구와 그 성과를 100가지 핵심 토픽을 정해 전문가가 아닌 일반 사람들에게 알기 쉽게 소개하는 저서다.

DNA라는 단어는 들은 적이 있으나 그것이 자신과 어떤 관계를 맺고 있는지 아는 사람은 많지 않을 것이다. 생명의 역사는 불멸의 코일인 DNA로 끊임없이 이어져 오고 있다. 인간 게놈의 구성 요소가 DNA이며, DNA 구조를 밝힘으로써 생물의 유전 구조가 밝혀졌다.

이 책에서 저자들은 '생명이란 무엇인가' 라는 질문으로부터 시작하여 유전자와 생물 진화의 관계, 그리고 유전자 조작 내용을 다루고 있다. 우리가 궁금해하는 인간 유전에 대해 간략하게, 그러면서도 아주 이해하기 쉽게 설명하고 있다.

21세기는 생물정보학(바이오인포매틱스)의 지원 아래 유전체학, 기능유전체학, 약리유전체학, 단백질체학이 질병의 원인과 치료제 개발을 위해 특정 유전적 표적을 찾기 위한 원동력이 될 것이다.

이 번역서는 때맞춰 생명공학 개발의 필요성과 현실성을 쉽게 그리고 흥미롭게 소개한 책으로 모든 사람에게 추천하고 싶다.

서울대학교 생명과학부 명예교수 홍영남

| 차례 |

1장 생명이란 무엇인가

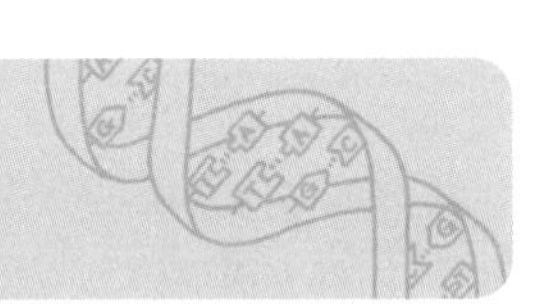

2장 유전학의 흐름

3장 DNA란 무엇인가

4장 유전자로 결정되는 것과 결정되지 않는 것

5장 유전자 연구로 알게 된 생물의 진화

6장 바이오테크놀로지-유전자를 조작하는 시대

1장
생명이란 무엇인가

001 생명의 시작

"낮 시간의 지구는 어떤 것과도 비교할 수 없을 만큼 아름답다. 암흑천지인 우주 속에서 유일하게 생명체가 자라고 있으며, 푸르게 빛나는 행성이기 때문일까. 우주에서 지구를 보고 있으면 생명이라는 시를 읽고 있는 것 같다. 태양계의 46억 년 중에서 40억 년의 생명체 역사를 가진 단 하나의 별, 지구. 바다에서 자랄 수 있는 생명체가 육지로 펴지고, 다양한 종류의 동식물로 번성하여 그 일부는 하늘을 자유롭게 날아다닐 수도 있게 된 지구의 생명체. 긴 역사의 시간을 보내고, 지금 처음으로 우주까지 뻗어나가려는 지구의 생명체. 그 신비하고도 고귀함은 우주가 지구의 시(詩)로 선물해준 것 같다."

이것은 1992년 9월 우주왕복선 엔데버호에 탑승했던 모리 마모루(毛利衛) 씨가 쓴 《지구별의 시》[1] 중 일부다.

수십억 년 전, 우주 한 구석에 먼지로 있던 물질들이 점점 모여들어 태양계 형태를 만들어갔다. 그리고 지금으로부터 약 46억 년 전, 태양에서 1억 4960만 킬로미터 떨어진 궤도에서 우리의 별 '지구' 가 탄생했다.

그런데 만일 지구가 태양에서 1억 4960만 킬로미터 떨어진 궤도가 아니라 수성처럼 태양과 가까운 별이었다면 생명체는 생길 수 없었을 것이다. 왜냐하면 수성의 낮 표면 온도는 430℃까지 올라가기 때문이다. 또는 화성과 같이 태양과 아주 멀리 떨어져 있는 별이었다면, 이 또한 생명체가 생기기 어려웠을 것이다. 화성에서는 적도 부근의 지역도 낮 기온이 20℃까지밖에 올라가지 않고, 밤이 되면 영하 120℃로 내려가기 때문이다. 생물이 생명활동을 하기 위해서는 '액체로 된 물' 이 꼭 있어야 하기 때문에 영하 120℃가 되는 저온 세계에서는 생물이 살아갈 수 없다. 따라서 태양으로부터 1억 4960만 킬로미터 떨어진 지구의 위치는 '생물이 살아갈 수 있는 영역' 이다.

그리고 '물의 행성' 이라고 불리는 이 지구에서 원시 생명체가 탄생했다. 지구과학의 연구에 의하면, 당시 지구는 심한 화산활동이 빈발했고, 우주로부터는 엄청나게 많은 운석들이 떨어지고 있었다고 한다. 여기에 태양은 지구의 지표를 향하여 강렬한 방사선과 자외선을 인정사정없이 방출하고 있었다고 한다. 또한 달과 지구의 거리[2]가 현재의 25분의 1이었기 때문에, 지구의 밀물 때와 썰물 때의 해수면 차이는 현재와 10배 정도 차이가 날 정도로 아주 심했다고 한다. 이렇게 혹독한 환경 속에서 원시 생명체가 탄생했다.

중수소 발견자이자 행성 기원에 대한 권위 있는 학자인 시카고 대학 교수 헤럴드 유리(Herald Urey)와 대학원생이었던 스탠리 밀러(Stanley

Miller)는 1950년대에 실험을 통해 이를 입증했다. 오파린이 제창한 '생명의 기원 가설(1924년)'을 바탕으로 암모니아, 메탄, 수소, 물을 혼합한 기체를 둥근 유리에 넣고, 이 안에 번개와 같이 전기를 방전함으로써 여러 종류의 아미노산이 생긴다는 실험을 통해서였다. 그후 이와 비슷한 실험으로 단백질이나 핵산, ATP(Adenosine triphosphate, 아데노신 3인산)도 합성할 수 있다는 것이 증명되었다. 즉 생물의 몸을 구성하는 중요한 물질은 그 혹독했던 원시 지구 속에서 자연스럽게 합성될 수 있었다는 사실이 이 실험을 통해 처음으로 입증된 것이다.

그러나 '생명의 기원'은 현재도 '열수분출공(熱水噴出孔, hydrothermal vent)설', '혜성 충돌설', '우주선(宇宙線 起源, cosmic ray) 기원설' 등 몇

가지 가설이 제창되고 있으며, 어떤 물질이 어떠한 조건에서 단백질이나 핵산, ATP 등으로 변화했는지는 세계 여러 나라 과학자들이 지금도 많은 연구를 진행하고 있다.

그런데 단백질이나 핵산, ATP 등 생물을 탄생시킬 수 있는 재료가 갖추어졌다 하더라도, 외부와 분리시키는 '막'이 없다면 생물은 탄생할 수 없다. 외부로부터 필요한 물질을 받아들이고 불필요한 물질은 내보낼 수 있는 '세포막'이 완성되었기 때문에 지금으로부터 약 40억 년 전 이 지구에 처음으로 생명체가 출현할 수 있었다. 그리고 이 원시 생명체는 진화와 적응을 반복하면서 수많은 생명을 만들어왔다. 우리 인류 또한 약 40억 년 전부터 현재에 이르는 실로 긴 역사 속에서 자라온 것이다.

사마키 에미코

1 《지구별의 시》
일본 아사히(朝日)신문사 발행, 1995년.

2 달과 지구의 거리
지구와 달이 탄생한 약 46억 년 전에는 지구와 달의 거리가 현재의 약 25분의 1 정도였다고 추측된다. 현재도 달은 1년에 약 2센티미터씩 지구와 멀어지고 있다.

002 무엇이 생물의 형태를 만들까

우리 몸에 가장 많이 포함되어 있는 원자는 무엇일까? 이것은 우주에 가장 많이 존재하며, 가장 가벼운 원자이기도 하다. 그렇다. 우리 몸에 가장 많이 포함되어 있는 원자는 바로 수소 원자다. 우리 몸을 만드는 이 원자는 우주 공간에서 만들어졌다. 그래서인지 밤하늘에 빛나는 별을 바라보면 마음이 차분해진다고 하는 사람이나 별들이 빛나는 우주가 우리의 먼 고향일 거라고 말하는 사람이 있는 것 같다.

우리 몸에 가장 많이 포함되어 있는 원자가 수소 원자이기는 하지만, 수소 원자만으로는 우리 몸을 유지할 수 없다. 탄소 원자나 산소 원자, 질소 원자도 필요하다. 이 가운데 특히 여러 원자와 결합할 수 있는 탄소 원자는 매우 중요하다. 탄소 원자가 없었다면 지구에서 생물이 탄생할 수 없었을 것이다. 또한 인이나 칼슘, 철, 아연도 꼭 있어야 하는 원자다.

다만 우리 몸에 있는 인이나 칼슘, 철, 아연은 수소나 탄소, 산소, 질소에 비하면 그 양이 아주 적다.[1] 이외에 나트륨이나 마그네슘, 유황, 칼륨, 규소, 염소, 구리 등도 우리 몸에 꼭 있어야 하는 원자다.

이러한 여러 종류의 원자들은 우리 몸속에서 끊임없이 결합하거나 분리되고 있다. 즉 우리가 살아 있는 것은 우리 몸속에서 엄청나게 많은 원자나 분자가 끊임없이 화학반응을 일으키고 있다는 것이다. 그렇다고 해서 화학반응이 그냥 아무렇게나 일어나는 것은 아니다. 우리 몸에서 일어나는 화학반응은 질서정연하게 일어나고 있다.

우리 몸의 내부에서 진행되고 있는 화학반응 중에서도 특히 중요한 반응은 살아가기 위한 에너지를 만드는 화학반응이라고 할 수 있다. 에너지의 기본이 되는 물질은 주로 포도당이다. 포도당은 12개의 수소 원자와 6개의 산소 원자, 6개의 탄소 원자가 결합하여 만들어진다. 우리의 생명활동에 쓰이는 에너지는 이렇게 만들어진 포도당 속에 축적되어 있는 에너지를 사용하여 생성된다.

또한 우리 몸 자체를 만드는 화학반응도 중요한 반응 중 하나다. 생물의 몸은 세포로 이루어져 있지만, 세포의 70~90%는 단백질이다. 단백질은 주로 수소 원자, 산소 원자, 탄소 원자, 질소 원자가 결합하여 만들어진다. 우리의 머리카락이나 피부, 손톱, 근육도 모두 단백질을 많이 함유하고 있는 세포로 이루어져 있다. 머리카락과 피부의 성질은 상당히 다를 것이라고 생각할 수 있지만, 이 둘은 단지 단백질의 단위가 되는 아미노산 연결 방법이 다를 뿐이다. 어떤 아미노산을 어떤 순서로 연결시키면 좋을까. 이 중요한 결정을 하는 물질이 '유전자'다.

그러면 '유전자'란 대체 어떤 물질일까? 이 질문에 대한 자세한 이야기는 2장과 3장에서 다루도록 하겠다. 여기에서는 '유전자'가 수소 원자, 산소 원자, 탄소 원자, 질소 원자, 인 원자, 이 다섯 종류의 원자로 이루어져 있다는 것만 이야기하도록 하겠다.

사마키 에미코

1 다만 우리 몸에……

인체를 구성하는 원자 수를 상대적으로 나타내면 다음과 같다.

수소 : 산소 : 탄소 : 질소 : 칼슘 : 인 : 철 : 아연
= 9200 : 3900 : 1620 : 370 : 34.4 : 20.3 : 0.09 : 0.038

003 세포가 없으면 생명도 없다

우리 몸은 약 1kg당 1조 개의 세포들로 이루어져 있다고 한다. 만약 당신의 몸무게가 60kg이라고 한다면, 60조 개의 세포들로 이루어져 있다는 얘기다.

당신은 머리카락을 현미경[1]으로 본 적이 있는가? 배율을 600배로 해서 머리카락을 관찰하면 물결치는 모양의 큐티클(cuticle) 세포(그림 1)를 볼 수 있다. 또한 손등에 셀로판테이프를 붙였다가 떼어보자. 떼어낸 셀로판테이프에 하얗게 붙어 있는 것은 피부의 상피 세포(그림 2)다. 그리고 침을 삼켜보자. 침을 만드는 것은 침샘 세포다.

이번에는 손목에 손가락을 대고 맥박 수를 세어보자. 맥박이 느껴지는가? 당신이 지금 느끼는 맥박 수만큼 당신의 심장 심근 세포가 확장과 수축을 반복하고 있는 것이다. 심근 세포는 하나하나 여기저기 흩어져도 쉬지 않고 확장과 수축을 계속한다.

심장은 기계인 펌프에 자주 비유되곤 한다. 분명히 심장과 펌프의 기능은 비슷하다. 하지만 이 둘은 전혀 다른 점이 있다. 그것은 '심장 전체가 세포로 이루어져 있다'는 점이다.

심장뿐만이 아니다. 뼈, 근육, 간, 폐, 위, 장을 포함한 우리 몸 전체는 '세포'로 이루어져 있다. 그래서 '세포가 없으면 생명도 없다'고 말할 수 있는 것이다.

대부분의 세포는 너무 작아서 육안으로 볼 수 없다. 세포 중 하나인 적혈구를 예로 들어보겠다. 사람의 적혈구 지름은 약 8~9미크론이다. 1미크론은 1밀리미터의 1000분의 1 길이다.

만일 적혈구를 똑바르게 일렬로 1밀리미터 길이로 세운다면 몇 개의 적혈구가 필요할까? 111~125개의 적혈구가 필요하다. 겨우 1밀리미터의 폭 속에 100개가 넘는 적혈구가 세워져 있는 것이다. 이로써 세포가 얼마나 작은지 알 수 있다.

그렇다면 세포는 왜 이렇게 작은 것일까? 이렇게 작은 세포를 많이 만들지 말고, 아주 큰 세포를 만들면 좋았을 것이라는 의문이 들지 않는가? 하지만 세포는 작을 수밖에 없는 이유가 있다. 왜냐하면 몸속 구석구석까지 필요한 물질을 옮겨야만 하기 때문이다.

세포 내에서는 쉬지 않고 계속해서 많은 화학반응이 일어나고 있다. 이러한 화학반응에 필요한 물질이 이동[2]하기 위해서는 세포 내에서 '확산'을 하는 방법밖에 없다. 확산이란 문자 그대로 '흩어져 널리 퍼진다'는 의미다.

산소 분자나 물 분자와 같이 크기가 작은 분자일 경우에는 확산을 하는 시간이 그만큼 빠르지만, 단백질과 같이 큰 분자는 이동을 하는 데 상당히 많은 시간이 필요하다. 그렇기 때문에 세포 내에서 필요한 물질을 어느 곳이든지 빠르게 전달할 수 있도록 세포의 크기는 제한될 수밖에 없다.

다음 그림은 동물 세포의 모식도다.

세포 중에서 가장 큰 소기관인 '핵'에는 유전자가 들어 있다. 또한 미토콘드리아는 생명활동을 하는 데 필요한 에너지를 만들어낸다. 리보솜

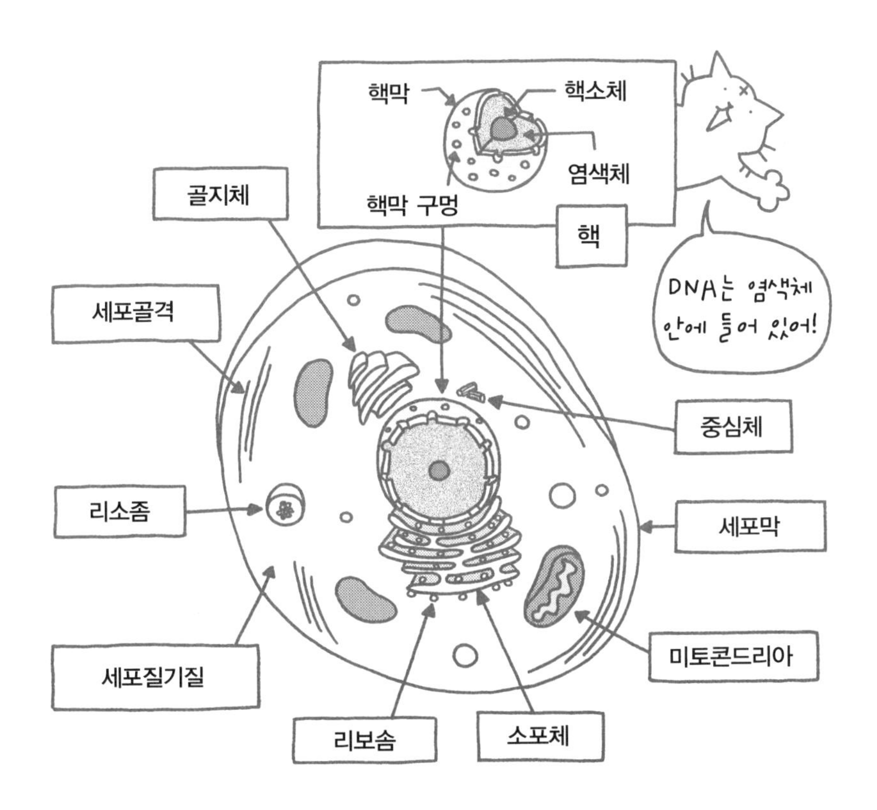

에서는 단백질을 합성하며, 이 단백질에 당을 결합시켜 당단백질을 만드는 것이 골지체다.

사마키 에미코

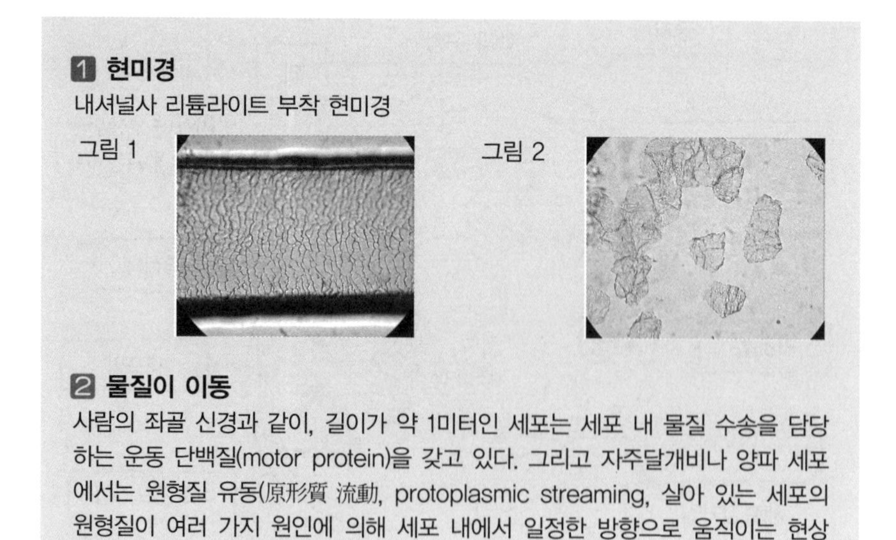

1 현미경

내셔널사 리튬라이트 부착 현미경

그림 1

그림 2

2 물질이 이동

사람의 좌골 신경과 같이, 길이가 약 1미터인 세포는 세포 내 물질 수송을 담당하는 운동 단백질(motor protein)을 갖고 있다. 그리고 자주달개비나 양파 세포에서는 원형질 유동(*原形質 流動*, protoplasmic streaming, 살아 있는 세포의 원형질이 여러 가지 원인에 의해 세포 내에서 일정한 방향으로 움직이는 현상 –옮긴이) 현상이 일어난다.

004 아주 바쁜 세포– ATP와 세포 재생

"왜 배가 고프지? 간식을 먹지 않아서 배가 고픈가! 아무리 먹어도 배가 고프네. 엄마, 엄마, 배가 등에 달라붙겠어!"

이것은 일본 동요의 한 구절이다.

우리가 살아가기 위해서는 외부로부터 끊임없이 영양분을 섭취해야 한다. 우리는 하루 종일 누워만 있어도, 힘들게 밖을 걸어다녀도, 어쨌든 먹지 않고는 살아갈 수 없다. 왜냐하면 체온을 유지하기 위해, 심장을 움직이기 위해서라도 에너지가 필요하기 때문이다. 보거나 듣고, 말하거나 생각하는 모든 생명활동에는 에너지가 필요하다. 이 생명활동의 에너지원은 'ATP'[1]라고 불리는 분자다. ATP가 세포 내에서 없어지면 세포는 생명활동을 할 수 없어 결국 죽게 된다.

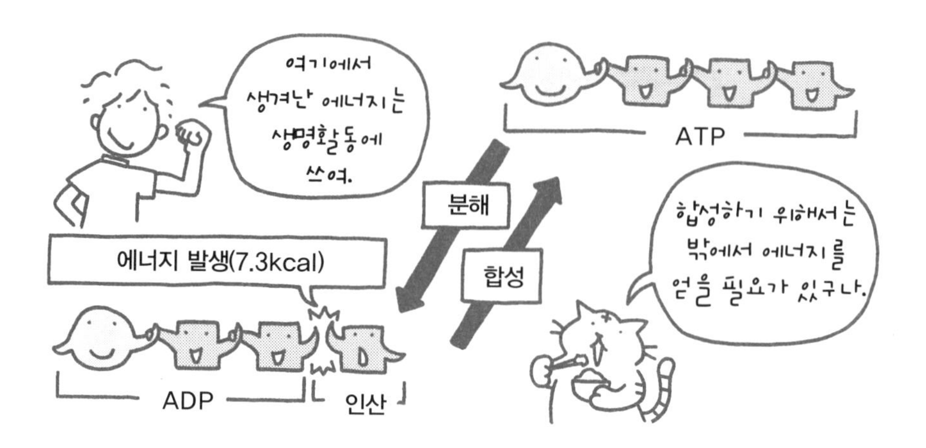

ATP는 Adenosine Triphosphate(아데노신 3인산)의 약자다. 아데노신이라는 물질에는 인산 세 개가 결합해 있다. 세 번째 인산이 떨어질 때 ATP 340g당 30.6킬로줄(7.3kcal)의 에너지가 방출된다. 쉽게 말하자면 이 세 번째 인산이 결합된 부분에 에너지가 모여 있어서, 여기를 잘라내면 에너지가 나온다는 얘기다.

이때 방출된 에너지를 열 에너지로 바꾸면 우리는 체온을 유지할 수 있고, 운동 에너지로 바꾸면 근육 세포를 확장시키거나 수축시킬 수 있다. 또한 전기 에너지로 바꾸면 보거나 듣고 생각할 수 있다.

에너지가 방출되면 아데노신에 두 개의 인산이 결합한 'ADP(Adenosine Diphosphate, 아데노신 2인산)'와 '인산'이 된다. 이와 반대로 ADP와 인산을 다시 결합시켜 ATP를 만들기 위해서는 외부에서 영양분을 섭취해야 한다. 섭취한 영양분을 통해 쌓인 에너지를 발산하도록 하는 생명활동 에너지원, 즉 ATP를 만드는 구조는 '내호흡'이라고 부른다. 그리고 산소 분자를 사용하여 효율적으로 이 과정을 진행시키는 곳은

'미토콘드리아' 라는 세포 소기관이다.

우리가 배가 고프다고 느끼는 것은 ATP를 만들어야 하는 이유 외에 또 한 가지 이유가 있다. 세포를 재생하기 위해서는 영양분을 사용해야 하기 때문이다. 보통 세포에는 반드시 수명이 있다. 어느 정도 분열을 거듭하면 세포는 죽음에 이른다. 정상적인 세포는 자발적으로 죽음을 일으키는 구조[2]를 가지고 있다. 끝없이 세포분열을 반복하며 영원히 죽지 않는 세포는 '암 세포' 밖에 없을 것이다.

우리 몸속에 있는 세포들의 수명을 살펴보면, 장 내벽을 뒤덮는 장 상피 세포의 수명은 2~3일이고, 피부 세포의 수명은 4주, 적혈구의 수명은 4개월이다. 각 세포는 자신에게 정해진 수명이 지나면 모두 죽는다. 뼈 세포조차도 그 수명이 수십 년이다. 딱딱해서 쉽게 부러지지 않을 것 같은 뼈 또한 오래되면 죽는다. 그렇기 때문에 몸을 유지하기 위해서는 매일매일 새로운 세포를 만들어내야 한다.

적혈구를 예로 들어보겠다. 우리 몸 구석구석까지 산소를 계속 운반하는 적혈구는 골수에서 만들어진다. 등뼈나 대퇴골과 같이 굵은 뼈 중심부에는 골수간 세포라고 불리는 세포가 있는데, 이 세포는 그 내부에서 헤모글로빈이라는 철을 함유한 단백질을 다량으로 만들어낸다. 그래서 이 세포는 헤모글로빈의 색으로 인해 빨갛게 보인다. 충분한 헤모글로빈을 합성한 세포는 핵을 내보내고 뼈의 틈새에 스며들어 혈관 속으로 들어간다.

헤모글로빈이라는 단백질을 만들기 위해서는 아미노산이라는 재료가 필요한데, 아미노산은 우리가 매일 먹는 돼지고기나 두부, 달걀이 분해되어 만들어진다. 말하자면 돼지고기나 두부, 달걀을 만들었던 아미노산이 헤모글로빈으로 변신을 하는 것이다.

사람의 헤모글로빈을 만들기 위한 아미노산을 어떤 순서로 세워갈까, 이 지령을 내리는 것이 골수간 세포핵 중심에 들어 있는 유전자다. 이야기가 꽤 길어졌으니 유전자의 기능에 대해서는 3장에서 이야기하도록 하겠다.

사마키 에미코

1 ATP

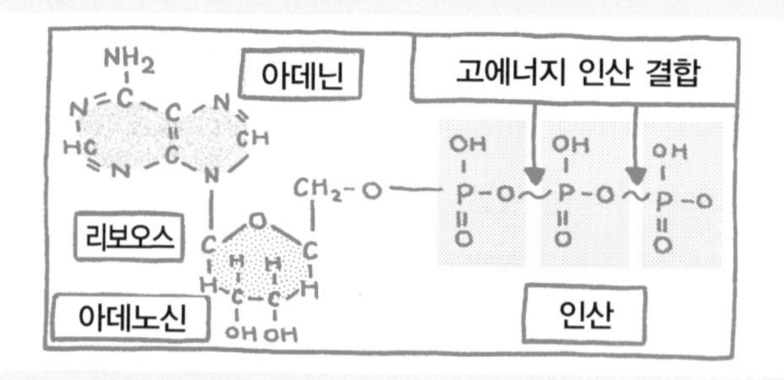

2 자발적으로 죽음을 일으키는 구조

정상적인 세포가 자발적으로 죽음을 일으키는 구조는 '아폽토시스(apoptosis, 세포 자살)'라고 부른다. 세포막이나 세포 소기관은 정상 그대로인 채로 있으면서, 핵 내의 염색체가 응집하여 세포 전체가 수축하고 단편화하여 세포가 죽음에 이른다.

005 단 하나의 세포가 일으키는 기적

나팔관에서 자궁을 향하여 조용히 내려오는 난자에게 지금 정자 하나가 돌입했다. 그러자 난자 세포막 바깥쪽에 또 하나의 투명한 막인 수정막이 생겼다. 이 막은 다른 정자가 난자에 들어오지 못하도록 난자를 방어하는 역할을 한다. 그리고 드디어 난자 세포 내에서는 난자와 정자, 이 둘이 가진 핵이 합쳐졌다. 새로운 생명이 시작된 것이다!

여러분도 자기 몸이 겨우 0.2밀리미터 정도밖에 안 되는 단 하나의 세포(수정란)에서 만들어졌다는 사실을 다시 한 번 생각해보길 바란다. 정말 신비롭지 않은가? 수정되고 약 24시간이 지나면 수정란은 세포분열을 시작한다. 하나에서 두 개, 두 개에서 네 개, 네 개에서 여덟 개로 세포 수가 점점 늘어난다.

수정되고 4일 반을 지나 세포 수가 100개 정도 되면 세포들은 두 개의 그룹으로 나뉜다. 한 그룹은 태반을 만들고, 다른 한 그룹은 태아의 몸을 만든다. 태반을 만드는 세포는 자궁의 내벽을 녹여 모태 쪽의 혈관에 이

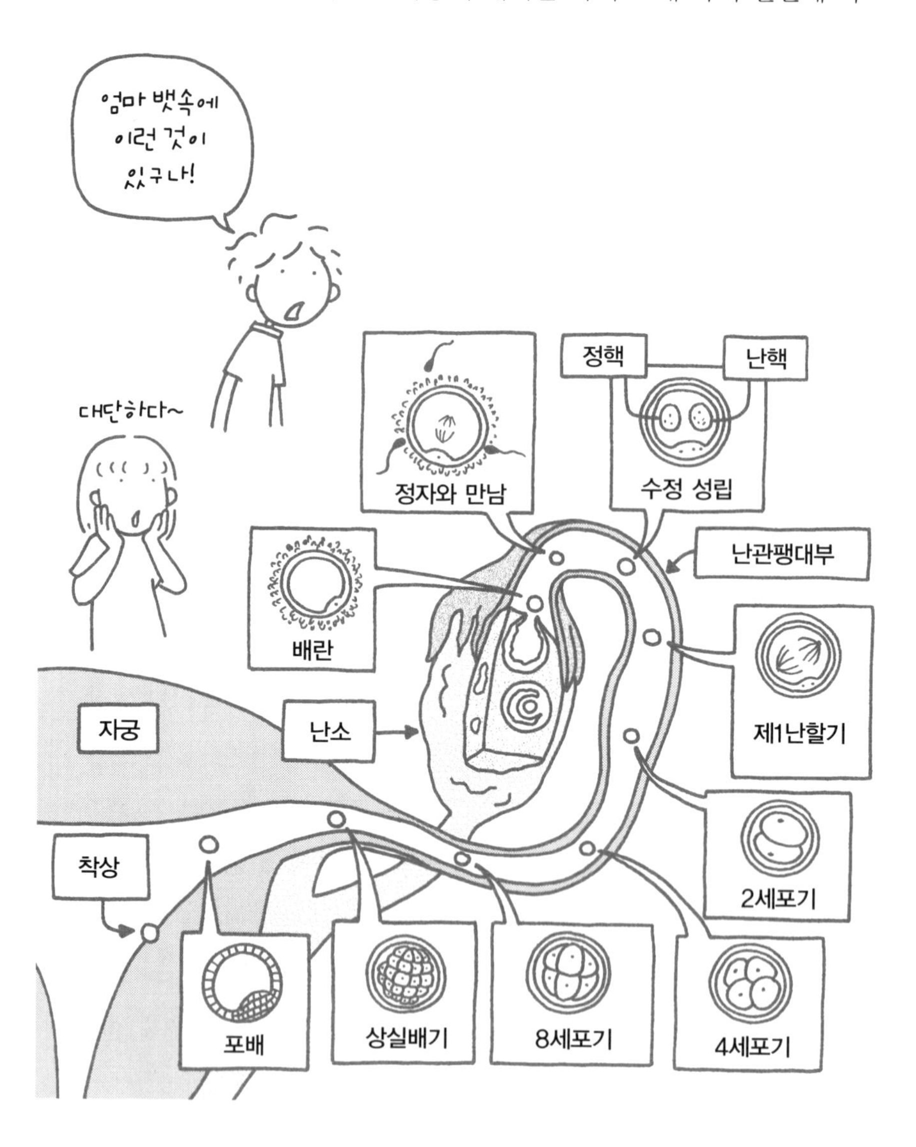

른다. 그리고 이 세포군과 자궁 내막 세포가 상호 작용하여 태반을 형성한다. 수정되고 8일 반이 지나면 태아의 몸을 만드는 세포는 외배엽과 내배엽으로 나뉜다. 그리고 16일이 지나면 두 개로 나뉜 세포군 사이에 중배엽이 생겨난다. 외배엽은 나중에 피부나 신경계 세포와 같이 외부와 직접 닿는 몸 부분을 만들고, 내배엽은 소화기나 췌장, 간장 등을 만든다. 그리고 중배엽에서는 근육이나 뼈 등 몸을 지탱하는 조직을 만들어 간다. 수정되고 14~21일이 지나면 뇌나 신경을 비롯하여 심장과 폐, 간, 신장이라는 중요한 장기의 바탕이 만들어지기 시작한다.

그런데 엄마는 아직 임신한 사실을 모른다. 엄마는 생리를 안 하니까 혹시 임신한 것 아닐까 생각하기 시작할 무렵이다. 엄마는 아기가 생겼다는 사실을 미처 모를 무렵, 태아의 몸은 아주 중요한 기초공사가 이루어지고 있다는 것을 결코 잊어서는 안 된다.

이렇게 10개월간 엄마 자궁 속에서 단 하나의 세포가 26조 개의 세포로 증가해간다. 그렇다고 단순히 세포 수만 늘어가는 것은 아니다. 단 하나의 작은 세포가 뇌나 피부, 눈이나 근육, 뼈라는 형태에 맞추어 성질이 전혀 다른 세포로 나뉘는 것이다. 이것을 '세포의 분화' 라고 한다. 세포가 분화하지 않으면 태아는 그저 세포 덩어리에 불과할 것이다.

'세포의 분화' 라는 신비한 생명 현상은 대체 어떻게 해서 생겨나는 것일까? 사실 성게의 난자와 정자는 사람의 난자나 정자와 외관이 비슷하다. 그렇지만 한쪽에서는 성게의 몸이 되고, 다른 한쪽에서는 사람의 몸이 된다. 이 둘을 나누는 것은 대체 무엇일까? 그렇다. 이 둘을 나누는 것은 각각의 세포핵 안에 있는 유전자다.

사마키 에미코

2장

유전학의 흐름

006 세포의 발견

자신의 뺨을 한번 꼬집어보라. 부드럽게 살이 뭉쳐지는 것을 느낄 것이다. 우리 몸을 만질 때의 감촉은 마치 찰흙을 만지는 것과 같은 느낌이다. 옛날 사람들도 그렇게 생각했던 것 같다. 구약성서에서는 신이 흙으로 빚어서 사람을 창조했다고 하며, 중국 신화에도 이와 같은 이야기가 있다.

물론 현대를 살아가는 우리는 생물체가 '세포' 라는 아주 작은 것으로 이루어져 있다는 것을 알고 있다. 이런 사실은 중학교에서도 가르치기 때문에 모두 아는 상식이다. 하지만 인류의 역사로 볼 때 이 사실을 알게 된 것은 의외로 최근의 일이다.

세포의 존재에 사람들이 신경을 쓴 것은 현미경이 발명된 후의 일이

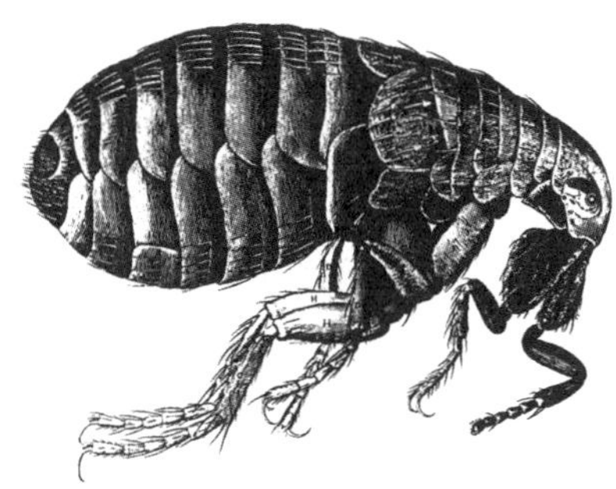

《마이크로그래피아(Micrographia)》의 코르크 스케치(왼쪽)와 벼룩 스케치(오른쪽).

다. 16~17세기에 네덜란드의 안경업자였던 얀센 부자가 2개의 렌즈를 조합해서 더욱 큰 확대율을 얻을 수 있었던 점에 착안하여 만든 것이 최초의 현미경이다. 이것을 사용하면 작은 물체를 놀랄 만큼 크게 확대해서 볼 수 있었다.

이렇게 진기한 물건이어서 그랬는지 17세기 중반쯤 현미경은 네덜란드와 이탈리아를 중심으로 상당히 보급되었다. 그중에서도 당시 유럽에서 최고의 학자로 인정받던 로버트 훅(Robert Hooke)[1]이라는 영국의 과학자가 이 현미경에 관심을 가졌다. 훅은 천이나 곰팡이, 벼룩과 같이 자신의 주변에 있는 여러 가지 것들을 현미경으로 관찰하고 스케치하며 자세히 연구했다.

그 성과는 훌륭한 스케치가 들어간 《마이크로그래피아(Micrographia)》라는 책으로 출판되었다(1665년). 이 책은 출판되자마자 베스트셀러가 되었다.

《마이크로그래피아》는 훅이 코르크를 관찰한 결과를 기록한 책이다. 훅이 관찰한 결과, 얇게 자른 코르크를 확대하여 아주 작은 상자와 같은 물체가 모여 있는 것을 발견했다. 그래서 훅은 이 구조에 '작은 방(cell)' 이라는 이름을 붙였다. 코르크가 가볍고 탄력이 있으며 물을 흡수하지 않는 성질을 갖는 이유는 바로 이 '작은 방' 에 공기가 가득 차 있기 때문이었다.

훅은 코르크나무 껍질 뒷면을 벗겨서 건조시켰다. 현대의 시점에서 생각해본다면, 훅이 발견한 것은 엄밀히 말해서 코르크나무 세포가 죽은 자리에 남아 있는 세포벽 집단이었다.

그래도 어쨌든 세계 최초로 세포가 그림으로 그려지고 이름도 붙여진 것이다. 그렇기 때문에 지금도 세포는 훅이 붙인 '셀(cell)' 이라는 이름으로 불리고 있다.

훅은 이렇게 첫 발견을 했지만, 유감스럽게도 더 깊이 연구하지는 않고 끝냈다. 훅은 코르크가 아닌 다른 살아 있는 세포를 관찰하면서도, 그 구조는 영양액이 지나가는 길과 같은 것이라고밖에 생각하지 않았다. 그 구조가 보편적인 것이라고는 생각하지 못했던 것이다.

그런 뒤 200여 년이 지난 19세기 중반(1838년)에 독일의 슐라이덴(Matthias Schleiden)[2]이라는 학자가 현미경으로 여러 종류의 식물을 철저하게 관찰하여, 어떤 식물이든지 훅이 보았던 것과 같은 '세포' 로 이루어져 있음을 발견했다. 슐라이덴은 식물이 세포로 이루어져 있다고 생각하고 '세포설' 을 주장했다.

그 다음 해에는 독일의 슈반(Theodore Schwann)[3]이 동물의 몸도 이와 같이 세포로 이루어져 있다는 세포설을 주장했다.

이런 과정을 거쳐서 생물의 몸은 세포로 구성되어 있다는 사실이 점차 밝혀졌다.

아베 데쓰야

1 로버트 훅(Robert Hooke)
1635~1703년, 영국의 물리학자, 수학자, 천문학자, 실험과학자. 보일의 조수 등을 거쳐 런던 왕립협회 회장을 지냈다.
뛰어난 실험가로 진공 펌프 등을 제조했다. 자신이 직접 만든 현미경을 이용한 관찰 기록 《마이크로그래피아》(1665)가 유명하다.

2 슐라이덴(Matthias Schleiden)
1804~1881년, 독일의 식물학자, 세포설 주창자. 초기에는 변호사 일을 하려고 하였으나 적응하지 못해 자살을 시도하다 실패한 뒤에 식물학자가 되었다. 《식물의 발생》(1838)을 써서 식물은 세포로 이루어져 있으며, 세포 자신은 미세한 생물이라고 주장했다.

3 슈반(Theodore Schwann)
1810~1882년, 독일의 동물학자. 동물의 몸이 세포로 구성되어 있다는 것을 발견해내어 슐라이덴의 의견에 찬성하였다. 《동식물의 구조와 성장의 일치에 관한 현미경적 연구》(1839)를 써서 세포설을 동식물 전반으로 적용하였다.
위액의 소화 효소를 발견하여 펩신이라고 이름 붙였다. 또한 발효나 부패가 생명 현상이라고 주장했다.

007 유전 법칙 발견-멘델의 연구

사람은 누구나 맛있는 것을 먹고 싶어 한다. 맛있는 것을 값싸게 양도 많이 얻을 수 있으면 좋겠다는 생각. 이런 생각이 맛있는 채소와 과일, 가축을 탄생시켰다. 이것을 '품질 개량'이라고 부른다.

이러한 것은 먹는 것에만 국한되지 않는다. 더 예쁜 꽃, 더 빨리 달리는 말, 더 귀여운 애완동물 등, 사람들은 많은 품종을 만들어내기 시작했다. 그런데 문제는 어떻게 하면 품종 개선을 효율적으로, 확실하게 해낼 수 있는가 하는 것이었다. 이것은 일반적인 방법으로는 이루어질 수 없는 일이다. 암컷과 수컷 모두 빨리 달리는 말을 교배하더라도 이 둘 사이에서는 느린 말이 태어나는 경우도 종종 있으며, 맛있는 과일 품종 사이에서 맛없는 과일이 열리기도 하기 때문이다.

옛날에는 자식이 어떻게 부모를 닮는지 그 유전 구조를 몰랐기 때문에 품종 개량을 하기가 상당히 힘들었다. 그래서 사람들은 경험과 직감으로 교배를 했다. 그러던 중 멘델(Gregor Mendel)이라는 신부가 자식이 부모를 닮는 유전 구조를 해명했다.

멘델(American Philosophical Society 제공).

그레고르 멘델은 1822년 오스트리아의 가난한 농가에서 태어났다. 그는 어렵게 공부를 하여 신부가 되었고, 브륀이라는 마을에서 수도사로서 지역 농예 과학 진흥을 위해 힘썼다. 이런 일환으로 유전 구조를 조사해야겠다고 마음 먹은 멘델은 수도원 정원에 밭을 만들어서 완두콩을 많이 심었다. 그리고 계획을 치밀하게 세워 아주 중요한 실험을 하기 시작했다. 수학과 물리학에 재능이 뛰어났던 그는 종자나 콩깍지 등의 특징을 분류하고, 이런 숫자들을 주의 깊게 세어서 특징마다 비율을 계산해 나갔다. 그 결과 놀랄 만한 사실이 밝혀졌다.

당시에는 부모의 특징이 '합쳐져서' 자식에게 전달된다고 믿었다. '혈육' 이라는 말에서도 느낄 수 있듯이, 부모의 체액이 여러 가지 특징을 전달하는 매체로, 자식의 특징은 부모에게서 물려받은 혼합물이라고 생각

멘델이 실험을 했던 정원.

하고 있었다. 쉽게 설명해서 동물의 부모 털이 각각 흰 털과 검은 털이라면, 이 둘 사이에서는 회색 털의 새끼가 태어난다고 생각했던 것이다.

그런데 멘델이 완두콩으로 조사한 결과 각 부모의 특징은 '혼합' 되는 것이 아니라 '조합' 될 뿐이라는 것을 알았다. 특징을 만드는 유전의 바탕은 액체가 아니라 무슨 알갱이와 같은 것이다. 이 알갱이와 같은 것이 바로 '유전자' 다.

생물의 몸에는 각각의 특징을 탄생시키는 유전자가 두 개씩 있고, 이 가운데 어떠한 것이 자식에게 전달된다. 부모로부터 유전자를 하나씩 받은 자식은 그중 또 어떠한 것을 자손에게 전해준다. 그렇기 때문에 흰 털과 검은 털인 부모로부터 하얗거나 검은 털을 가진 새끼가 태어나는 것이고, 그 후손 또한 부모로부터 유전자를 하나씩 받아서 그중 어떤 하나의 특징을 가지고 태어나는 것이다.

멘델은 이 연구 성과를 〈식물 잡종에 관한 연구〉라는 논문에 정리하여 발표했다(1865년). 그렇지만 당시 생물학 수준에서 볼 때 너무나 획기적인 방법으로 연구한 것이었기 때문에 누구도 이해할 수 없어서 사람들의 이목을 집중시키지 못했다. 그후 멘델도 수도원장이 되어 바쁜 나날을 보내느라 그러한 연구에서 멀어질 수밖에 없었다. 그러다 1884년에 멘델은 병으로 세상을 떠났다.

그는 주위 사람들에게 "언젠가는 내 생각을 인정해줄 날이 분명히 올 것이다"라고 말했다고 전해진다. 멘델의 논문은 도서관 한켠에서 먼지가 가득 쌓인 채 잊혀가고 있다가, 1900년에 드 브리스(Hugo de Vries) 외 2명의 학자들에게 재조명을 받게 되었다. 멘델이 죽은 지 16년이 지났을 때다.

아베 데쓰야

008 유전자는 어디에 있을까-염색체설과 모건

멘델은 유전자라는 알갱이와 같은 것이 반드시 두 개씩 있고, 이 가운데 어느 것이 자식에게 전해진다는 유전 구조를 발견했다. 그래서 아버지와 어머니로부터 유전자를 하나씩 받은 자식 역시 두 유전자를 갖는다. 멘델은 이러한 사실을 발견했지만 유전자가 어떤 것인지, 어떤 물질로 되어 있는지는 몰랐다. 유전자의 원인이 되는 알갱이가 있다고 생각하면 설명할 수 있다는 것이 멘델의 주장이었다.

그후 현미경이 발달하고 널리 보급되면서 세포의 실체를 점점 자세히 연구하게 되었다. 그중에서도 세포가 분열할 때 나타나는 '염색체'라는 물체는 19세기에서 20세기에 걸쳐 생물학 세계에서 상당한 흥미와 관심을 모았다.

염색체는 보통 핵이라는 구조 속에 있으며, 옅은 액체와 같은 상태다

(이전에는 '염색질' 이라고도 불렸다). 세포가 분열을 시작하면 순식간에 뭉쳐져서 많은 끈과 같은 모양을 한 물체가 보인다.

이것을 자세히 관찰해보면 세포 속에는 형태와 크기가 같은 염색체가 반드시 두 개씩 있는 것을 발견할 수 있다. 이 두 개의 염색체를 '상동 염색체' 라고 부른다. 세포가 분열해서 정자나 난자가 될 때는 상동 염색체가 각각 정자나 난자로 분열된다. 그래서 정자나 난자에는 염색체가 하나씩밖에 없다.

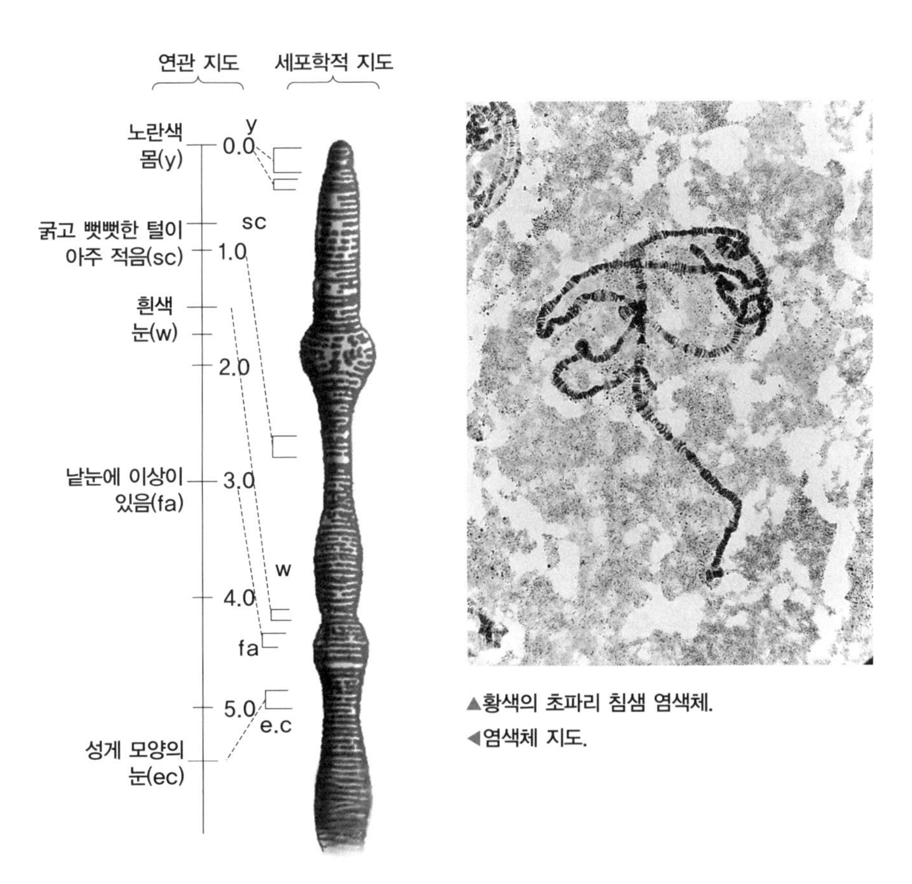

▲황색의 초파리 침샘 염색체.
◀염색체 지도.

이런 현상을 감수분열[1]이라고 부른다. 정자와 난자가 수정했을 때, 수정란의 염색체 수가 원래의 수와 같도록 감수분열을 하여 미리 염색체 수를 반으로 줄여두는 것이다.

1903년 미국의 서턴(Walter Stanborough Sutton)이라는 학자가 감수분열의 특징과 멘델의 법칙 사이에 비슷한 점이 있다는 것을 발견했다. "'두 개씩 있던 것이 배우자가 생겼을 때 뿔뿔이 흩어지게 된다.' …… 그렇다면 염색체나 유전자 모두에게 해당되는 현상이 아닌가!"

서턴은 이런 현상이 우연히 생긴 것이 아니라고 확신하며, 유전자가 염색체에 포함되어 있다는 '염색체설'을 주장했다. 물론 서턴이 이렇게 주장했을 때 이 생각은 가설에 불과했다. 이것이 사실이라는 것을 밝혀낸 사람은 모건(Thomas Hunt Morgan)이라는 학자였다.

몇 가지 유전자는 항상 함께 배우자에게 분배된다. 마치 여러 개의 구술과 같이 유전자가 서로 이어져 있는 것을 '유전자의 연관(聯關, linkage)'이라고 부른다. 미국 컬럼비아 대학에서 초파리라는 작은 파리를 재료로 연구한 모건은 이 연관을 눈여겨보았다. 그리고 연관하는 유전자가 바뀌어 들어가는 '재조합'이라는 현상을 이용하여 어떤 유전자가 얼마만큼의 간격을 두고 연관하는지 연구하였다. 이 연구를 통해 그려진 것이 연관한 유전자의 위치 관계를 나타내는 '염색체 지도'다.

모건이 완성한 지도를 보면 연관하는 유전자 집단은 4개가 있었다. 즉 초파리는 4개의 상동 염색체를 가지고 있는 것이다. 또한 염색체 지도와 유충의 침샘 세포의 염색체로 볼 수 있는 특징인 줄무늬 모양이 서로 일치한다는 것도 알 수 있었다. 이것을 발견한 것이 1930년대의 일이다. 모건의 연구로 인해 유전자가 염색체에 존재한다는 것은 의심할 여지 없이 증명되었다. 서턴의 학설은 정확했던 것이다.

염색체에 유전자가 존재한다고 판명된 이상, 그 이후의 연구 타깃은 염색체로 압축되기 시작했다. 염색체의 성분이 유전자의 역할을 하는 물질임이 틀림없기 때문이다. 유전자를 둘러싼 이야기는 드디어 핵심에 이르렀다.

아베 데쓰야

1 감수분열
'018 유성 생식의 개요-감수분열과 수정' 을 참조하기 바란다.

009 DNA를 최초로 발견한 사람

멘델이 유전 법칙을 발견한 지 2년이 흐른 뒤인 1867년에 감염증의 원인은 세균이라는 것이 밝혀졌다. 그래서 근대적인 소독법이 발명되었다. 세포가 병에 관련되었다는 이유로 사람들은 세포에 관심을 갖게 되었다. 세포에 포함되어 있는 여러 가지 물질을 조사하면 생명의 비밀에 다가갈 것이라고 생각하는 학자들도 많았다. 독일에 있는 대학에서 연구를 하던 스위스 사람인 미셔(Johann Friedrich Miescher)도 그런 생각을 가진 사람들 중 한 명이었다.

1867년 미셔는 상처를 감았다가 버리는 붕대에서 고름을 씻어 모아서 생명 물질을 분석해보려고 했다. 이 분석 끝에 어떤 단백질과도 전혀 다른 새로운 단백질이 세포의 핵에 포함되어 있다는 것을 발견했다.

미셔는 자신이 발견한 물질에 '뉴클레인(nuclein, 핵 물질)'이라는 이름을 붙였다. 오늘날에는 미셔가 발견한 뉴클레인이 DNA와 단백질이 혼합된 물질이라는 사실을 알고 있다. 그렇기 때문에 DNA 발견자는 미셔가 되겠지만, 아쉽게도 뉴클레인의 작용에 대한 그의 생각은 틀렸으며, 뉴클레인이라는 이름도 현재는 사용하지 않는다.[1]

DNA는 발견되었을 당시 조금도 중요하게 취급되지 않았다. 그때는 복잡하며 종류도 다양한 단백질이야말로 생명 현상의 주역이라고 생각했기 때문이다. 단백질에 비해 DNA는 단순해서 별로 흥미롭지 않은 물질이라고 오랫동안 믿고 있었던 것이다. 그래서 생물의 특징을 만드는 유전자도 당연히 단백질이지, DNA는 아니라는 것이 20세기 전반까지 생물학 세계의 상식이었다.

그런데 1944년 록펠러재단의 연구소에서 일하던 에이버리(Oswald Avery)는 그때까지의 상식을 뒤엎을 만한 것을 발견했다. 즉 DNA가 유전자라는 증거를 밝혀낸 것이다. 그의 연구 대상은 폐렴균이었다. 폐렴은 폐렴균의 감염으로 생기는 병으로, 항생물질이 없었던 당시에는 사망 원인의 상위를 차지할 정도로 아주 무서운 병이었다. 이 폐렴균에는 병원성이 높은 S형과 병원성이 거의 없는 R형, 두 종류가 있다.

그런데 살아 있는 R형을 죽은 S형과 혼합하면 R형 균이 S형 균으로 변신해버리는 이상한 현상이 벌어진다. 이것을 '형질 전환'이라고 부른다. 에이버리는 아마도 R형 균이 S형의 병원성을 만드는 유전자를 받아들이기 때문에 이런 현상이 생기는 것으로 생각했을 것이다. 그래서 S형 균에 포함된 여러 가지 물질 중에서 DNA야말로 그 원인 물질임을 알아냈다. 즉 유전자로서의 기능을 하는 것은 단백질 등이 아니라 DNA라는 것을 알게 된 것이다.

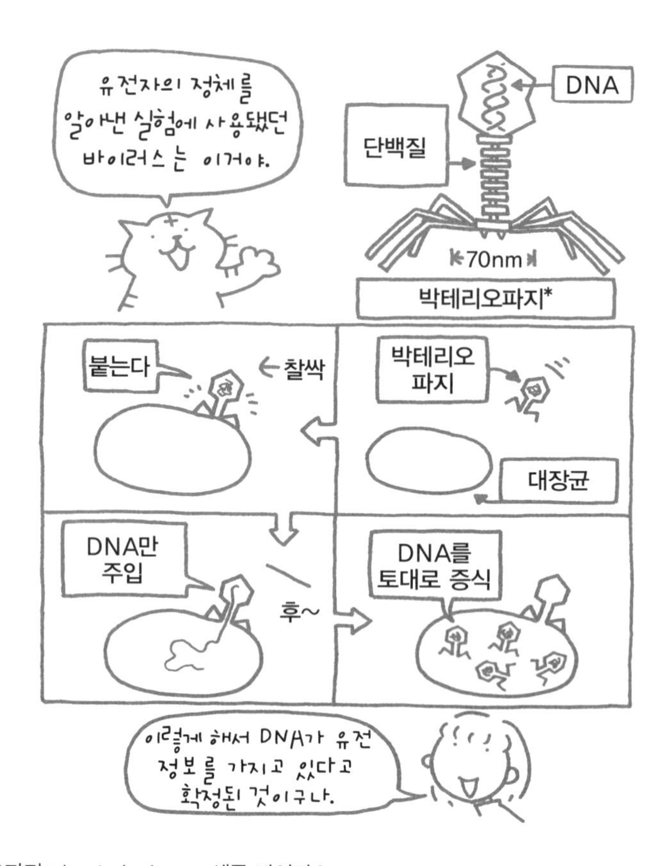

*박테리오파지 : bacteriophage, 세균 바이러스.

하지만 그 당시 에이버리의 연구는 호의적으로 받아들여지지 않았다. 그의 발견에는 몇 가지 잘못된 점이 있을 것이라며 상당히 많은 비판을 받았다. 단백질이야말로 유전자이며, DNA는 도와주는 역할을 하는 것에 불과하다는 '상식' 이 생물학자들 사이에 뿌리 깊게 박혀 있었기 때문이다.

이 '상식' 에 종지부를 찍게 된 것은 그로부터 8년이 지난 1952년이었다. 허시(Alfred Hershey)와 체이스(Martha Chase)라는 두 학자가 대장균에 감염된 바이러스를 사용하여 DNA가 유전자라는 것을 의심할 여지없이 입증했다.

바이러스는 세포에 매달려 자신의 유전자를 주입해서 세포에 자신을 복제시켜 증식하는 병원체다. 바이러스는 단백질과 핵산만으로 이루어져 있기 때문에 어떤 것이 유전자인지 조사하기에는 안성맞춤인 재료였다. 허시와 체이스는 방사성 물질을 교묘히 이용하여 바이러스의 DNA를 세균에 주입한 뒤, 단백질이 계속 세포의 바깥쪽에 남아 있음을 확인했다.

이 실험은 단순하면서도 명확해서 에이버리가 받았던 비판이나 의문을 해소하기에 충분했다. 그래서 드디어 DNA가 유전자임이 밝혀진 것이다. 이는 왓슨과 크릭이 대발견을 이루기 1년 전 일이었다.

아베 데쓰야

1 뉴클레인이라는 이름도……

1889년에 독일의 알트만(Richard Altmann)이 뉴클레인은 단백질과 어떤 종의 산성 물질이 혼합된 것임을 밝히고, 단백질을 제외하고 남은 산성 성분에 '핵산'이라는 이름을 붙였다. 이것이 더욱 널리 쓰여 미셔의 '뉴클레인'이라는 용어는 쓰지 않게 된 것이다.

더욱이 러시아에서 미국으로 이주한 레빈(Phoebus Aaron Theodore Levene)이 이 핵산을 자세히 분석하여 DNA와 RNA라는 두 종류의 물질이 있음을 발견했다(1929년). 이렇게 해서 DNA는 조금씩 그 모습을 드러내왔다.

010 DNA 구조-이중나선 발견 이야기

1953년 세계에서 가장 권위 있는 과학 잡지인 《네이처(Nature)》의 4월 25일 호에 한 편의 논문이 실렸다. 〈핵산의 분자 구조〉라는 제목의 1쪽 분량의 이 논문은 그 이후 세상을 바꾸어버릴 정도로 엄청난 영향을 끼쳤다.

1951년 제임스 왓슨(James Watson)이라는 젊은 학자가 미국에서 영국의 케임브리지 대학으로 유학을 오게 된 것이 이 이야기의 발단이다. 그는 같은 연구실의 프랜시스 크릭(Francis Crick)과 금세 의기투합했다. 두 사람 모두 유전자의 정체를 알아내겠다는 의욕에 불타는 동지였기 때문이었을 것이다. 이 둘이 의기투합했을 때는 왓슨이 23살, 크릭이 35살이었다.

이들의 공통 목적은 DNA의 분자 구조를 알아내는 것이었다. 당시는 유전자의 정체로 DNA를 주목하기 시작했을 때였다. DNA가 유전 물질이라면, 그 분자 구조를 밝혀냄으로써 유전자라는 생명의 수수께끼를 풀어낼 수 있을 것이라고 두 학자는 생각했던 것이다.

이들의 흥미와 관심은 DNA의 분자 구조였다. 두 사람은 DNA의 구조에 관한 정보를 최대한 모아서 분자 모형을 만들기 시작했다. 힘들게 연구했던 이때의 과정을 왓슨이 《이중나선》이라는 체험기에 털어놓았다.

1953년 어느 날 아침, 왓슨은 모형을 만드는 마지막 열쇠가 딱 떠올랐다고 한다. 그 열쇠는 DNA의 부품이 A와 T, G와 C가 각각 대립되었을 때 모두 같은 형태가 된다는 것이었다. 왓슨은 이것을 깨닫고 모형을 단숨에 완성했다고 한다.

완성된 모형을 보면 DNA의 분자는 길게 꼬인 사다리와 같은 모양을 하고 있기 때문에 이 형태를 '이중나선'이라고 부른다. 그중에는 A, T, G, C, 4종류의 '염기'라고 부르는 화합물이 두 줄로 마주보며 길게 나열되어 있다. 언뜻 보기에 단순한 이 구조를 볼 수 있으면 DNA가 유전자로 작용하는 구조를 읽을 수 있는 것이다.

DNA의 비밀 중 하나는 염기가 세워져 있는 방법, 즉 배열에 있다. 긴 DNA 속에는 A, T, G, C의 4종류가 어떤 순서로 나열되기 때문에 마치 문자가 연결된 문장을 읽는 것처럼 염기라는 문자로 유전 정보를 자유롭게 쓸 수 있다. 이 사실이 밝혀짐으로써 그때까지 뿌리 깊게 박혀 있던 'DNA는 유전자로서 작용하기에는 너무 단순하다'는 선입견이 완전히 깨져버렸다.

그리고 또 하나는 염기끼리의 조합에 있다. DNA 중에는 A와 T, G와 C가 항상 마주하고 있다. A와 G, A와 C 등의 짝은 만들 수 없다. 즉 사다

리 한쪽 배열이 AATGCC라는 배열이라면, 다른 한쪽의 배열은 자동적으로 TTACGG로 결정되어버리는 것이다.

사다리 한가운데를 절단하여 그 각각의 가닥을 바탕으로 새롭게 남은 부분과 합성하면 완전하게 같은 배열의 DNA 분자 두 개를 만들 수 있다. 세포가 분열하면 같은 유전자를 가진 두 개의 세포를 만들 수 있는 이유가 이것으로 설명된다.

이와 같이 왓슨과 크릭의 이중나선 모델로 DNA의 분자 구조 해명은 물론, DNA라는 물질이 유전 정보를 유지하는 구조까지도 밝혀냈다.

그후 유전자라는 물질은 연구실의 비커나 시험관을 사용하여 실험할 수 있는 대상이 되었으며, 그 결과 오늘날에는 유전자 연구와 바이오테크놀로지도 왕성하게 이루어질 수 있게 되었다.

아베 데쓰야

011 DNA 암호는 어떻게 해독되었을까

명탐정 셜록 홈스가 활약하는 시리즈 중에 《춤추는 인형의 비밀》이라는 유명한 소설이 있다. 이 소설에서 홈스는 어떤 여성을 위협하는 수수께끼의 낙서가 사실은 암호로 쓴 협박문임을 발견하고 해독하게 된다. 이 암호를 해독하는 데 열쇠가 된 것은 '영어에서 가장 많이 사용되는 문자는 E' 라는 사실이었다.

소설이든 현실 세계에서든 소위 암호를 해독하기 위해서는 어떠한 '열쇠' 가 필요하다. DNA의 유전 암호도 해독을 하기 위해 어떤 동기가 되는 연구가 있었다.

왓슨과 크릭의 발견으로 DNA 속에 나열된 4종류의 염기가 그럭저럭 생물의 특징을 나타내는 문자와 같다는 것을 알 수 있었다. 유전자의 정보는 A, T, G, C의 4종류가 나열되어 표시된 것과 같았다. 그후 이 배열이 구체적으로 무엇을 나타내는가는 붉은빵곰팡이라는 곰팡이의 돌연변이 연구로 해명되었다. DNA가 변하면 단백질도 변한다는 것을 알게 되었기 때문이다. 즉 DNA의 염기서열은 단백질의 분자 구조를 나타내는 것이었다.

단백질은 아미노산이라는 비교적 단순한 물질이 연결되어 완성되는 거대한 분자다. 그리고 DNA의 염기서열은 아미노산의 서열을 나타낸다. 생물이 단백질을 합성하는 데 사용하는 아미노산은 20종류다. 4종류의 염기로 어떻게 20종류의 아미노산 서열을 나타낼 수 있는 걸까?

염기 한 개로 아미노산을 나타내면 당연히 4종류의 아미노산밖에 표시할 수 없다. 그렇다면 염기 2개로 아미노산을 나타낸다면 어떻게 될까? 4종류의 염기를 2열로 세우는 방법은 4×4=16이지만, 이렇게 해도 아직 20종류의 아미노산이 되기에는 부족하다. 만일 3개라면 4×4×4=64라는 서열이 가능하기 때문에 염기는 세 개를 한 그룹으로 하여 아미노산이라는 '단어'를 만드는 것이 분명하다고 1950년대의 학자들은 생각했다.

그러나 어떤 서열이 어떤 아미노산을 나타내는지는 수수께끼로 남아 있었다. 그 당시 학자들은 어떻게 해서든지 그것을 밝혀내고 싶어 머리를 짜냈다. 문장은 있는데 그 의미는 모른다는 상황이었으니, 공부를 하지 않은 학생이 외국어 시험을 치르는 듯한 기분이 들었을지도 모른다.

1961년 니런버그(Marshall Nirenberg)라는 젊은 학자가 세포에서 꺼낸 각종 물질을 시험관 안에 합쳐 단백질을 합성하는 데 성공했다. 그는 먼저 핵산의 일종인 RNA[1]를 인공적으로 합성했다. RNA란 DNA의 염기

| mRNA 유전 암호표 |

		2번째 염기									
		U (우라실)		C (시토신)		A (아데닌)		G (구아닌)			
1번째 염기	U	UUU	페닐알라닌	UCU	세린	UAU	티로신	UGU	시스테인	U	3번째 염기
		UUC		UCC		UAC		UGC		C	
		UUA	로이신	UCA		UAA	종결	UGA	종결	A	
		UUG		UCG		UAG		UGG	트립토판	G	
	C	CUU	로이신	CCU	프롤린	CAU	히스티딘	CGU	아르기닌	U	
		CUC		CCC		CAC		CGC		C	
		CUA		CCA		CAA	글루타민	CGA		A	
		CUG		CCG		CAG		CGG		G	
	A	AUU	이소로이신	ACU	트레오닌	AAU	아스파라긴	AGU	세린	U	
		AUC		ACC		AAC		AGC		C	
		AUA		ACA		AAA	리신	AGA	아르기닌	A	
		AUG	메티오닌(시작)	ACG		AAG		AGG		G	
	G	GUU	발린	GCU	알라닌	GAU	아스파라긴산	GGU	글리신	U	
		GUC		GCC		GAC		GGC		C	
		GUA		GCA		GAA	글루타민산	GGA		A	
		GUG		GCG		GAG		GGG		G	

*1 AUG는 메티오닌을 나타냄과 동시에 단백질 합성 시작의 암호이기도 하다. 그래서 합성된 단백질의 아미노산 서열은 반드시 메티오닌에서 시작한다.

*2 UAA, UAG, UGA는 모두 단백질 합성을 끝내라는 표시다.

서열을 복제하여 단백질 합성의 기초가 되는 물질이다. 염기 T 대신 다른 염기 U가 사용된다는 점이 RNA와 DNA가 다른 점이다. 니런버그는 U만 연결된 인공 RNA(UUUUUU……)를 합성하고, 여기에서 단백질을 합성시켜보았다. 그러자 페닐알라닌(phenylalanine)이라는 아미노산이 연결된 단백질이 완성되었다. UUU가 페닐알라닌을 지정하는 암호임이 판명된 것이다. 이것이 암호 해독의 열쇠가 되었다.

여기에 오초아(Severo Ochoa)라는 학자가 참여하였고, 이 두 사람은 치열한 암호 해독 경쟁을 시작하였다. U와 A, U와 G와 같이 몇 종류의 염기를 합친 새로운 RNA를 사용할 때마다 다른 아미노산을 포함한 단백질이 합성되었다. 이렇게 해서 유전자의 암호를 하나하나 해독할 수 있었다. 연구는 흥미롭게 계속 진행되었다. 마침내 1965년에 64종류의 유전 암호가 하나도 빠짐없이 해독되었다.

1966년에 유전학자들이 개최한 회의에서 크릭이 64종류의 유전 암호를 나타내는 표를 제안했다(옆의 표). 이것은 유전학이 도달한 하나의 정점을 나타내는 것이 되었다. 미셔가 뉴클레인을 발견한 지 1세기가 지난 후 이루어낸 성과였다.

아베 데쓰야

1 RNA

DNA의 이중나선에는 염기가 2열로 나열되어 있으며, 그중 한쪽을 토대로 RNA가 합성된다. 이때 DNA의 염기 G, C, T, A 각각에 대한 RNA의 염기는 C, G, A, U가 나열되고, 이대로 합성된다. 그래서 RNA의 염기서열은 DNA 복사가 이루지지 않았던 쪽과 같은 염기서열이 된다(다만 DNA의 T 대신 RNA는 U가 사용되고 있는 점이 다르다). RNA의 염기서열과 같아지는 쪽을 '센스 사슬'이라고 부르고, 복사되는 쪽을 '안티센스 사슬'이라고 부른다.

3장
DNA란 무엇인가

012 DNA란 무엇인가

"물엿 같아!"

DNA를 유리 막대로 저으면서 민철이가 말했다.

"나는 달걀흰자 같은데."

훈남이가 말했다.

"아니야, 이것은 역시 정액하고 똑같아. 정자 몸은 대부분 DNA가 차지하고 있다고 예전에 들었던 것 같아."

영특이는 깊이 생각하며 중얼거렸다.

지금은 닭의 간을 사용하여 'DNA를 추출하는 실험'을 하는 중이다.

'DNA를 추출하는 실험'을 하여 학생들은 DNA가 100℃에 가까운 열에도 단백질과 마찬가지로 성질이 바뀌지 않는다는 것과, DNA가 알코올에 녹지 않는다는 것, 그리고 저온에 두면 많은 수의 DNA가 응집되어 육안으로도 볼 수 있다는 것을 배운다. 그러나 DNA의 신비함은 세포 내에서 활약할 때 더욱 진가를 발휘한다.

생명의 형태를 만드는 물질로서 꼭 갖추어야 하는 중요한 성질은 '자기 복제를 할 수 있는 능력' 이다. 이런 능력을 DNA는 갖추고 있다. 1986년 미국의 캐리 멀리스(Kary Banks Mullis) 박사는 DNA를 단기간에 대량으로 복제하는 'PCR법' 이라는 획기적인 방법을 개발했다. DNA 용액을 가열하여 고온(94℃) 상태에 두면, 이중나선 구조로 되어 있는 DNA는 두 개의 사슬이 풀어져서 한 개가 된다. 여기에 DNA 부품을 넣고 서서히 온도를 낮추어간다. 그리고 72℃로 내려간 시점에서 부품을 연결하는 효소를 추가한다. 1~2분이 지나면 하나씩 나뉜 DNA 각각이 두 개의 사슬로 합성된다.

이렇게 온도를 높였다 낮췄다 하는 조작을 반복함으로써 대량의 DNA를 복제하는 방법이 'PCR법' 이다. 캐리 멀리스 박사는 자기 복제 능력을 가진 DNA 분자의 특성을 잘 알고 있었기 때문에, 75℃의 온천에서 사는 서머스 아쿠아티커스(*Thermus aquaticus*)라는 세균에서 고온에서도 성질이 바뀌지 않는 효소를 추출하여 DNA 합성에 활용했다. 지금으로부터 약 40억 년 전 지구의 온천이 솟아나는 지표면이나 해저에서는 PCR 반응과 비슷한 반응이 일어났을 가능성이 높다고 추측된다.

그런데 DNA의 부품이라는 것은 대체 어떤 것일까? DNA의 부품은 '인산' 과 '당', '염기', 이 세 가지 물질이 결합되어 이루어진 것을 말한다. 이것은 '뉴클레오티드(nucleotide)' 라고 부른다. 그리고 염기는 아데닌(A), 티민(T), 구아닌(G), 시토신(C)의 4종류이기 때문에 뉴클레오티드

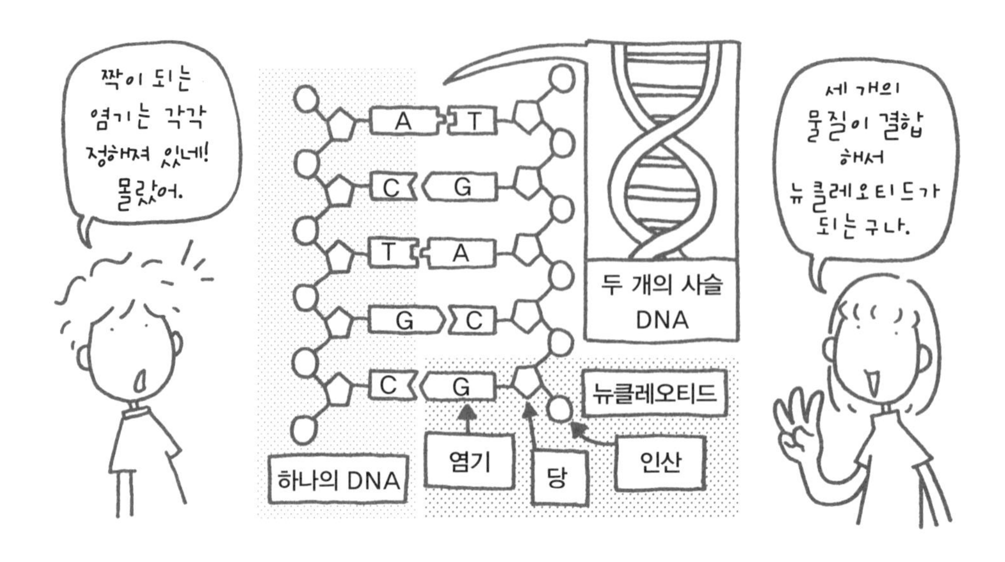

도 4종류다. 이 4종류의 뉴클레오티드가 계속해서 연결되어 DNA의 이중나선 형태를 만드는 것이다. 그러면 온도를 높였다 낮췄다 하는 단순한 작업으로 DNA는 어떻게 자신과 같은 것을 합성할 수 있는 것일까? 이 비밀을 쥐고 있는 것이 4종류의 염기 분자 구조다.

아데닌(A)과 티민(T)은 두 개의 수소 결합으로, 구아닌(G)과 시토신(C)은 세 개의 수소 결합으로 연결되어 있다. 수소 결합이란 전자를 끌어당기는 강한 산소 원자 또는 질소 원자와 수소 원자의 결합을 말한다. 이 결합은 원자끼리의 결합 사이에서도 결합력이 아주 약하기 때문에 점선으로 나타낸다.

물은 100℃로 끓여도 물 분자가 수소 원자와 산소 원자로 나뉘지 않는다. 물은 수소 결합과 달리 수소 원자와 산소 원자가 서로 전자를 공유하는 방법으로 확실히 결합되어 있기 때문이다. 그런데 DNA 두 개의 사슬은 수소 결합으로 연결되어 있기 때문에, 94℃에서 끓이면 사슬이 풀어져 하나의 사슬이 되어버린다. 하나의 사슬이 되는 시점에서 DNA 부품이 있다면, 온도가 떨어질 때 이와 함께 그 부품은 긴 하나의 사슬인 DNA와 연속해서 결합한다. 다만 앞에서 서술한 것처럼 아데닌(A)과 티민(T)의 결합부는 세 곳이고, 구아닌(G)과 시토신(C)의 결합부는 두 곳이다. 그래서 아데닌(A)은 항상 티민(T)과 결합하고, 구아닌(G)는 항상 시토신(C)과 결합한다.

그러면 어떻게 되었을까? 새롭게 만들어진 두 개의 사슬의 DNA는 처음 두 개의 사슬로 된 DNA와 완전히 똑같다! 역시 DNA 분자는 자기 복제 능력을 갖춘 물질이다.

사마키 에미코

013 DNA를 추출해보자

그러면 이쯤에서 실험을 하나 해보자.[1] 부엌에서 DNA를 추출하여 정제해보는 것은 어떨까?

'그런 일을 할 수 있어?' 라는 생각이 든다면 답은 '할 수 있다' 이다. 게다가 의외로 간단하다.

우선 다음과 같은 재료[2]를 준비하자.

■ 재료 : 닭간 조금, 소금, 거즈, 머그컵 2개, 컵 2개, 종이 커피 여과지, 젓가락, 계량컵, 그릇.

1. 3분의 1 정도로 잘라서 나눈 닭간과 알코올 병을 몇 시간 동안 냉동고에 넣어 얼린다. 간이 얼면 세포가 파괴되어 DNA를 꺼내기 쉽다.
2. 수돗물 200cc에 소금 25g을 녹여 진한 소금물을 만든다.

3. 80cc 얼음물에 중성세제를 몇 방울 떨어뜨려 얼린 닭간과 함께 믹서로 2분간 간다. 여기에 세제를 넣는 이유는 세포막이나 핵막이 녹아 DNA를 꺼내기가 쉽기 때문이다.
4. 믹서로 간 것을 머그컵에 담고, 머그컵에 담은 것과 같은 양의 소금물을 넣어 젓가락으로 섞는다. 그러면 바로 달걀흰자와 같이 걸쭉해진다. 이것은 DNA의 수용액이다.
5. 컵을 전자레인지에 데운다. 덩어리가 생기지 않도록 15~20초마다 꺼내어 DNA가 파괴되지 않게 조심스럽게 젓가락으로 섞어준다. 빨간 색이 약간 보이면서 하얗게 되면 가열을 멈춘다. 이 상태가 단백질이 응고된 것이고, DNA를 정제하기 쉬운 상태다.
6. 컵 위에 거즈 4장을 겹쳐서 올린다. 그 위에 가열을 마친 닭간을 부어서 여과한다. 화상을 입지 않도록 주의하면서 거즈를 비틀어 충분히 잘 짠다. 어느 정도는 알맹이가 빠져도 상관없다. 이렇게 해서 단백질을 대략 제거한다.
7. 얼음물을 넣은 그릇에 여과액을 담은 컵째로 넣고 차게 한다. 그리고 여과액과 같은 양만큼 차게 한 알코올을 컵에 조심스럽게 붓는다. 그러면 옅은 갈색의 면과 같은 덩어리가 보인다. DNA는 알코올에 녹지 않기 때문에 섬유 모양으로 석출된 것이다. 그러나 아직 불순물인 단백질이 많이 포함되어 있으므로 다음 순서에 따라 단백질을 제거하여 더욱 순도를 높여야 한다.
8. 새로운 젓가락으로 DNA 덩어리를 꺼내 다른 머그컵으로 옮긴다. 많이 꺼낼수록 좋으니 꺼낼 수 있는 한 최대한 많이 꺼낸다.
9. 소금물을 30cc 정도 붓고, 천천히 섞어서 다시 DNA를 녹인다.

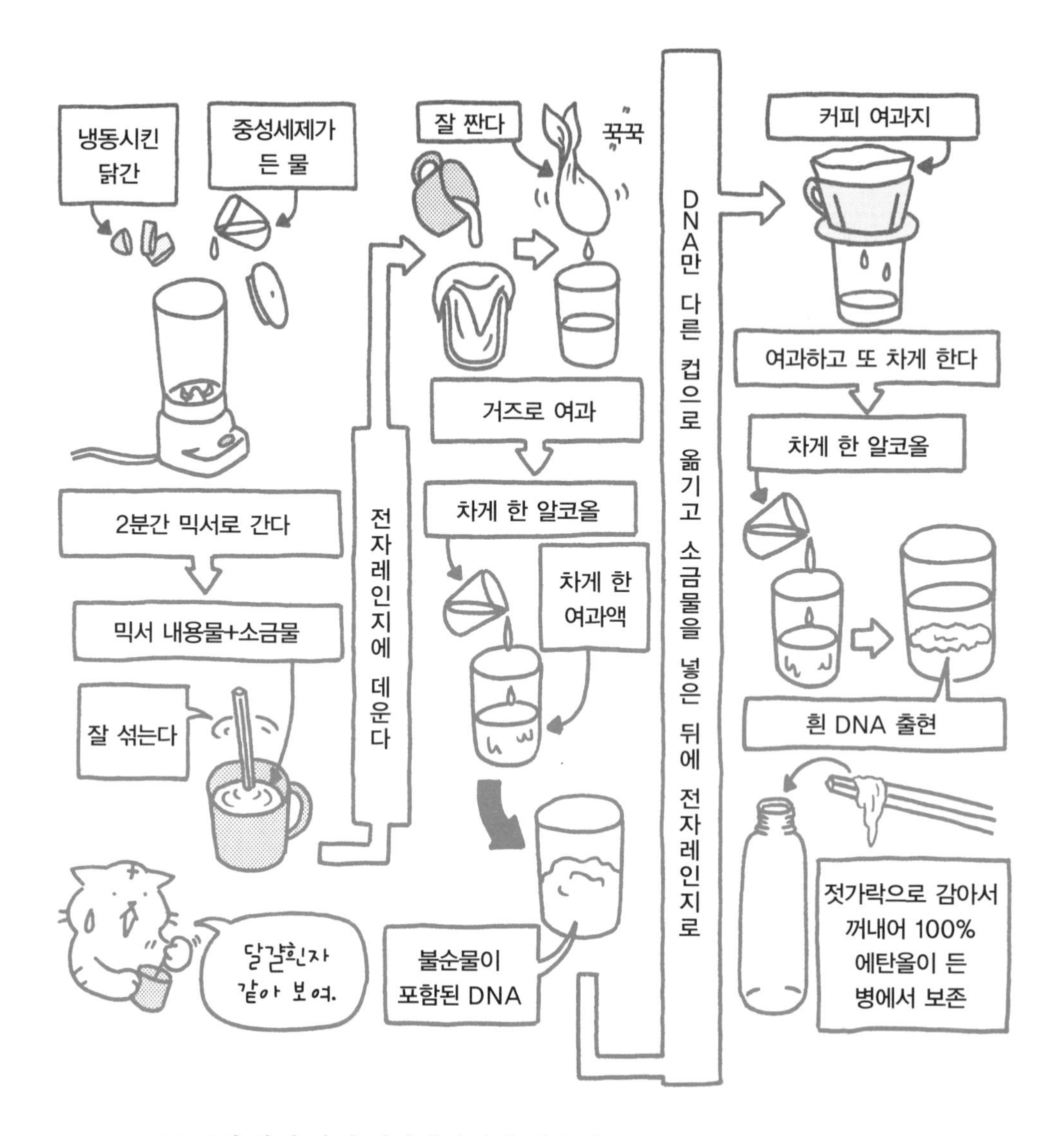

10. 5와 같이 다시 전자레인지에 데운다.

11. 전자레인지에서 꺼내어 뜨거울 때 커피 여과지로 여과한다. 온도가 내려가면 점도가 높아져서 여과하기가 어려워지기 때문이다. 종이로 여과함으로써 아직 남은 단백질을 제거할 수 있다. 여과액

을 컵째로 얼음물에 담가 차게 한다.

12. 차가워졌으면 7과 같이 차가운 알코올을 부드럽게 붓는다. 알코올 양은 여과액과 같은 양 이상을 사용한다. 그러면 아주 흰 면과 같은 DNA가 나온다.
13. 새로운 젓가락으로 부드럽게 저어준다. 이것이 정제된 닭의 DNA다.
14. 작은 병에 알코올을 많이 붓고, 그 속에 젓가락으로 감아서 꺼낸 DNA를 넣자. 그리고 뚜껑을 잘 닫으면 DNA 표본[3]이 완성된다.

아베 데쓰야

1 실험을……

여기에서 소개한 것은 일본 사이타마(埼玉)현립 가와고에(川越) 여자고등학교의 모리타 야스히사(森田保久) 선생님과 사이타마 대학의 사카이 다카후미(坂井貴文) 선생님이 고안한 방법이다.

2 재료

이외에 믹서(없다면 강판과 분쇄기로 대체)와 95% 이상의 에틸알코올 1병이 필요하다. 알코올은 약국에서 살 수 있지만, 없다면 연료용 알코올로 대체할 수 있다. 소독용 알코올로는 대체할 수 없다. 믹서가 없을 경우에는 얼린 간을 강판으로 갈아 으깬 상태로 3티스푼 분량의 물과 세제 몇 방울을 넣어 분쇄기로 분쇄한다(1~2분).

3 DNA 표본

이 방법으로는 사실 DNA뿐 아니라 RNA도 많이 함유되어버리지만, RNA를 DNA에서 분리하는 것은 상당히 어렵기 때문에 이 둘을 분리하지는 않았다. 또한 14번에서 표본을 '감아서 꺼내기' 때문에 실 모양으로 되지 않는 RNA는 상당히 제거되었을 것이다.

또한 닭의 간을 사용하는 이유는, 닭 적혈구에 많은 핵이 있어서 그만큼 많은 DNA를 포함하고 있기 때문이다. 닭 외에 소의 간에서도 DNA를 추출할 수 있으며, 브로콜리에서도 (많은 양을 사용한다면) 추출할 수 있다.

014 생명의 형태를 만드는 단백질

"어떻게 하면 더 멋있는 몸을 만들 수 있을까?"

태권도부에 들어간 고등학교 1학년생 근빈이는 고민하고 있다. 사실 근빈이는 엄청난 양을 먹는 대식가지만 몸은 많이 말랐다. 오늘은 태권도부 선배들의 단련된 몸을 보고 충격을 받은 모양이다. 근빈이가 고민을 하고 있으니 친구 영만이가 말했다.

"프로테인을 먹어보면 좋아지지 않을까? 우리 형은 먹고 있어."

근빈이가 반색을 하며 물었다.

"그래? 그걸로 너희 형은 몸이 실베스타 스탤론같이 됐어?"

"아직 먹은 지 얼마 안 되어 잘 모르겠지만, 프로테인은 값도 비싸니까 효과도 좋지 않을까?"

'프로테인' 이라는 것은 단백질이다. 특별히 약국에서 비싼 프로테인을 사서 먹지 않아도 우유를 마시거나 고기류나 달걀을 먹으면 그것만으로도 충분하다. 우리 몸의 머리카락이나 손톱, 피부도 단백질을 많이 포함하고 있는 세포로 이루어져 있다. 또한 뇌나 눈 속의 수정체, 귀, 근육, 내장, 적혈구 모두 단백질을 많이 포함한 세포로 이루어져 있다. 아밀라아제나 리파아제 등 몸속의 화학반응으로 부족함이 없는 효소 또한 단백질로 이루어져 있다.

수정체는 크리스탈린(crystalline)이라는 투명한 단백질을 다량 함유하고 있는 세포로, 적혈구는 헤모글로빈이라는 빨간색을 띠는 단백질을 다량 함유하고 있는 세포로 이루어져 있다. 수정체와 적혈구는 겉보기나 성질도 상당히 다르기 때문에 왜 같은 단백질을 가지고 있다고 하는지 이해할 수 없는 부분이 있을 것이다. 그 이유는 헤모글로빈이나 크리스탈린 모두 분해하면 아미노산이 되기 때문이다.

단백질의 최소 단위인 아미노산은 20종류가 있다. 예를 들면 화학조미료에 들어 있는 글루탐산 등은 잘 알 것이다.

다음의 그림을 보자. 모든 아미노산은 탄소 원자를 뼈대로 하여 수소 원자, 산소 원자, 질소 원자 등과 결합되어 있다. 그리고 반드시 양 끝단에 아미노기와 카르복실기를 갖추고 있다. 두 개의 아미노산이 결합할 때는 한쪽 아미노산의 아미노기에서 수소 원자가 하나 빠지고, 다른 쪽 아미노산의 카르복실기에서 수산기(-OH)가 하나 빠진다. 빠진 것끼리 결합하면 물 분자가 된다. 그렇기 때문에 아미노산끼리의 결합은 탈수 결합이라고 부른다.

20종류의 아미노산은 어떤 것이든지 모두 양 끝단에 반드시 아미노기

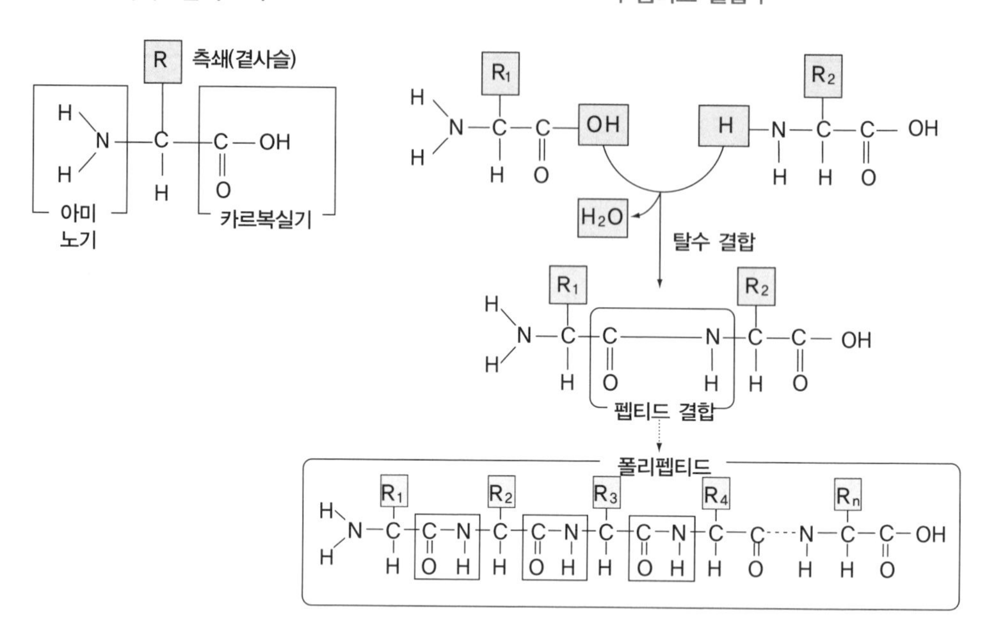

| 대표적인 아미노산 |

명칭	글리신	알라닌	아스파라긴산	글루탐산
분자 구조	H NH2-CH-COOH	CH3 NH2-CH-COOH	COOH CH2 NH2-CH-COOH	COOH CH2 CH2 NH2-CH-COOH
분자량	75	89	133	147
약자	Gly	Ala	Asp	Glu

와 카르복실기를 갖추고 있다. 그렇기 때문에 모든 아미노산끼리도 자유롭게 연결될 수 있는 것이다.

그렇다면 같은 단백질로 각각 구성되어 있는데 수정체와 적혈구의 색, 형태, 성질이 다른 이유는 무엇일까? 그 이유는 이 두 가지를 구성하고 있는 아미노산의 '종류와 양, 그리고 나열된 방법'에 차이가 있기 때문이다.

사실 단 하나의 아미노산 종류가 바뀌는 것만으로도 원래 단백질과는 성질이 전혀 다른 단백질이 되어버린다. 정상인 적혈구의 헤모글로빈을 만드는 수백 개의 아미노산 중 단 하나의 아미노산 '글루탐산'이 '발린'이라는 아미노산으로 바뀌는 것만으로 적혈구가 낫 모양으로 변형되어 산소를 운반하는 능력이 떨어져버리는 예[1]를 통해서도 이러한 사실을 알 수 있다.

그래서 '어떤 아미노산이 어떤 순서로 나열되어 있는가' 하는 것이야말로 생물에게는 아주 중요한 것이다. 사실 '어떤 아미노산을 어떤 순서로 배열시키는가'라는 정보를 가지고 있는 것은 'DNA'라는 물질밖에 없다.

사마키 에미코

1 적혈구가 낫 모양으로 변형되어……
'045 낫형적혈구와 말라리아'를 참조하기 바란다.

015 DNA는 무엇을 하고 있을까

단백질은 많은 아미노산이 연결되어 있는 물질이다. 어떤 아미노산이 어떤 순서로 연결되어 있느냐에 따라서 만들어지는 단백질에는 큰 차이가 생긴다. 즉 '아미노산의 연결 방법' 이 다르면, 적혈구의 헤모글로빈과 수정체의 크리스탈린과 같이 전혀 성질이 다른 단백질이 만들어지는 것이다.

'아미노산의 연결 방법' 을 정하는 것은 DNA의 염기서열이다. 예를 들어 DNA의 염기서열이 'AAA' 라고 해보자. 이것은 페닐알라닌이라는 아미노산을 연결하라는 암호다.

DNA는 세포에게 가장 중요한 것이기 때문에 보통 핵 속에 잘 보관되어 있다. 만일 핵 속에서 수많은 화학반응이 일어난다면 중요한 DNA가 잘못될 수도 있다. 그래서 핵 속에서 DNA의 암호를 전령 RNA가 읽고

핵 밖에 있는 리보솜으로 운반해간다. 그러면 리보솜에서는 운반 RNA가 아미노산을 운반한다.

DNA와 RNA가 정보를 주고받는 것은 항상 '염기의 대응' 으로 이루어진다. 'A' 의 상대는 항상 'T' 이며, 'G' 의 상대는 항상 'C' 다. 다만 RNA에는 'T' 가 없다. 여기에서 'T' 를 대신하는 것은 'U(우라실, uracil)' 라는 염기다.

지금 DNA의 염기서열이 'AGT' 라고 해보자. 그러면 이 암호를 전하는 전령 RNA의 염기서열은 'UCA' 가 된다. 'UCA' 라는 염기서열을 가진 전령 RNA는 핵막에 있는 핵공(核孔)을 통해 세포질로 이동하여 리보솜 위에서 대기한다.

그러면 운반 RNA가 세린이라는 아미노산을 가지고 와서 앞의 아미노산과 연결시킨다. 이런 식으로 운반해온 아미노산 수백 개를 연결하면 단백질이 완성된다.

1999년 9월 30일 오전 10시 35분, 일본의 이바라키(茨城)현 도카이무라(東海村)의 우라늄 핵연료 가공 시설 JCO 도카이 사업소 작업장에서 갑자기 '파란 불꽃' 이 피었다. 임계 사고가 발생한 것이다. 임계 사고란 핵분열이 연속해서 일어남으로써 상당히 높은 에너지의 방사선이 발생하는 사고를 말한다. 이때 방사선이 방출되는 물질 주변에는 파란 불꽃이 나타난다.

이 사고로 우라늄 용액을 다루던 작업자 2명이 사망했다. 이 사고의 피해를 입은 오우치 히사시(大内久) 씨(당시 35살)의 투병 기록은 나중에 일본에서 텔레비전으로도 방영되었다.

오우치 씨는 이 사고로 일반 사람이 입을 연간 피폭 허용량의 거의 1만

8000배에 해당하는 '18시버트(sievert)'[1]라는 대량의 방사선에 노출되었다. 그래서 도쿄 대학 병원에서 최첨단 치료가 이루어졌음에도 불구하고 사고가 발생한 지 83일 만에 사망했다.

사고 당일 오우치 씨의 몸에 나타난 증상은 오른쪽 뇌가 빨갛게 부어 있는 정도에 불과했다. 양동이를 사용하여 우라늄 농축 작업을 하고 있을 때 오우치 씨는 오른손으로 깔때기를 떠받치고 있었기 때문이다. 그런데 일주일이 지나자 오우치 씨 오른손의 내부 근육이 밖으로 노출되었다. 새로운 피부가 생기지 않았기 때문이다. 동시에 백혈구 수는 건강한 사람의 10분의 1까지 줄어들었다.

또한 사고가 난 지 50일이 지나니까 장 내벽에서 대량의 출혈이 일어났다. 장의 상피 세포[2]가 생겨나지 않았기 때문이다. 피부나 소화기의 표면을 덮는 상피 조직은 항상 세포분열을 하지만, 높은 에너지의 방사선에 의해 DNA가 갈기갈기 찢겨버린 세포는 정상적인 세포분열을 할 수 없었던 것이다.

사고가 난 지 2개월이 지났을 때 오우치 씨는 심장도 약해져갔다. 그리고 이에 동반해 신체의 모든 세포에 이상이 생겼다. 이러한 오랜 고통 끝에 오우치 씨는 끝내 숨을 거두고 말았다.

높은 에너지를 가진 방사선으로 인해 DNA가 파괴되는 것은 세포가 설계도를 잃어버렸다는 것이다. 이처럼 설계도를 잃어버린 오우치 씨의 세포는 아무리 영양을 공급해주어도 죽음을 피할 수 없었다. 피부 세포나 백혈구, 장의 상피 세포도 설계도가 파괴되어 필요한 단백질을 만들어낼 수 없게 되어버렸다. 단백질을 만들 수 없다면 세포 또한 만들 수 없다.

오우치 씨의 투병 기록은 DNA가 세포에게 얼마나 중요한 역할을 하는지 우리에게 다시 한 번 일깨워주었다.

사마키 에미코

1 시버트(sievert)
방사선의 양을 나타내는 단위의 하나로, 인간이 방사선에 노출되었을 때 얼마만큼 영향을 받는지, 그 영향 정도를 나타내는 것이다. 시버트로 나타낸 수치가 높을수록 인체에 주는 영향은 나빠진다.

2 장의 상피 세포
장의 내벽을 덮는 세포.

016 DNA, 염색체, 유전자, 게놈…… 헷갈리기 쉽다

'올해 크리스마스에는 어떤 선물을 할까?'

예지는 자신이 좋아하는 현민이의 얼굴을 떠올리며 생각했다.

'그래. 손으로 뜬 목도리를 선물하자! 오렌지색, 노란색, 초록색, 황록색, 갈색, 이렇게 다섯 가지 색을 사용해서 목도리를 짜자!'

예지는 반드시 마음에 드는 따뜻한 목도리를 짜겠다고 다짐하며 바로 수예점으로 달려갔다.

DNA를 '털실'에 비유한다면, 염색체는 가게에서 파는 '털실 뭉치'라고 할 수 있다. 그리고 게놈[1]은 목도리를 만드는 데 필요한 '다섯 가지 색깔의 털실 뭉치'를 가리킨다. 그렇다면 유전자는 털실 한 뭉치의 실 한 가닥이라고 말할 수 있을 것이다.

인간의 염색체는 46개다. 그렇기 때문에 털실 뭉치 46개(23가지 색)가 있다는 것이다. 다만 이러한 털실 뭉치 중 44개는 남녀가 같으며, 이를 상염색체(常染色體, autosome)라고 부른다. 이 상염색체에는 실 길이가 같은 것이 두 개씩 있고, 긴 것에서부터 순서대로 1번에서 22번으로 번호가 붙여진다.

1번 염색체에는 Rh식 혈액형 유전자나 녹말을 소화시키는 아밀라아제라는 효소를 만드는 유전자, 혈액 응고에 관계하는 유전자가 있다. 모든 털실 뭉치에는 중앙부에 잘록하게 들어간 곳(그림 참조)이 있는데, 이곳은 세포분열로 인해 염색체가 2개로 나뉠 때 염색체를 세포 양 끝단으로 끌어당기는 '방추사'가 붙는 부분이다. 이 잘록하게 들어간 부분을 경계로 해서 염색체가 긴 것을 긴 팔, 짧은 것을 짧은 팔이라고 부른다. Rh식 혈액형의 유전자는 1번 염색체의 짧은 팔에 있다.

만일 당신이 Rh식(+) 유전자를 두 개 가지고 있다고 한다면, 부모님으로부터 각각 하나씩 Rh식(+) 유전자를 가진 염색체를 받았다는 말이다. 또한 9번째 염색체에는 ABO식 혈액형을 정하는 유전자가 있다. 만일 당신의 혈액형이 AB형이라면, 당신의 9번째 염색체 중 하나는 A형 유전자이고, 다른 하나에는 B형 유전자가 있다는 말이다.

이렇게 염색체 두 개가 모두 같을 수도 있지만, 같지 않아도 되므로 생물은 오랜 진화 과정에서 다양한 생물을 탄생시켰다.[2] 이러한 것이 가능한 이유는, 난자와 정자가 만났을 때 각각 하나씩의 염색체가 서로 몸의 일부를 교환하며 맞추어나가기 때문이다.

그리고 염색체 중에서 상염색체를 빼고 남은 두 개의 염색체는 성염색체라고 부른다. 남성에게는 X염색체와 Y염색체가 하나씩 있으며, 여성

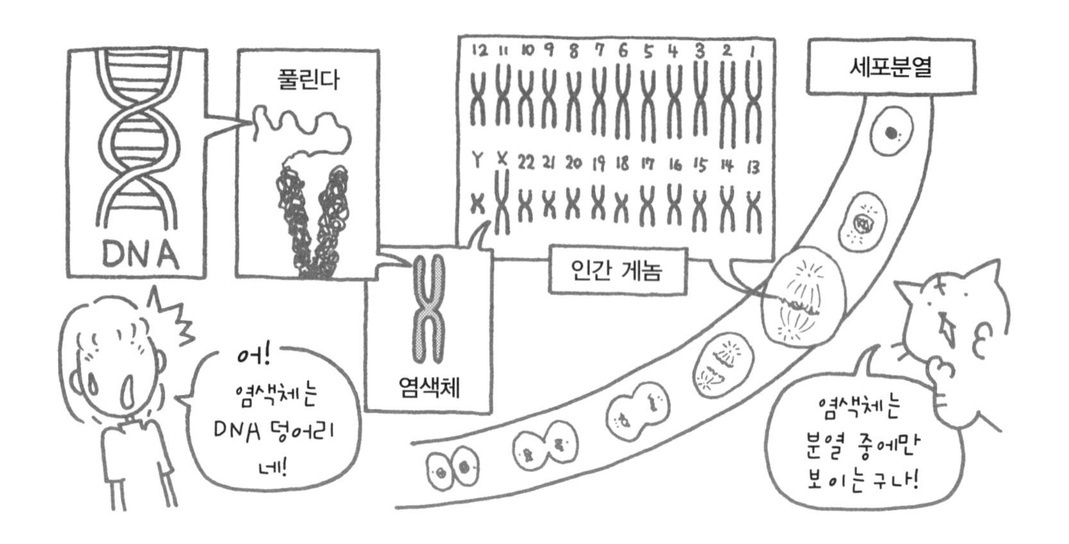

에게는 X염색체가 두 개 있다. X염색체에는 살아가는 데 필요한 유전자가 많이 존재하지만, Y염색체에는 남성 생식기를 만드는 유전자나 정자를 만드는 유전자 정도밖에 찾아볼 수 없다.

이 염색체는 특이하게도 세포가 분열하는 중에만 모습을 볼 수 있다. 왜 세포가 분열하는 중에만 볼 수 있는 걸까? 유전자가 효율적으로 작용하기 위해서는 DNA 실이 풀어져서 뻗어나가야 하는 반면, 세포가 분열할 때는 이 실이 뭉쳐져서 짧아져야 효율적으로 이등분을 할 수 있다. 그렇기 때문에 오랜 진화의 과정을 거쳐서 더욱 효율적인 방법을 선택해온 결과, 염색체는 뭉쳐 있어야 효율적으로 세포분열이 되는 이때에만 모습이 보이게 된 것이다.

DNA의 최소 단위는 '인산'과 '당', '염기'가 각각 하나씩 연결되어 이루어진 '뉴클레오티드'다. 사람의 유전자는 수백 개의 '뉴클레오티드'

로 이루어져 있다. 그리고 사람의 염색체 하나는 수천만 개의 '뉴클레오티드'가, 또한 인간 게놈은 약 30억 쌍의 '뉴클레오티드'가 모여서 이루어져 있다고 한다.

2000년 8월 5일, '21번 염색체는 약 3400만 개의 염기로 구성되어 있다'(《네이처》 2000년 5월 18일 호 게재)라는 뉴스가 나왔다. 정확히 말하자면 21번 염색체는 약 3400만 개의 '뉴클레오티드'로 구성되어 있다는 것이 밝혀진 것이다. 하지만 유전 정보에서 가장 중요한 것은 DNA의 '염기'가 나열된 방법이기 때문에 '21번 염색체는 약 3400만 개의 염기로 구성되어 있다'는 것이 분명한 표현이라고 말할 수 있다.

사마키 에미코

1 게놈
'게놈'은 원래 '반수체(半數體) 세포를 가진 염색체 한 쌍'을 가리키는 말이었다. 그러나 현재는 오히려 '세포가 가진 DNA의 모든 염기서열'이라는 의미로 사용되고 있다.

2 다양한 생물을 탄생시켰다
'056 다양성은 진화의 원동력'과 '058 왜 성별이 다를까'를 참조하기 바란다.

017 유전자에게 맡겨진 생명의 사슬

생물의 큰 특징은 또 다른 생물을 만드는 것, 즉 자손을 남긴다는 성질이다. 그렇기 때문에 생물의 몸에서 가장 중요한 것은 정자와 난자 등의 생식 세포라고도 할 수 있다. 부모의 몸 세포 중에 아주 적은 부분을 차지하는 생식 세포를 제외하고 남은 모든 세포는 다음 세대를 만들 생식 세포를 탄생시키기 위해서만 존재하는 것이라고 말해도 지나치지 않다. 생물학적으로 생각하면, 부모는 한 번 쓰고 버리는 일회용 도구와도 같은 것이다.

이렇게 말하면 부모는 단지 자녀를 낳는 기계와 같다는 말로 들릴지도 모르지만, 생식이라는 관점에서 보면 사실이다. 하지만 이것만은 잊어서는 안 된다. 부모는 자녀에게 중요한 '어떤 것'을 전해준다. 이 '어떤 것'이 바로 유전자다.

다세포 생물의 세포는 하나의 수정란에서 분열을 계속하여 만들어진다. 그렇기 때문에 생식 세포를 포함한 모든 세포는 수정란의 유전자 복제[1]를 공유하게 된다. 그래서 생식 세포에서 아기가 생기면 부모의 유전자는 필연적으로 아이에게도 전해진다.

당신의 유전자는 아버지나 어머니가 보유하고 있던 유전자다. 그것은 할아버지나 할머니의 유전자였고, 증조할아버지나 증조할머니, 그리고 1만 년 전 우리 선조들이 가지고 있었던 유전자이기도 하다.

또한 이 유전자는 15만 년 전 아프리카에 살았던 한 여성이 가지고 있었던 것이다. 그 여성은 '미토콘드리아 이브'라고 불리는 인류 전체의 모계 조상이다('060 미토콘드리아 이브 이야기' 참조). 그리고 더 이전인 400만 년 전에 동아프리카 대륙을 걸어다녔던 오스트랄로피테쿠스[2]라는 인류의 먼 조상이 가지고 있었던 것이다.

하지만 이 정도로 먼 조상이 가지고 있었던 유전자와 우리가 가지고 있는 유전자에는 많은 차이가 있다. 복제를 반복하는 사이에 조금씩 달라졌기 때문이다. 오랜 시간에 걸쳐서 유전자가 변화하고 생물이 변화하는 것을 '진화'라고 부르지만, 우리가 오스트랄로피테쿠스의 유전자를 받은 것처럼, 자녀의 세포는 조상의 유전자가 형태를 계속 바꾸어가며 계승해나갈 것이다.

시간을 한번 거슬러 올라가보자. 6500만 년 전에 공룡이 멸망해갈 때 숲 속을 뛰어다니던 쥐와 같은 포유류가 당신의 유전자 원형을 가지고 있었다. 이것은 약 3억 년 전에 지느러미를 사용해서 처음으로 육지로 올라왔던 원시 어류[3]의 유전자이기도 하다. 5억 년 이상 전에 물속을 헤엄치던 피카이아[4]라는 생물은 나중에 모든 척추동물의 조상이 되었고, 이

◀피카이아의 화석.
▼피카이아의 상상도.

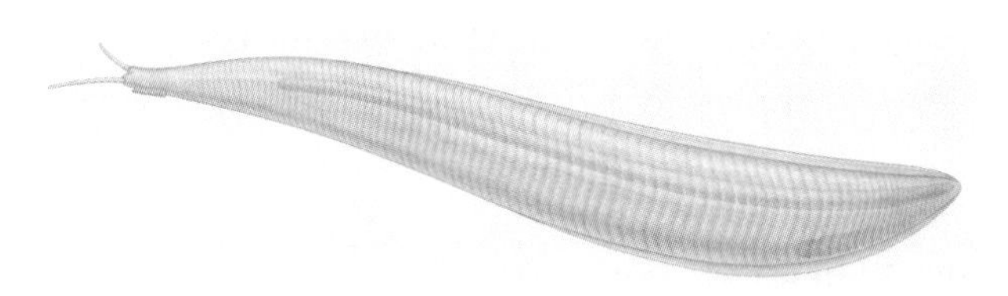

유전자가 (상당히 많이 변화해버렸지만) 현재의 당신에게 전해지고 있는 것이다.

유전자의 사슬을 거슬러 올라가면 아주 멀게 느껴지는 40억 년 전, 그때 지구에 살았던 최초 세포에 이른다. 이 유전자가 여러 번 복제를 하고 변화에 변화를 거듭해서 오늘의 당신에게 이어져온 것이다.

유전자는 부모에게서 자녀에게, 자녀에게서 후손으로, 세대를 넘어서 끊임없이 이어지고 있다. 그렇기 때문에 당신의 자녀에게도 그 40억 년의 생명 역사가 유전자에 실려 전해질 것이다.

아베 데쓰야

1 수정란의 유전자 복제

생식 세포는 감수분열로 만들어지기 때문에 유전자가 수정란의 반밖에 없다는 것은 여기에서 다루지 않았다. 체세포와 유전자를 공유한다는 사실에는 변함이 없기 때문이다. 감수분열에 대해 자세한 것은 '018 유성 생식의 개요-감수분열과 수정'을 참조하기 바란다.

2 오스트랄로피테쿠스

오스트랄로피테쿠스는 서서 두 발로 걸어다니며 침팬지와 같은 크기의 뇌를 가진 동물이었다. 당시에는 여러 종류의 오스트랄로피테쿠스가 동시에 생활했으며(오스트랄로피테쿠스 아프리카누스, 오스트랄로피테쿠스 아파렌시스, 오스트랄로피테쿠스 보이세이 등), 그중 어떤 것이 우리의 조상이 되었다.

3 원시 어류

육지 척추동물의 직계 조상이 된 어류가 무엇인지는 정해지지 않았지만, 그 뒤에 출현한 원시 양서류와 비슷하기 때문에 유스테노프테론이라고 불리는 원시 어류에 가까운 어류였다고 생각할 수 있다.

4 피카이아

현재도 피카이아와 많이 닮은 민달팽이라는 생물이 따뜻한 지대의 얕은 바닷속 모래 지대에서 숨어 있는 것처럼 생활한다. 등뼈(척추)가 없는 대신 척삭(脊索)이라는 원시적인 막대 모양의 기관으로 몸을 지탱하기 때문에 원삭동물이라고도 불린다. 피카이아의 유전자를 함께 받은 민달팽이는 우리와 먼 친척인 셈이다.

018 유성 생식의 개요-감수분열과 수정

정자나 난자처럼 융합하여 새로운 개체를 탄생시키는 생식 세포를 총칭하여 '배우자' 라고 부른다. 곰팡이나 버섯의 포자와는 달리, 배우자는 단독으로 개체를 발생시킬 수 없다. 배우자에서 개체가 만들어지기 위해서는 두 개의 배우자가 서로 융합해야만 한다. 그리고 수컷과 암컷이 각각 배우자를 제공하고, 이것이 합쳐져 자녀를 만드는 것을 '유성 생식' 이라고 부른다.

정자와 난자는 서로 융합해서 수정란이 된다. 정자의 핵에는 수컷 유전자가, 난자의 핵에는 암컷 유전자가 포함되어 있다. 그런데 만일 정자나 난자가 보통 세포처럼 수컷과 암컷의 유전자를 두 개 모두 가지고 있었다면, 둘이 융합하여 탄생된 수정란에는 수컷과 암컷, 두 개의 몸을 만들 수 있는 유전자가 담겨졌을 것이다. 이렇게 되면 한 자녀의 몸을 만드는 데 너무 많은 유전자를 갖게 되는 것이다. 그렇기 때문에 부모는 배우자와 합쳐지는 유전자의 양을 자신이 가지고 있는 유전자의 딱 반으로 줄여야 한다. 이렇게 하면 수정한 뒤 자녀의 유전자는 부모와 같은 양이 될 수 있기 때문이다.

그러면 어떻게 유전자의 양을 딱 반으로 줄일 수 있을까?

배우자가 생겼을 때는 '감수분열'이라는 특수한 세포분열을 한다. 이 분열로 세포 속의 유전자는 딱 절반이 된다.

유전자는 염색체에 포함되어 있다. 하나의 세포에는 형태나 길이가 다양한 염색체가 몇 개나 있으며, 염색체 수는 생물의 종류에 따라 결정된다. 어떤 염색체든지 같은 모양과 같은 크기로 쌍을 지은 염색체가 두 개씩 있다. 이것을 '상동 염색체'[1]라고 부른다.

감수분열 초기에는 일단 상동 염색체끼리 딱 붙어서 하나로 되어 있다. 그후 상동 염색체는 방추사라는 얇은 실에 의해 양쪽으로 끌려가 반대 방향으로 떨어져서 이동해간다. 그리고 마지막으로 세포 전체가 두 개로 분열하면, 각각의 세포에는 모든 염색체가 하나씩만 담긴다. 이렇게 해서 배우자가 완성된다.[2] 이런 과정으로 인해 배우자에게는 염색체가 하나만 있는 것이다. 염색체 수가 절반으로 줄어들었으므로 당연히 유전자의 양도 절반이 된다.

이것이 배우자의 유전자를 절반으로 만드는 과정이다. 감수분열 초기에 세포에 상동 염색체가 두 개씩 준비되는 것은 정자와 난자가 하나씩 가져오기 때문이다.

그런데 배우자에게는 부모에게서 받은 상동 염색체의 어느 쪽 하나만 들어가기 때문에 배우자의 염색체는 아버지의 것이나 어머니의 것, 이

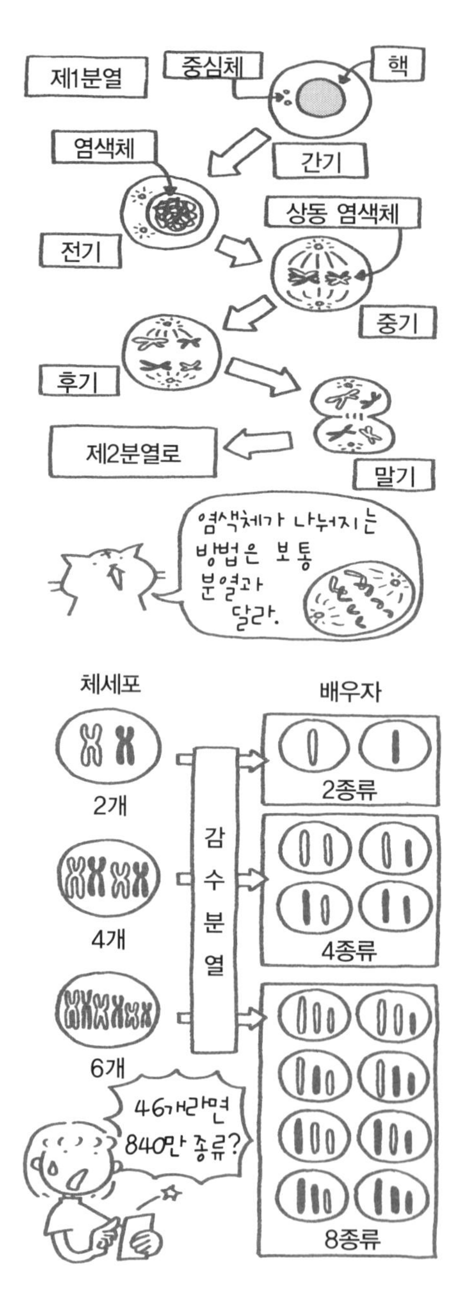

둘 중 하나의 것이다. 즉 감수분열로 인해 부모의 염색체 중 어느 것 하나가 무작위로 선택되어 배우자에게 들어가는 것이다.

그렇다면 이런 조합은 몇 번이나 거듭될까? 가령 상동 염색체가 한 쌍밖에 없다면, 배우자는 그중 하나를 가지고 가기 때문에 배우자는 2종류가 된다. 그런데 상동 염색체가 두 쌍일 경우 여기에서 각각 하나씩 선택된다고 하면, 배우자 수는 2×2로 4종류다. 그리고 염색체가 세 쌍일 경우는 2×2×2=8종류가 된다. 즉 인간의 염색체는 23쌍이기 때문에 2의 23승으로 약 840만 종류의 정자나 난자를 만들 수 있다.

수정은 이러한 것들 중에서 하나씩 만나는 현상이기 때문에, 한 부부 사이에서 태어날 수 있는 자녀는 840만×840만≒약 70조에 해당하는 염색체 조합이 가능하다. 실제로는 상동 염색체 사이에 일부가 바뀌고, 새로운 염색체가 생기는 '재조합' 이라는 현상도 나타나기 때문에 한 부부에게서 태어날 아이의 유전적인 다양성은 사실상 무한하다고 말할 수 있다.

유성 생식이 얼마나 많은 종류의 아이를 탄생시킬 수 있는지, 이를 통해 다시 한 번 느낄 수 있다.

아베 데쓰야

1 상동 염색체
세포에는 형태와 크기가 같은 염색체가 두 개씩 있는데, 이를 '상동 염색체' 라고 부른다. 이것은 애초부터 정자와 난자가 하나씩 가지고 있던 것으로, 아버지와 어머니에게서 받은 염색체다. 상동 염색체에는 같은 종류의 유전자가 서로 같은 장소에 들어 있다.

2 이렇게 해서 배우자가 완성된다
실제로 각각의 세포는 한 번 더 분열을 한다. 처음에 하는 분열을 제1분열, 다음에 하는 분열을 제2분열이라고 부른다. 한 세포는 두 번의 분열을 거쳐서 모두 4개의 배우자를 만든다. 제2분열에서는 염색체의 수에 변화가 없기 때문에 여기에서는 자세히 다루지 않았다.

019 부모와 자녀는 왜 닮았을까

귀여운 아기를 보면 누구나 얼굴이 환해진다. 그리고 아기를 보며 눈매가 엄마랑 똑같다, 입술은 아빠를 닮았다는 등의 말을 하게 된다. 아이들은 부모를 닮았다. 부모가 가진 여러 가지 특징이 자녀에게 전해지기 때문이다. 부모의 특징이 아이에게 전해지는 것, 이것이 유전이다. 그러면 왜 유전되는 것일까?

생물에는 여러 가지 특징이 있다. 어떤 색이나 모양일지, 어떤 영양을 필요로 하고, 어떤 물질을 소화할 수 있을지, 몸은 클지 작을지, 암에 걸리기 쉬운 타입이 될지 등과 같은 대부분의 특징은 태어나면서부터 결정된다.

우리 몸을 만드는 것은 엄마의 뱃속에서 정자와 난자가 만나 수정란이라는 세포가 되면서 만들어지기 시작한다. 수정란은 분열해서 수를 늘려, 조금씩 아기의 몸을 만들어나간다. 이것을 '발생'이라고 부른다. 발생을 할 때 세포 덩어리가 어떻게 배치되고, 어떻게 그 위치가 바뀌는지는 생물마다 철저한 프로그램을 따른다. 이 프로그램은 유전자에 의해 정해진다.

여러 가지 유전자들은 세포의 증식이나 성장, 움직임 등에 영향을 주어 몸을 만드는 방법을 좌우한다. 세포들이 서로 확실히 붙어 있을 수 있도록 하는 물질을 만들면, 세포들은 자연히 모여서 덩어리가 되기 시작한다. 특정 부분의 세포분열 속도가 빠르면 그 부분이 아주 빨리 성장해서 크게 부풀어지는 형태가 된다.

또한 발생이 진행되면서 세포에는 각각의 개성이 나타난다. 어떤 세포는 신경이, 어떤 세포는 피부가, 어떤 세포는 근육이나 혈구가 된다.[1] 발생할 때 어떤 단계에서 어떤 종류의 세포가 될지도 유전자에 달려 있다. 이렇게 유전자가 정하는 프로그램에 따라서 눈이나 코, 심장이 만들어진다.

다만 주의해야 할 것은 피부를 만드는 유전자가 단독으로 있는 것이 아니라, 피부 세포에 필요한 많은 유전자군이 일을 하기 시작하여 세포가 피부로서의 성질을 갖게 된다. 또한 단 하나의 유전자만으로 눈이 만들어지는 것이 아니라 세포가 모여서 눈을 만들어낼 때 필요한 수많은 유전자가 순서에 알맞게 작용했기 때문에 눈이라는 구조가 완성된다. 이것이 우리 몸이 완성되는 방법이다. 우리 몸은 이렇듯 유전자의 영향으로 만들어지는 것이다.

그리고 수정란을 만드는 것은 정자와 난자다. 즉 우리 몸이 시작되는 수정란은 아버지의 세포인 정자와 어머니의 세포인 난자가 만나서 만들어진 것이다. 정자에는 아버지의 유전자가, 난자에는 어머니의 유전자가 있었기 때문에('018 유성 생식의 개요-감수분열과 수정' 참조) 우리의 세포는 양쪽의 유전자를 이어가고 있다.

그 유전자들이 협력해서 우리 몸의 형태를 만든 것이다. 어떤 부분에서는 아버지의 유전자가 주도권을 잡았을지도 모른다. 또한 다른 부분에서는 어머니의 유전자가 강한 영향을 주었을지도 모른다. 우리 몸은 부모에게서 이어받은 유전자 한 쌍 중 강한 작용을 하는 유전자에 의해 특징이 결정된다. 또는 어떤 단계에서 어떤 순서로 영향을 받았느냐에 따라서 나타나는 특징도 있을 것이다. 각각의 단계마다 아버지와 어머니의 유전자 중 어느 한쪽이 작용했기 때문에 결과를 봐서는 어느 한쪽의 영향을 받았는지 잘 모르는 경우도 많다.

1 세포에는 각각의 개성이……

이 현상을 '분화'라고 한다. 도마뱀의 꼬리나 도롱뇽의 다리는 잘려도 상처 부위의 세포가 분화하여 잘린 부분이 생겨나는데, 이것을 '재생'이라고 부른다. 그런데 아쉽지만, 인간에게는 이렇게 강한 재생력이 없다. 인간은 겨우 피부나 뼈가 재생하는 정도다. 그러나 현재 세포가 분화하는 구조에 대한 연구가 DNA 차원에서 빠르게 진행되고 있어서, 장차 가까운 미래에 사고나 병으로 잃어버린 장기나 조직을 재생해내는 '재생 의료'가 가능해질지도 모른다.

2 자손의 몸을 만들 때는……

자손에게 할아버지, 할머니의 형질이 나타나는 것을 '격세유전(隔世遺傳)'이라고 부른다. 유전의 법칙이 발견되기 전에는 아이에게 선조의 특징이 보이면 상당히 이상한 현상으로 생각했다. 그러나 이는 유전의 법칙에서 보면 당연히 생길 수 있는 현상이다.

이렇게 해서 태어난 아기는 아버지를 닮기도 하고 어머니를 닮기도 하며, 또는 양쪽을 모두 닮기도 하는 것이다.

이와 같이 우리가 부모로부터 유전자를 이어받은 것처럼, 우리의 아이에게도 우리 자신의 유전자가 전해진다. 우리 자신이 가지고 있는 두 개의 유전자 중 어느 쪽이 전해지는 것이다. 즉 아버지에게서 받은 유전자와 어머니에게서 받은 유전자 중 어떤 것이 그 다음 자손에게 전해진다. 우리의 몸이 만들어질 때는 밖으로 나타나지 않았던 유전자도 자손의 몸을 만들 때는 밖으로 나타날 수도 있다.[2]

아마도 할아버지와 할머니가 손자들을 귀여워하시는 데는 이러한 이유도 있지 않을까?

아베 데쓰야

020 남자와 여자는 왜 다를까-성염색체 이야기

남성과 여성의 차이는 만들어지면서부터 생기는 것이기 때문에, 태어나기 전에 엄마의 뱃속에 있을 때부터 확실히 구별된다. 그래서 산부인과에서 초음파 검사를 하면 태아가 아들인지 딸인지 알 수 있는 것이다. 그러면 태아의 몸이 남자와 여자, 어느 쪽이 될지 언제 결정될까? 그것은 수정하는 순간까지 거슬러 올라가야 한다. 정자와 난자가 만나고 융합한 순간, 그 수정란의 성별이 결정된다. 여기에는 염색체가 관계되어 있다. '아~ 또 염색체야?' 하며 지겨워할지도 모르겠지만.

세포 속에는 상동 염색체라는 한 쌍의 염색체가 두 개씩 갖추어져 있다는 것은 앞에서 설명했다. 그런데 그중 수컷과 암컷으로 구별되는 단 한 쌍의 염색체가 있다. 이것을 '성염색체' 라고 부른다.

1891년 헨킹(Hermann Henking)이라는 학자가 별박이노린재라는 곤충의 정소(精巢)를 현미경으로 관찰하여, 다른 염색체와는 분명히 다른 기묘한 염색체를 발견했다. 별박이노린재는 좀 안 좋은 냄새가 나는 곤충이다. 추측하건대 냄새를 위한 연구를 하려고 했던 것 같다.

어쨌든 헨킹은 이 염색체를 염색체 요소라고 불렀다. 염색체인지 아닌지 확신이 서지 않았기 때문이다. 그리고 1902년에는 매클렁(Clarence McClung)이 메뚜기의 정소에서도 이와 같은 것을 발견하여 '부염색체'라는 이름을 붙였다. 그리고 나중에 몽고메리라는 사람이 이 염색체는 정체가 불명확하다는 의미에서 'X염색체' 라고 이름을 붙였다(1906년).

연구가 계속 진행되면서 X염색체는 아무래도 성별과 관련 있을 것 같다는 것이 알려져, 매클렁이나 서턴 등의 학자가 이것을 '성염색체' 라고 부르게 되었다. 나중에 윌슨이라는 사람이 수컷에만 있는 성염색체를 발견하였다. 이 염색체는 X 다음으로 발견한 것이기 때문에 'Y염색체' 라는 이름이 붙여졌다.

X염색체는 암컷이나 여자에게 두 개씩 있어서, 난자에는 반드시 X 염색체가 있다. 한편 수컷이나 남자에게는 X와 Y가 둘 다 있기 때문에, 감수분열로 인해 X염색체를 갖는 정자와 Y염색체를 갖는 정자가 만들어진다. 난자와 X염색체를 가진 정자가 수정을 하면 수정란에는 X가 2개(XX) 있고, 난자와 Y염색체를 가진 정자가 수정을 하면 수정란에는 X와 Y가 한 개씩(XY) 있게 된다. 이러한 성염색체의 조합 차이가 남자와 여자의 차이를 만든다. XX라면 여자가, XY라면 남자가 되는 것이다.

정자의 절반은 X정자, 남은 절반은 Y정자가 되기 때문에, 남녀의 비율이 거의 반반이 되는 것도 이것으로 설명할 수 있다. 아무튼 자녀의 성별

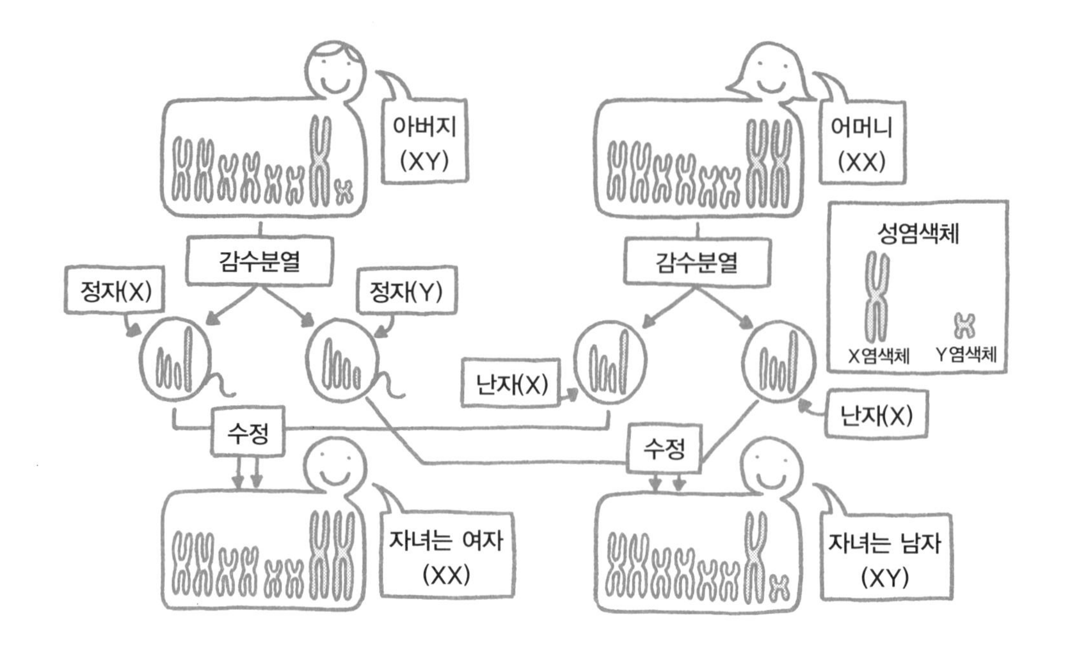

을 결정하는 것은 정자의 역할이다.

상동 염색체의 같은 장소에는 서로 같은 유전자가 존재한다. 그렇기 때문에 유전자는 일찍이 멘델이 추측했던 대로 두 개씩 있게 된다. 그러나 성염색체는 사정이 조금 다르다. X와 Y에 공통의 유전자도 있지만, 그외에 각각 특유한 유전자도 가지고 있다. 그렇기 때문에 유전자에 의해 남자와 여자로 다르게 보이는 것이다. 특히 Y염색체에는 태아의 몸을 남자의 형태로 만드는 유전자가 배열되어 있기 때문에 Y염색체를 가지고 있으면 남자 아이가 되는 것이다,

Y염색체에는 이런 특징 외에도 귓불에 털이 많아지는 증세를 보이는 이개다모증(耳介多毛症)을 나타내는 성질의 유전자가 있다. 어떤 지방에서는 '귀털' 을 징조가 좋고 바람직한 특징이라고 보기도 한다. 그런데 여

성에게는 귀털이 나지 않는다. 왜 그럴지 한번 생각해보자. 그렇다. 여성은 귀털이 자라기 쉬운 Y염색체가 없기 때문이다.

이외에도 대머리 유전자가 있는데, 이것도 Y염색체 유전자라고 하는 설이 있다. 만일 그렇다면 남성만 대머리가 된다는 얘기인데, 이는 조금 불평등하다는 생각도 든다.

아베 데쓰야

021 염색체는 바뀔까

세포 속에는 우리 몸을 만들고 자손을 만들기 위해 필요한 정보가 들어 있다. 그 정보는 DNA(디옥시리보오스핵산)라는 화학물질을 사용하여 쓰여 있다. 우리가 자주 듣는 유전자란 유전 정보의 단위를 말한다.

DNA가 길게 이어져서 나선 형태로 되어 있는 것이 염색체다. 그 DNA의 일부가 의미 있는 정보이며(대부분은 실제로 작용하지 않는다), 유전자가 된다. 보통의 상태에서 염색체는 잘 보이지 않지만, 세포가 분열하기 직전이 되면 염색제로 잘 물이 들어서 확실히 볼 수 있다. 이 때문에 염색체라고 불리게 된 것이다.

염색체는 외부에서 방사선이나 세포 내로 들어온 약제, 중금속인 카드뮴 등에 의해, 또는 우리가 산소 호흡을 하고 있기 때문에 생기는 과산화수소 등의 화학반응에 포함되어 있는 분자에 의해 절단된다. 절단된 염색체의 대부분은 회복되지만, 치료가 어려운 상처가 생기기도 하고 회복하는 선을 지나칠 수도 있어서, 절단된 채로 남거나 다른 염색체에 달라붙는 경우가 있다. 그래서 염색체 형태의 이상이나 유전자 배열의 큰 변화(구조적인 이상)가 생기기도 한다.

이러한 현상은 난자나 정자 속에서도 일어나며, 신체를 만드는 세포에서도 일어난다. 난자나 정자에서 이런 일이 생기면 대부분은 수정란이 성장을 하지 않거나, 도중에 유산되어버린다. 또한 신체 세포에 이런 일이 생기면 암의 원인이 되기도 한다.

염색체의 형태나 배열 변화 외에 수적인 변화도 있다. 사람은 46개의 염색체를 가지며, 46개 중 남녀에 공통된 22쌍의 44개를 '상염색체' 라고 부른다. 상염색체는 큰 순서대로 1에서 22까지 번호가 붙어 있고, 남은 2개는 성을 결정하는 염색체다. 이 46개의 염색체는 아버지로부터 23개, 어머니로부터 23개를 각각 받아온 것이다.

그런데 정자나 난자가 만들어질 때는 염색체가 정확히 절반인 23개가 되도록 수를 줄이는 구조가 필요하다. 앞에서도 설명했지만, 이러한 세포분열 구조를 감수분열이라고 한다. 이렇게 감수분열을 거쳐서 각각 23개씩 염색체를 가진 정자와 난자가 합체(수정)할 때 정확히 46개가 된다.

세포분열을 하기 전에 염색체는 세포의 중앙(지구에 적도가 있는 것처럼 세포에도 중앙선 부분을 적도라고 말한다)에 같은 번호의 염색체가 서로 달라붙어서 배열되어 있다.

그후 두 개는 세포의 양쪽 끝으로 당겨져서 나누어진다. 이때 염색체를 끌어당기는 실인 방추사가 끊어지는 경우가 꽤 있다. 그러면 두 개의 염색체는 달라붙은 채로 하나의 세포로 들어가버려서 염색체 수에 불균

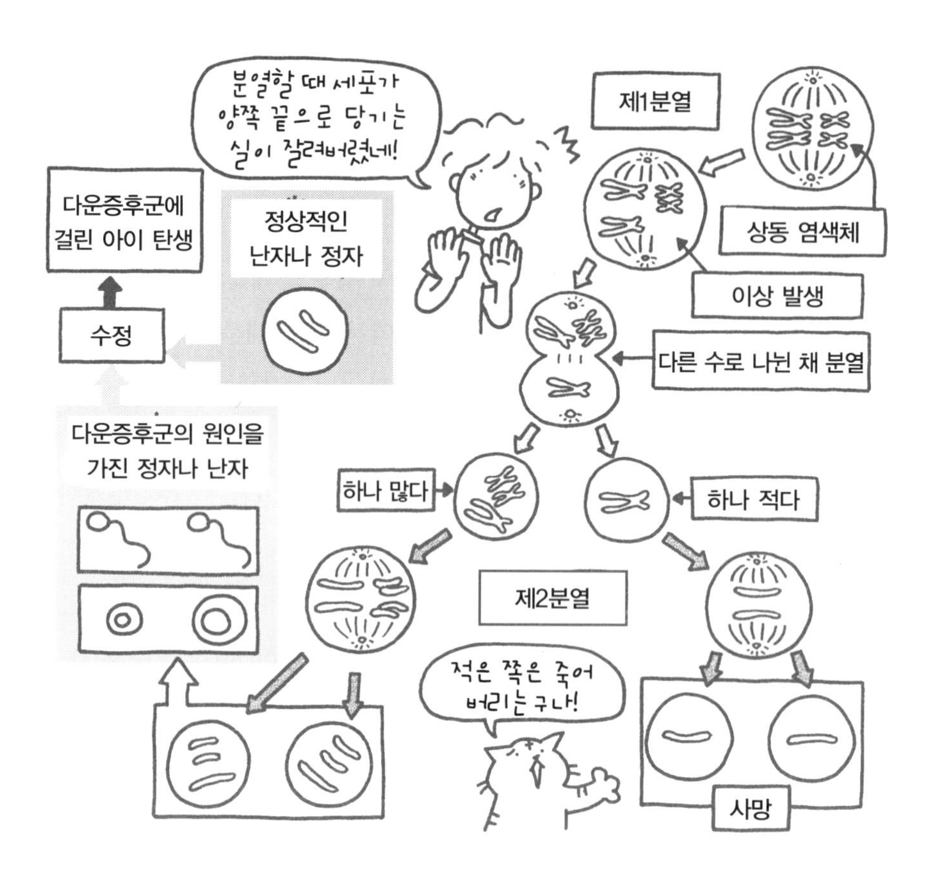

형이 생겨버린다. 이렇게 염색체 수가 편중됨으로써 변화가 생긴다.

1000명 중에 한 사람 정도로 태어나는 다운증후군에 걸린 사람은 상염색체 중 가장 작은 21번 염색체가 3개로, 21번 염색체를 보통 사람보다 하나 더 가지고 있다. 또한 성을 결정하는 염색체 중에 큰 X염색체가 하나밖에 없는(보통 여성은 큰 X염색체가 두 개, 남성은 큰 X염색체 하나와 작은 Y염색체 하나를 가지고 있다) 터너증후군에 걸린 사람은 여자 아이 2000명 중에 한 명 정도로 태어난다.

그리고 자연 유산을 한 태아를 조사해보면, 염색체의 구조적인 변화나 수의 변화가 많이 있었다. 이러한 현상으로 볼 때 염색체의 변화는 그렇게 특별한 것이 아니라 자주 일어나는 일이라고 생각할 수 있다. 그러니까 누구에게나 일어날 수 있는 자연스러운 일인 셈이다.

다쓰미 준코

022 DNA가 변하는 것은 당연하다

현재 가장 오래된 생물의 화석은 호주에서 발견된 35억 년 전의 단세포 화석이다. 이것으로 지구상에서 생물이 시작된 시기는 약 40억 년 전일 것이라고 추측되고 있다. 그 이후 생명은 끊임없이 계속 이어져왔다.

지금 당신이 존재할 수 있는 이유는, 당신의 신체 설계도인 유전자와 그 바탕인 DNA가 40억 년간 단 한 번도 끊이지 않고 계속 복제되어왔기 때문이다. 이것은 당신뿐만 아니라 지금 지구에 살고 있는 생물 모두를 대상으로도 말할 수 있는 것이다. 모든 생물은 다같이 DNA 문자(A=아데닌, G=구아닌, C=시토신, T=티민)를 사용하며, 같은 언어를 사용하여(4개의 DNA 문자 중에 3개를 조합한 아미노산을 가리킨다) 신체를 유지하는 것(단백질)을 만들어내고 있다.

지구상에는 이름이 붙여져 있는 것만도 150만 종류의 동물이 있다고 한다. 또한 발견되지 않은 것이나 식물을 포함하여 다양한 모든 생물은 단 하나의 DNA를 40억 년이라는 오랜 시간 동안 계속적으로 부모한테서 자녀에게로 복제해왔다는 것이다. 다만 그 복제는 언제나 완전하다고는 할 수 없다. 우연하게 벌어진 실수나 또는 환경(자외선이나 방사선 등)의 영향을 받아 DNA의 배열은 변화해왔다.

만일 최초의 생명이 생겨났을 때부터 줄곧 완전하고 정확한 DNA의 복제가 이루어져왔다면, 생물은 시간이 흘러가면서 변화하지 않았을 것이고 지금도 계속 같은 모습을 하고 있을 것이다. DNA의 변화는 자연스럽고 당연한 일이다. 아무것도 특별한 것은 없다. 대장균으로 실험을 해보면, 자연 상태로 놓았을 때 100만 개당 한 개의 돌연변이체가 생긴다.

지금도 마찬가지로 돌연변이는 우리 자신의 신체 중에서, 그리고 자손으로 이어지는 난자나 정자 속에서 일어나고 있다. 사람의 사례로는 근육성이영양증(muscular dystrophy)이라는 병이 있다. 이 병의 원인은 디스트로핀(dystrophin, 근육 세포막에 있는 중요 단백질-옮긴이) 유전자가 돌연변이를 일으키는 빈도가 높다고 한다. 이 병에 걸린 사람의 약 30%는 유전이 아니라 돌연변이 때문이라고 생각되고 있다.

이것은 역사를 통해서도 생각해볼 수 있다. 넓은 세계를 뒤흔든 예가 빅토리아 여왕(영국, 1819~1901년)의 혈우병 유전이다. 혈우병[1]의 원인이 되는 유전자는 X염색체에 있다. 여성의 경우 부모에게서 각각 하나씩 X염색체를 받기 때문에, 한쪽 유전자가 잘 작용하지 않아도 다른 한쪽의 유전자가 작용하면 아무런 이상이 나타나지 않아서 혈우병 증세는 나타나지 않는다. 그러니까 외부로는 증세가 나타나지 않는 보인자라는 말이다.

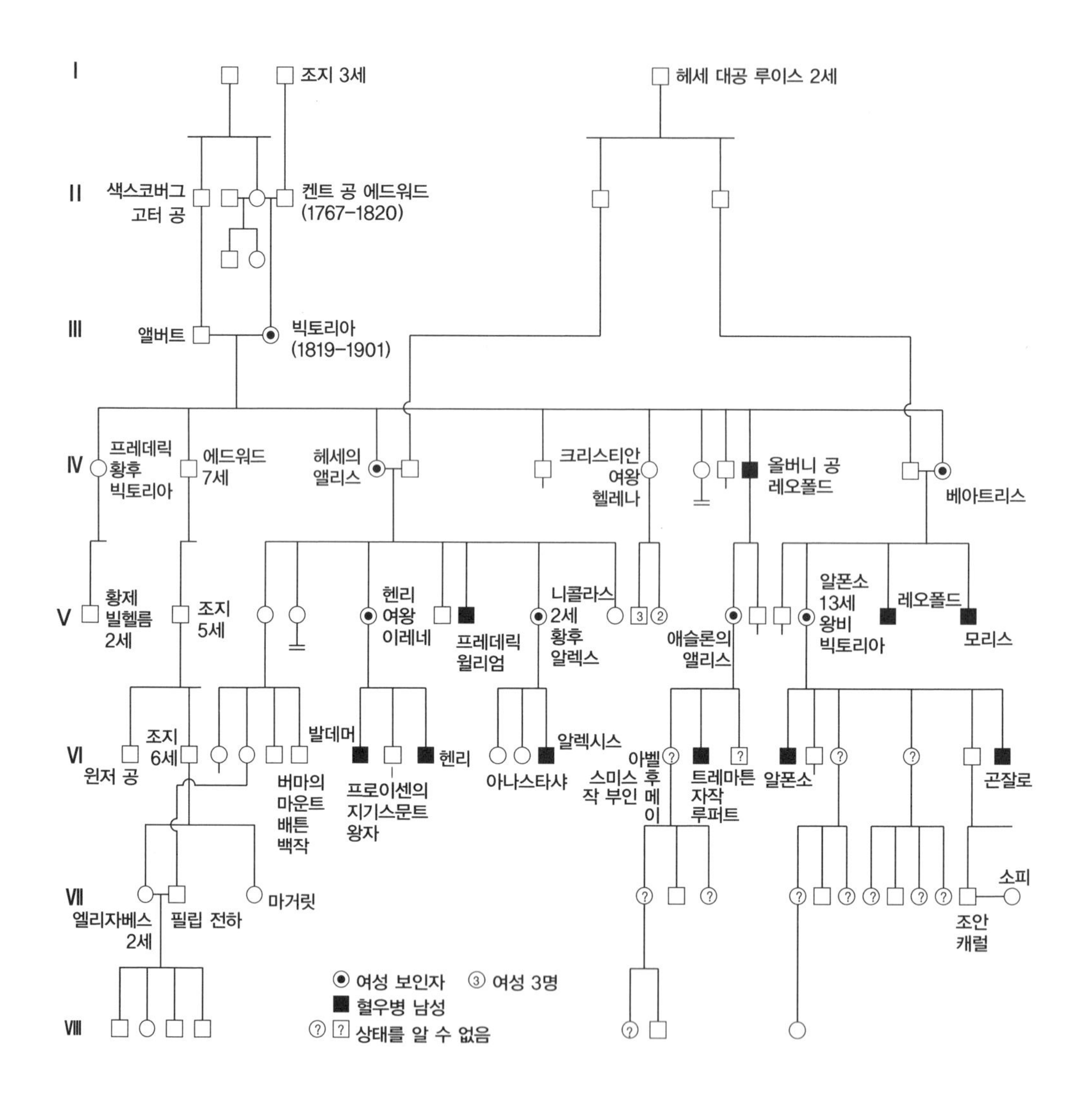

I
조지 3세
헤세 대공 루이스 2세
II
색스코버그 고터 공
켄트 공 에드워드 (1767–1820)
III
앨버트
빅토리아 (1819–1901)
IV
프레데릭 황후 빅토리아
에드워드 7세
헤세의 앨리스
크리스티안 여왕 헬레나
올버니 공 레오폴드
베아트리스
V
황제 빌헬름 2세
조지 5세
헨리 여왕 이레네
프레데릭 윌리엄
니콜라스 2세 황후 알렉스
3
2
애슬론의 앨리스
알폰소 13세 왕비 빅토리아
레오폴드
모리스
VI
윈저 공
조지 6세
버마의 마운트배튼 백작
발데머
프로이센의 지기스문트 왕자
헨리
아나스타샤
알렉시스
아벨 스미스 작 부인
후메이
트레마튼 자작 루퍼트
알폰소
곤잘로
VII
엘리자베스 2세
필립 전하
마거릿
소피
조안 캐럴
VIII
여성 보인자
③ 여성 3명
혈우병 남성
? ? 상태를 알 수 없음

빅토리아 여왕의 경우 그 전 세대의 가족이나 친척 중에 혈우병(남성)을 앓았던 사람이 없다. 그래서 여왕 아버지의 정자나 어머니의 난자에 있던 X염색체에서 유전자가 돌연변이를 일으켰는데, 이것이 수정되어 빅토리아 여왕이 태어난 것으로 추측된다.

혈우병은 보인자인 어머니에게서 태어난 남자 아이 중에 절반이 증세를 보인다. 여왕은 9명의 아이를 낳아서 5명의 딸을 유럽 내 왕가로 시집을 보냈다. 영국은 혈우병 유전자를 갖고 있지 않은 여왕이 뒤를 이었지만, 딸들 중에서 4명이 가지고 있던 혈우병 유전자는 유럽의 여러 나라 왕가로 전해졌다. 그리고 이 4명의 여왕들이 낳은, 왕위 계승권을 가진 왕자에게 혈우병이 나타나 유럽의 여러 나라가 멸망하는 원인을 제공하였다.

다쓰미 준코

1 혈우병
X 연관 유전병의 유전 방법은 '037 남자와 여자는 잘 걸리는 병에 차이가 있다'를 참조하기 바란다.

023 염색체가 변하면 병에 걸릴까

우리 몸은 세포가 매일 제대로 작동한다면 병 같은 것에는 걸리지 않고 지장 없이 생활할 수 있다. 이렇게 제대로 작동을 하는 데 바탕이 되는 것은 세포핵 속에 있는 유전자다. 유전자가 가지고 있는 정보가 정확하지 않으면, 다른 단백질을 만들거나 아예 단백질을 전혀 만들 수 없다. 그러면 우리는 병에 걸리게 된다.

염색체는 말하자면 유전자의 집합이다. 염색체가 바뀌면 유전 정보도 바뀔 수 있다(바뀌지 않을 경우도 있다. 왜냐하면 염색체 수가 바뀌었을 때만 일어나기 때문이다). 그러면 염색체가 바뀐다는 것은 무엇을 말하는 것일까? 유전자의 변화와 다른 점은 무엇일까?

'021 염색체는 바뀔까' 에서 살펴본 것과 같이 염색체의 절단은 신체의 외부로부터 받은 방사선 등의 강력한 에너지를 가진 것이나 화학반응성이 큰 약물, 체내에서 자연적으로 발생하는 화학반응성 물질(과산화수소 등)에 의해 생겨난다. 그래서 염색체가 절단되어 짧아지거나 새로운 결합으로 구조가 바뀌기도 한다. 또한 세포가 분열해서 증가할 때 원래 하나씩만 들어가야 하는 곳에 두 개의 염색체가 달라붙어서 하나의 세포 속에 들어감으로써 염색체 수가 늘어나버리는 경우도 있다.

이러한 일이 사람의 신체를 만드는 세포에 생기면 암의 원인이 되기도 한다. 또한 정자나 난자에 생기면 수정되어 만들어지는 수정란은 태아의 신체로 잘 성장해갈 수 없다.

일반적으로 DNA의 한 문자가 빠지거나, 반대로 한 문자가 더 들어가는 경우, 그리고 문자가 바뀌는 경우보다도 염색체 부분이 결여되거나, 다른 염색체 어딘가에 달라붙어 들어가는 경우가 훨씬 더 큰 변화를 일으킨다. 이렇게 비정상적인 수정란은 대부분의 경우 정상적인 성장을 할 수 없을뿐더러 심할 경우에는 아기로 태어날 수조차 없다.

하지만 염색체가 적은 부분에서만 변화가 일어나거나, 염색체 수만 변했을 경우, 유전자가 가진 정보 자체가 변하지 않았을 경우에 수정란은 성장할 수 있다. 특히 유전자 수의 차이가 적게 발생하는 염색체 수의 증감, 염색체 구조가 변해도 전체 유전자 수나 양에 변화가 없을 경우, 수정란은 너무 나쁘지는 않게 성장할 수도 있다. 너무 나쁘지 않다고 이야기하긴 하지만, 그래도 유전자 수나 양에 변화가 없는 경우와는 달리 결코 건강하다고는 할 수 없다. 유전자 수나 양의 불균형으로 지적인 발달이 늦거나 특징적인 신체 형태가 밖으로 나타나고, 감기 등의 원인이 되는 바이러스나 세균에 대한 면역력이 약할 수 있다.

염색체 수의 변화에 따라 태어나면서부터 어떤 특징을 나타내는 체질이나 형질을 갖게 되는데, 이러한 대표적인 예가 다운증후군이다. 이것은 병이라고 부르기보다도 유전적인 배경, 즉 체질이라고 하는 편이 좋을 것이다.

다운증후군은 염색체 수의 변화가 원인이 되어 생기는 병 중에서는 가장 높은 생존율(태어난 아기 약 1000 명 중 한 명)을 보인다. 이 병은 비슷한 증세가 뚜렷하게 보이기 때문에 1866년 영국의 안과 의사 J. L. H. 다운이 독립된 질환으로 보고하여 '다운증후군' 이라고 부르게 되었다.

상염색체는 긴 순서대로 1번에서 22번까지 번호가 붙어 있는데,[1] 다운증후군은 가장 짧은 21번 염색체가 3개로, 보통 사람보다 하나 더 많이 가지고 있다. 그래서 21 트리소미(trisomy)[2]라고도 부른다. 21번 염색체는 가장 작은 염색체이기 때문에 가지고 있는 유전 정보도 적어서 다른 염색체의 트리소미보다도 정상적으로 만들어질 빈도가 높다.

다운증후군 아이의 출생 비율이 어머니의 연령과 함께 증가하는 것은 잘 알려져 있다. 이것은 어머니의 난자가 수정된 뒤에 세포분열을 할 때[3] 어머니 나이와 같이 오랜 기간 붙어 있었기 때문에 같은 번호끼리의 염색체가 잘 분리되지 않은 것이 원인이라고 생각된다.

하지만 약 80%의 다운증후군 아이가 35세 이하의 어머니에게서 태어났다. 그런데 이럴 수밖에 없는 이유는 35세 이하의 여성이 임신하는 수가 압도적으로 많기 때문이다. 또한 염색체 수가 늘어나는 경우는 아버지에게서 유래(정자에서 유래)되는 경우도 있으며, 어머니에게서 유래되는 것과 아버지에게서 유래되는 비율이 4대1이라고 한다.

또한 다운증후군은 유전자 자체가 바뀌었기 때문에 생기는 것이 아니다. 유전자는 정상이지만 염색체가 하나 더 많기 때문에 그 유전자의 설계도에 따라서 만들어지는 여러 가지 단백질의 양이 1.5배가 되어 불균형이 생김으로써 증세가 나타나는 것이다.

다쓰미 준코

1 긴 순서대로 1번에서 22번까지……
염색체 검사를 시작한 초기에 21번 염색체와 22번 염색체의 순서를 잘못 붙여서 가장 짧은 것이 21번 염색체가 되었는데, 잘못된 그대로를 오늘날까지 사용하고 있다.

2 트리소미(trisomy)
트리(tri)는 3을 의미한다.

3 이것은 어머니의 난자가……
'021 염색체는 바뀔까' 를 참조하기 바란다.

4장
유전자로 결정되는 것과 결정되지 않는 것

024 유전자로 결정되는 것과 결정되지 않는 것

당신은 지금까지 이 책을 읽어오면서 유전자란 아주 중요한 것이라고 생각하게 되었을 것이다. 유전자가 겉으로 보이는 다양한 성질이나 모습을 결정한다는 것은 사실이다. 그렇다면 유전자가 같으면 성질이나 모습 등이 완전히 똑같을까? 답은 '그렇지 않다' 다. 이제부터 말하려고 하는 것은 유전자 면에서도 똑같이 만든 실험실 쥐 이야기인데, 유전에 관한 것만은 아님을 알게 될 것이다.

쥐에는 유전적으로 공포 반응이 강한 BALB/c라는 계통의 쥐와, 이와 반대로 침착한 성질을 갖고 있으며 공포 반응이 아주 약한 C57이라는 계통의 쥐가 있다. 이 쥐들은 유전적으로 같은 성질을 갖도록 인위적으로 만들어낸 것이다. BALB/c라는 계통 쥐의 시상하부-뇌하수체-부신축

(HPA)은 스트레스에 민감하고 글루코코티코이드(glucocorticoid)의 방출이 많아지며 오래 지속된다. 한편 C57 계통은 HPA의 감수성이 낮다. 그리고 C57의 어미 쥐는 BALB/c의 어미 쥐보다 새끼 쥐에게 더 많이 털 고르기를 하며 잘 돌본다. 지속적으로 털 고르기를 하며 잘 돌보는 어미 쥐가 기르면, 일반적으로 그 새끼 쥐는 성장해나가면서 스트레스에 강하고 침착한 성격을 갖는다고 한다.

실험은 태어난 지 얼마 안 된 새끼 쥐를 어미 쥐에게서 떼어놓으면 어떻게 자라는지 관찰했다. BALB/c의 새끼 쥐를 C57의 어미 쥐에게 키우게 하였다. 이 새끼 쥐는 유전적으로 스트레스에 민감한 BALB/c를 가지고 있지만, 스트레스에 덜 민감하고 새끼 쥐를 잘 돌보는 C57의 어미 쥐가 기른 결과, 스트레스 자극에 민감하고 공포 반응도 강한 다른 BALB/c 쥐에 비해 공포 반응이 아주 약하다는 것을 알 수 있었다. 이 실험 결과, 스트레스에 대한 반응에는 유전적인 차이가 있어도 키운 어미의 '성격'이 새끼 쥐의 성격 변화에 얼마나 큰 영향을 주는지 알 수 있다. 즉 어머니가 신경과민이라면 자녀에게도 그것이 전해지는 것이다.

이는 신경질 등 성격적인 것은 유전자뿐 아니라 환경에 의해서도 영향을 받는다는 점을 나타내는 것이다. 그러니까 유전자에만 집착해도 안 된다는 얘기다.

이러한 것은 병의 발병이나 증상, 성격이나 지능 등도 마찬가지다. 여러 가지 형질 중에는 태어나고 자란 환경이나 생활습관 등에 영향을 받는 것이 있다. 또한 일반적으로 유전에 의한다고 말할 수 있는 형질 중에서도 몇 가지 유전자가 서로 연관되어 밖으로 나타나는 것도 있기 때문이다. 이것을 '다인자 유전' 이라고 부른다.

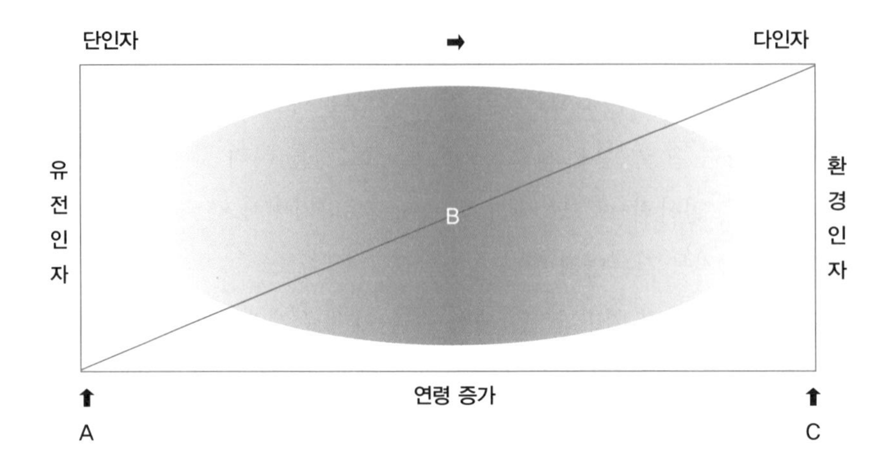

A : 100% 유전자의 변화로 결정되는 것. 페닐케톤뇨증, 백피증, 낫형적혈구빈혈증.
B : 대부분의 다인자 유전병이 환경과 유전자에 의해서 증세가 나타난다. 비율은 다양하지만 일반적으로는 증세가 늦게 나타나는 것일수록 환경 요인이 크다. 생활습관병(고혈압, 당뇨병 등).
C : 환경 요인만으로 결정되는 것. 골다공증, 노인성 치매.

다인자 유전에는 다음과 같은 세 가지가 작용한다. ① 밖으로 보이는 형질이 있는지 없는지를 결정하는 주된 효과 유전자, ② 이 형질의 크기를 정하는 복수의 보조 유전자, ③ 이러한 유전자들이 작용할지 말지를 정하는 환경의 영향이다.

현재 생활습관병이라고 불리는 고혈압과 당뇨병 등은 다인자 유전의 형태로 표출되는 것이다. 그렇기 때문에 같은 유전자를 가지고 있어도 생활습관이나 환경에 의해서 증세가 나타나는 사람이 있는 반면, 나타나지 않는 사람도 있다. 그래서 유전자로만 결정되는 것이 아니라고 말하는 것이다.

또한 지능의 경우는 일란성 쌍둥이나 이란성 쌍둥이를 조사한 결과, 유전적인 영향이 약 60%, 환경이 40% 정도라고 한다.

그러나 반대로 하나의 유전자가 변화된 것만으로도 병이 될 수 있다. 적혈구가 낫과 같은 형태로 변형되어버려 모세혈관을 막거나 심한 빈혈이 생기는 낫형적혈구(鎌狀赤血球) 증세가 이러한 경우다. 단 하나의 유전자가 원인이 되는 유전자이며, 환경의 영향은 전혀 받지 않는다. 그래서 그 원인 유전자를 부모에게서 받으면 반드시 증세가 나타난다.

사람의 신체를 국가라고 한다면, 이와 같은 단 하나의 유전자로 인해 병을 유발하는 유전자는 대통령급이라고도 말할 수 있다. 유전자가 망가지면 국가가 기울어져 결국 신체에 큰 영향을 준다. 그렇지만 다인자 유전과 관련된 여러 유전자는 일반 사람들 정도라고 생각할 수 있어서 대타가 되어줄 유전자가 있거나 협력자가 있기도 해서 조금은 잘못 되더라도 그렇게 큰 영향을 주지는 않는다. 또한 환경으로 인해 그 유전자가 신체 전체에 주는 영향이 크게 달라져버리기도 한다.

다쓰미 준코

025 유전과 환경, 무엇이 중요할까

유전에 대해서 과학적으로 아무것도 몰랐던 옛날에도 '콩 심은 데서 콩 나고 팥 심은 데서 팥 난다' 고 하는 속담이 있듯이, 부모와 닮은 형질을 가진 아이가 태어나는 것을 자연스러운 현상으로 인식했다. 하지만 사람은 자라나는 환경에 따라서 달라질 수 있다는 것 또한 알고 있다.

그렇다면 사람은 대체 유전과 환경, 어느 쪽에 강한 영향을 받는 걸까?

우리 몸이 만들어질 때는 건물을 세우는 것처럼 설계도가 필요하다. 그 모든 설계도에 해당하는 것을 '게놈(자세한 것은 '016 DNA, 염색체, 유전자, 게놈…… 헷갈리기 쉽다' 참조)' 이라고 부른다.

하나하나의 부품 설계도가 유전자다. 우리는 이러한 정보를 아버지의 정자와 어머니의 난자로부터 받는다. 부품을 설계도에서 만들어낼 때는 만들기 시작하라고 지령이 떨어지겠지만, 그 순서는 기본적으로 미리 프로그램되어 있고, 계속해서 지령 스위치가 켜졌다 꺼지는 형태로 만들어져간다.

그렇다고 해서 모든 것이 완전히 결정된 프로그램으로 진행되는 것은 아니다. 환경에 유연하게 대응하여 스위치가 켜지거나 꺼지기도 한다. 미리 결정된 프로그램에만 따라서 움직이면 환경이 바뀌었을 경우에 대응할 수 없게 된다. 생물은 자신이 생존하기 위해서 환경의 변화를 느끼는 센서를 가지고 있으며, 환경의 변화에 대응하여 자신이 만들어내는 것을 바꾸어갈 수 있는 유연성이라는 중요한 특성을 가지고 있다. 그래서 결과적으로는 만들 수 있는 부품의 양을 바꾸거나 겉으로 보이는 형태나 성질도 바뀌게 된다.

설계도는 유전적인 요소다. 생물체는 성장 과정뿐 아니라 노화까지의 생애를 통해서 환경과 작용하여 설계도에서 만든 양을 바꾸거나, 만들지 않거나 하며 변화해간다. 개구리는 개구리더라도 개구리 부모의 몸과는 다른 모양을 하거나, 크기나 수명 등이 달라지기도 한다.

일반적으로 생활습관병이라고 하는 암이나 당뇨병, 고지혈증 등의 병에 걸리는 이유는 환경적 요인과 유전적 요인, 두 가지 면이 관여되어 있다. 이것은 스웨덴에서 일란성 쌍둥이들을 대상으로 암의 유전적 영향을 조사한 결과를 보면 알 수 있다. 이 조사에 따르면 위암은 유전의 영향을 28%, 환경의 영향을 72% 받고, 전립선암의 경우 유전의 영향을 42%, 환경의 영향을 58% 받는다고 한다.

또한 병은 아니지만 먹자마자 음식이 바로 살로 가는 사람과, 많이 먹는데도 살이 찌지 않는 사람이 있다. 비만은 유전적인 요인이 높은 비율

| 일반적인 IQ와 친척의 상관관계 |

	유전적 차이(%)	IQ의 상관 수치
일란성 쌍둥이	100	0.85
형제	50	0.60
제1등급 친척	50	0.45
제2등급 친척	25	0.30
제3등급 친척	12.5	0.15

Robert Plomin, et al., 'Behavioral Genetics' 에서 인용

(약 40%)을 차지한다고 한다. 그러나 식사 조절과 운동 등의 자기 관리를 하면 비만이 되지 않을 수 있다.

생활습관병, 비만 외에 지능이나 성격에도 유전적인 요인과 환경적인 요인이 관여하고 있다. 지능(IQ)에 대한 유전적인 부분이 어느 정도인지 조사한 것이 있다. 위의 표에 따르면, 완전히 유전적으로 같은 일란성 쌍둥이일 경우 IQ의 상관 수치가 0.85나 된다. 그러나 쌍둥이는 같은 환경에서 자라기 때문에 이 85%에는 환경 요인도 포함되어 있는 것이다. 같은 환경에 있는 형제의 경우 유전적으로는 50%밖에 일치하지 않지만, IQ의 상관 수치는 0.6이 된다.

만일 모든 것이 유전적으로 결정된다면 유전적으로 완전히 똑같은(유전적으로 100% 일치) 일란성 쌍둥이는 형제(유전적으로 50% 일치) IQ의 상관 수치 0.6의 2배가 되는 수치인 1.2가 되어 1이 넘어버린다. 또한 일란성 쌍둥이의 IQ 상관 수치가 0.85이기 때문에 1.2−0.85=0.35로, 0.35의 부분은 같은 환경에서 자람으로써 상관도에 기여한다고 생각된다. 유전

적으로 완전히 같으면서 같은 환경에서 자라도 서로 다른 부분은 1–0.85의 부분에서 0.15다. 0.35와 0.15를 더하면 0.5가 되고, 이것이 유전적 요인 이외의 부분이라고 생각된다. 그러면 유전적으로 가지고 있는 요인에서 지능에 영향을 주는 것은 1–0.5=0.5로, 50% 정도가 된다.

여러 가지 형질로 이러한 조사를 한 결과, 키 등은 유전적 요인이 강하게 작용하고, 종교성이나 협동성 등의 성격은 환경 요인이 강하게 작용한다.

이러한 개체의 성질에 관한 유전자는 여러 가지가 있으며, 한 개의 유전자만으로는 좌우되지 않고 복잡하게 얽혀 있다. 각각 환경에서 영향을 받은 종합적인 결과가 밖으로 표출된다. 그렇기 때문에 유전적인 요인은 확실히 있지만, 이것만으로는 모든 것을 설명할 수 없다.

다츠미 준코

026 많은 유전자가 협력해 한 가지 일을 하고 있다

색소건피증(XP, xeroderma pigmentosum)이라는 병이 있다. 태어난 지 얼마 안 되어 일광욕 등을 시키면 화상을 입은 것처럼 물집이 생겨버리는 병으로, 이런 증상이 나타날 경우 부모는 깜짝 놀랄 수밖에 없다.

이 병은 방치해두면 약 10살 때부터 피부암에 걸리기도 한다. 보통 사람의 피부는 DNA가 자외선에 의해 손상된 부위를 잘라내서 원래의 피부로 치료하는 것이 보통이다. 이렇게 DNA를 재생시키는 역할을 하는 효소를 DNA 수선(修繕) 효소라고 부른다. 색소건피증에 걸린 환자는 자외선으로 인해 생긴 DNA 상처를 치료하는 수선 효소의 유전자가 파괴된 것이다. 그래서 피부 세포가 무방비로 파괴되어 결국에는 피부암이 되어버린다.

유전적이라고는 말해도 색소건피증에 걸린 환자의 부모는 평범한 생활을 할 수 있으며, DNA를 회복시키는 효소를 가지고 있다. 우리는 아버지나 어머니로부터 같은 작용을 하는 유전자를 각각 하나씩 받았지만, 한쪽이 파괴되었어도 다른 한쪽이 제대로 기능을 한다면 건강상 아무런 문제가 없는 경우가 많다. 그러나 때마침 아버지, 어머니에게서 똑같이 파괴된 유전자를 받았을 경우에는 병에 걸리는 것이다.

자외선으로 손상된 DNA를 회복시키는 작업에는 알려진 것만으로도 10개의 효소가 필요하다. 다음에 나오는 그림과 같이 우선 DNA가 나열되어 있는 곳 중 특히 '피리미딘(pyrimidine)' 이라고 불리는 염기가 두 개 이어져 있는 부분에 자외선에 의한 상처가 생기면, 이 상처와 이웃해 있는 피리미딘과 결합을 한다.

제1단계로, XPA 유전자에 의해 만들어지는 단백질인 XPAC 단백질은 사람에 비유하면 눈에 해당하는 작용을 하여, 손상된 부분을 확인하고 손상된 부위에 결합한다.

제2단계로, DNA에 'DNA 풀기 효소(helicase)' 라고 불리는 효소 두 종류가 작용한다. 이것은 XPD 및 XPB 유전자로 만들어진 효소로, DNA의 이중나선을 푸는 역할을 한다.

제3단계로, XPAC 단백질이 결합한 부분의 30개 염기 정도의 양쪽이 2종류의 다른 효소에 의해 절단된다. 절단하는 가위에 해당하는 효소는 XPG 및 XPF 유전자에 의해 만들어진 효소다.

제4단계로, DNA 중합 효소(DNA polymerase)가 제거된 염기 부분과 마주 보는 쪽의 염기로 대응할 새로운 염기를 붙여간다. 마치 단추와 같이 정확히 맞는 상대를 찾아서 이어간다.

그리고 마지막으로 연결 효소(ligase)가 새롭게 합성된 부위와 원래의

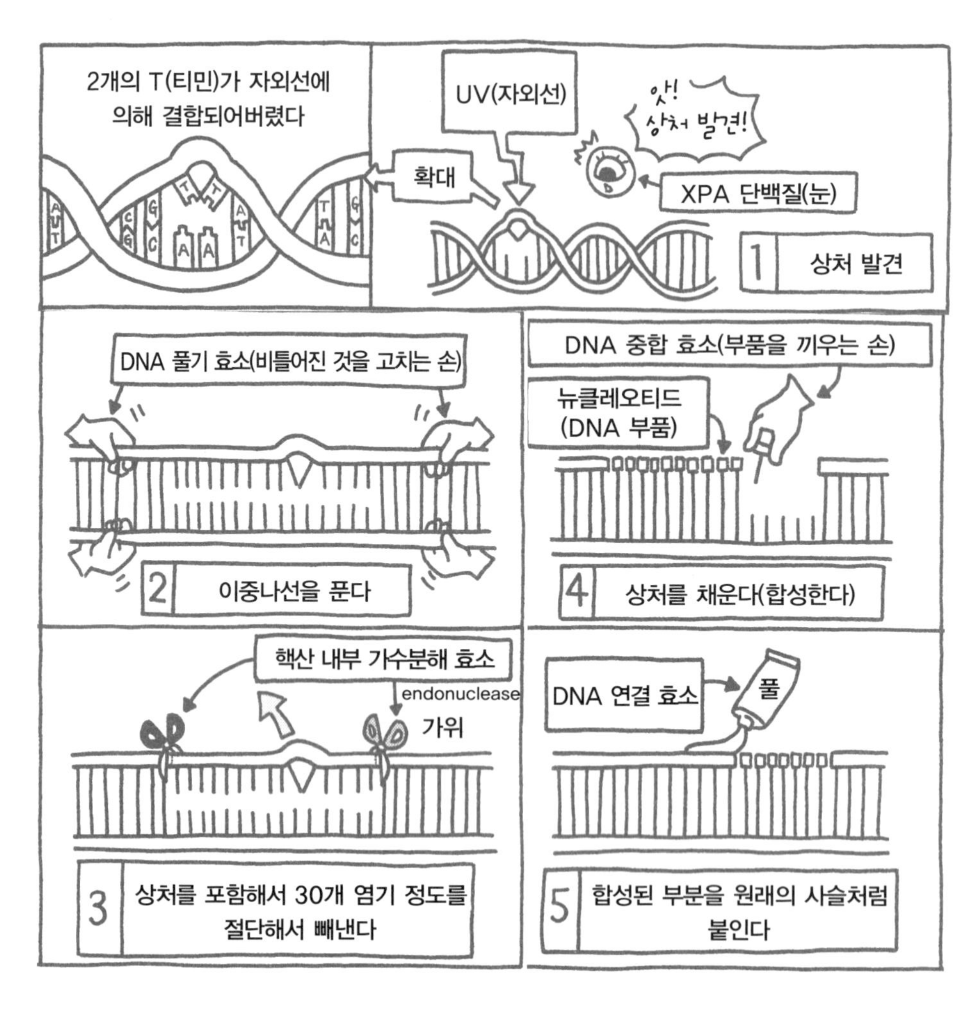

사슬을 풀과 같이 붙여서 완료된다.

이 과정과 관계된 모든 효소가 중요하며, 어떤 효소라도 제대로 작용하지 않으면 정상적인 회복은 불가능하다.

이렇게 자외선으로 인해 DNA가 입은 상처를 치료한다는 단 하나의 작업을 보더라도 많은 유전자가 공동으로 작업을 하고 있다. 우리 몸속에는 생명이 정상적으로 유지되도록 하기 위해 더욱 다양하고 복잡한 협동 작업이 단백질 사이에서 이루어지고 있다. 그래서 하나의 작업 과정에 관여하는 단백질이 많을수록 이것을 만드는 설계도인 유전자도 많을 것이다. 이렇게 많은 유전자가 협동하여 작업을 함으로써 하나의 일을 이루어내는 셈이다.

다쓰미 준코

027 유전은 아주 복잡하다

멘델은 완두콩의 형질을 착실히 조사하여 유전의 법칙을 이끌어냈다.[1] 발견된 법칙 중에는 우성 유전과 열성 유전[2]에 대한 법칙이 있다.

그러나 최근에는 유전으로 자손에게 전해지는 형질이 그렇게 단순하지만은 않다고 알려졌다. 이러한 유전으로는 다인자 유전을 들 수 있다. 이 유전은 여러 유전자와 환경 요인이 상호 작용을 하여 밖으로 표출된다. 다인자 유전 형질의 대표적인 것으로는 키를 들 수 있다.[3] 또한 그외 생활습관병인 고혈압, 당뇨병, 암 그리고 선천적인 장애라고 할 수 있는 언청이도 다인자 유전이다.[4]

이러한 유전들은 세포의 핵 속에 있는 유전자가 전해질 뿐만 아니라 세포핵 외, 즉 세포질 쪽에 있는 유전자도 유전된다.

세포질에는 '미토콘드리아'[5]라고 불리는 작은 구조가 있다. 이는 세포 내에 수천 개가 있는데, 산소를 사용하여 에너지를 만들어낸다. 이렇게 세포 내의 에너지를 만드는 공장에서 생산된 에너지는 생명활동을 하는 데 꼭 필요한 것이다. 그러니까 우리는 미토콘드리아 없이는 살아갈 수 없다.

또한 미토콘드리아 DNA는 겨우 1만 6569염기쌍[6]에서 만들어진다. 그리고 핵에 존재하는 유전자와 같이 회복이 잘 안 되기 때문에 DNA의 변이가 일어나면 변이된 그대로 남는다.

생명의 발생 근원인 수정란도 세포이기 때문에 핵과 미토콘드리아를 가지고 있다. 핵은 아버지와 어머니에게서 받은 유전자를 반반씩 갖는다. 그런데 아버지의 미토콘드리아는 수정된 뒤에 소멸되기 때문에 수정란 내부의 미토콘드리아는 어머니에게서 받은 것만 갖게 된다. 그래서 수정란 내부에 있는 미토콘드리아의 유전 정보는 어머니의 것과 동일하다.

미토콘드리아가 가진 유전 정보는 어머니를 통해 유전되는 모계 유전이기 때문에 멘델이 발견한 유전 형식으로는 전해지지 않는다. 한 개의 미토콘드리아 DNA에 이상이 있어도 한 세포 내에는 수천 개나 되는 미토콘드리아가 있기 때문에 바로 병으로 연결되지 않는다.

그러나 이상하게 변이된 미토콘드리아가 어느 정도 수에 이르러 축적되기 시작하면 증세가 나타난다. 이러한 병을 미토콘드리아 유전병이라고 하며, 대표적인 질병으로는 당뇨병의 일부나 신경근육 질환을 들 수 있다.

이 유전 외에 멘델 유전 형식을 취하지 않는 유전으로는 '유전적 각인(genomic imprinting)' 이라고 불리는 유전이 있다. 이것은 염색체에 미리

| 유전 형식으로 나눈 유전병 |

단일 유전자에 의한 유전병(멘델형 유전병. 이 병은 우성형과 열성형이 있다)

한 종류의 유전자 변이로 증세가 나타나는 질환

예 : 헌팅턴병(우성), 백피증(열성) 등

다인자에 의한 유전병

여러 종류의 유전자와 환경이 상호 작용하여 증세가 나타나는 질환

예 : 성인병, 고혈압, 당뇨병 등

미토콘드리아 유전병(비멘델 유전, 모계 유전)

미토콘드리아 DNA에 존재하는 유전자의 변이로 증세가 나타나는 질환

염색체 이상에 의한 유전병

염색체 수나 구조의 이상으로 생긴 질환

예 : 전위(轉位)형 다운증후군 등

유전적 각인(genomic imprinting)에 의한 질환

DNA 염기에 메틸기가 붙는 등에 의해서 표시가 생겨 DNA의 염기 자신은 변화하지 않지만, 유전자의 발현에 영향을 주어 증세가 나타나는 질환

아버지에게서 받을 것인지, 어머니에게서 받을 것인지가 표시되어 있는 것이다.

일반적으로 유전자는 어느 쪽에서 받아도 같은 기능을 할 수 있도록 되어 있지만, 어떤 특정한 유전자는 아버지에게서 받은 유전자만 작용한다든지 또는 어머니에게서 받은 유전자만 작용한다.

예를 들어 아버지로부터 받은 유전자만 작용하도록 표시될 경우 그 유전자가 변이되었더라도 어머니의 유전자를 대신 사용할 수 없다. 그렇기 때문에 유전자 한쪽만 변이되어도 병에 걸리는 것이다.

여러 가지 유전 형식을 특히 병에 중점을 두어 정리하면 옆의 표와 같이 된다.

다쓰미 준코

1 멘델은 완두콩의……

'007 유전 법칙 발견-멘델의 연구'을 참조하기 바란다.

2 우성 유전과 열성 유전

'028 귀지 유전'을 참조하기 바란다.

3 다인자 유전 형질의……

'030 키는 유전일까'를 참조하기 바란다.

4 생활습관병인 고혈압……

'024 유전자로 결정되는 것과 결정되지 않는 것'과 '032 암은 유전되는 걸까', '033 알레르기 체질도 유전되는 걸까'를 참조하기 바란다.

5 미토콘드리아

'060 미토콘드리아 이브 이야기'를 참조하기 바란다.

6 염기쌍

대장균의 염기쌍 수는 약 400만 개이며, 사람의 염기쌍 수는 약 30억 개다.

028 귀지 유전

당신의 귀지는 하얗고 바싹 말라 있는가? 아니면 색이 갈색이고 끈적거리는가? 하얗고 바싹 말라 있는 단단한 귀지는 '건성 귀지', 갈색에 끈적거리는 부드러운 귀지는 '습성 귀지' 라고 부른다.

백인이나 흑인은 부드러운 귀지를 가진 사람이 많지만, 일본인의 경우 약 85%가 단단한 귀지를 가지고 있으며, 나머지 15%는 부드러운 귀지를 가지고 있다고 한다.

우리 몸을 덮는 피부는 언제나 피부층 아래에서 새로운 세포들이 생겨나고 오래된 피부층인 위에 있는 세포들이 떨어져 나간다. 귀지는 떨어나간 세포에 땀이나 기름, 밖에서 들어온 먼지가 섞인 것이다. 귀의 가장 바깥쪽 귓구멍, 즉 외이도(外耳道)는 땀샘이나 피지선을 가진 피부로 둘러싸여 있다. 외이도에 땀이나 기름이 많이 분비되는 경우에는 부드러운 귀지가 되고, 땀이나 기름이 적게 분비되는 경우에는 단단한 귀지가 된다.

그런데 이렇게 단단한 귀지가 될지, 부드러운 귀지가 될지는 유전적으로 정해져 있다. 부드러운 귀지의 유전자를 'W', 단단한 귀지의 유전자를 'w' 로 표시하도록 하겠다.

만일 당신이 단단한 귀지를 가지고 있다면, 당신의 세포 속에는 'w' 가 두 개 존재한다. 당신은 부모로부터 'w' 를 하나씩 받은 것이다. 이 경우 당신은 'ww' 라는 유전자 한 쌍을 가지고 있다. 이 유전자 한 쌍을 '유전자형' 이라고 말한다.

그리고 만일 당신이 부드러운 귀지를 가지고 있다면, 당신의 세포 속에는 'W' 가 두 개 있든지, 아니면 'W' 와 'w' 가 하나씩 있을 것이다. 이 때 당신의 유전자형은 'WW' 또는 'Ww' 라고 표시한다. 당신은 단단한 귀지 유전자인 'w' 를 가지고 있을 가능성도 있다. 단단한 귀지의 유전자 'w' 가 있어도 같은 세포 내에 부드러운 귀지의 유전자 'W' 가 존재하면 'w' 는 그 특성을 밖으로 표출하지 않는다.

이러한 유전자를 '열성 유전자' 라고 부른다. 뒤떨어진 것이라는 의미보다는 밖으로 표현하는 것을 창피해하는 내성적인 유전자라고 이해하면 좋을 것이다.

이에 비해 부드러운 귀지 유전자인 'W' 는 '우성 유전자' 라고 부른다. 이것도 뛰어난 것이라는 의미가 아니라 밖으로 표현해내고 싶어 하는 외향적인 유전자라고 이해하면 좋을 것이다.

부드러운 귀지를 가진 당신의 유전자형은 'WW' 나 'Ww' 겠지만, 당신이 아무리 자신의 귀지를 살펴본다고 해도 'WW' 인지, 'Ww' 인지 확

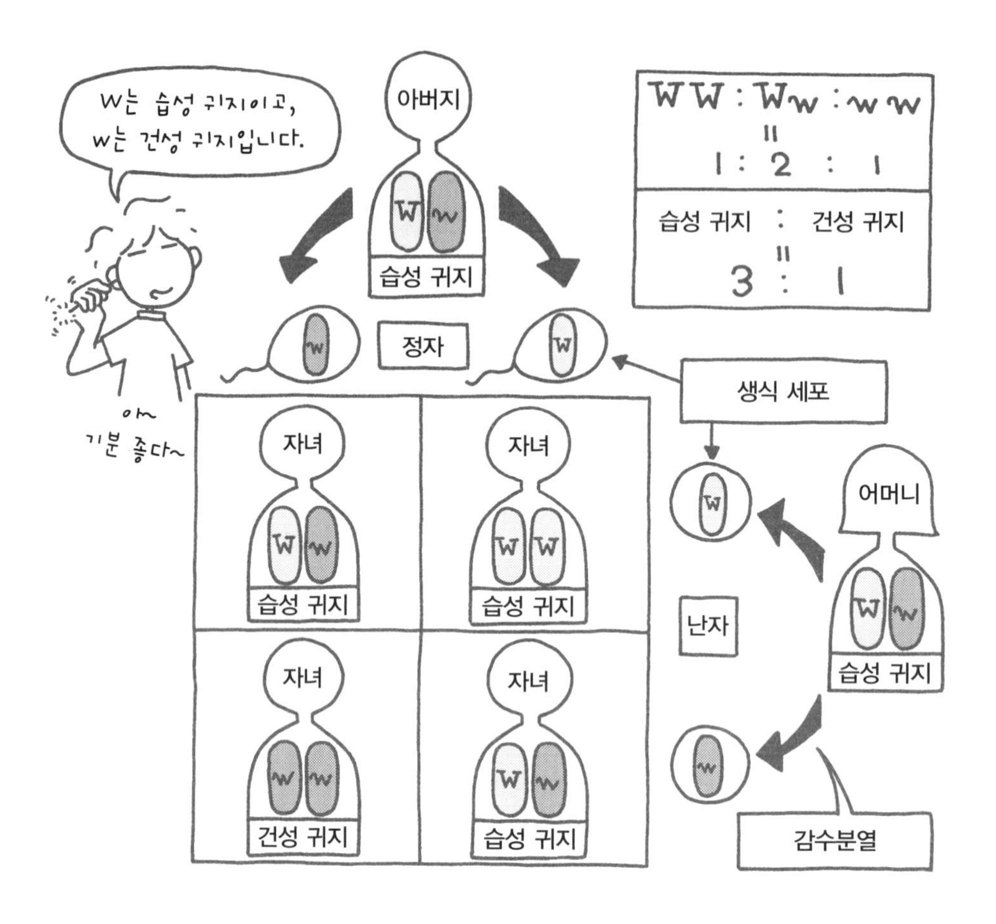

실히 구분해낼 수 없다.

하지만 모른다고 하면 더 알고 싶어지는 것이 사람이니, 지금부터 판정법을 설명하도록 하겠다. 당신의 부모님 중 어느 한 분이 단단한 귀지를 가지고 있다면, 당신의 유전자형은 'Ww' 다.

하지만 부모님 모두 부드러운 귀지를 가지고 있을 경우에는 당신이 단단한 귀지를 가진 사람과 결혼을 하여 자녀를 낳을 수밖에 없다. 그래서 태어난 아기 중에 단단한 귀지를 가진 아이가 있다면, 당신의 유전자형은 'Ww' 인 것이 판명된다.

다만 부드러운 귀지를 가진 아이만 태어날 가능성도 있기 때문에 반드시 그렇다고는 단언할 수 없다.

사마키 에미코

029 혈액형 유전

지은 씨와 중기 씨는 작년 6월에 결혼식을 올렸고, 올해 5월에는 아기가 태어날 예정이다. 지은 씨는 중기 씨와 닮은 활기찬 아들이 태어나길 바라고 있다.

그러던 어느 날, 저녁 식사를 준비하던 지은 씨가 말했다.

"내 혈액형은 O형이고 당신은 AB형이니까 태어날 아기는 O형일까, 아니면 AB형일까? 아기도 당신과 같이 AB형이면 좋을 텐데 말이야."

하지만 중기 씨는 텔레비전 야구 중계를 보느라 이 이야기를 듣지 못했다. 그렇다면 이 부부 사이에서 태어날 아기의 혈액형은 무슨 형일까?

23종류가 있는 인간의 염색체 중에 ABO식 혈액형 유전자는 제9염색체 위에 있다. O형인 여성에게는 두 개의 제9염색체에 각각 하나씩 O형 유전자가 있다. 또한 AB형 남성의 한쪽 제9염색체에는 A형 염색체가, 또 다른 한쪽의 제9염색체에는 B형 유전자가 있다.

아이의 바탕이 되는 정자와 난자는 감수분열에 의해서 만들어지기 때문에 난자나 정자 모두 제9염색체는 하나씩밖에 없다.[1] 그렇기 때문에 지은 씨의 난자에는 반드시 하나의 O형 유전자가 존재한다. 그렇다면 중기 씨의 정자는 어떨까? 이쪽은 A형 유전자를 하나 가지고 있든지, B형 유전자를 하나 가지고 있든지, 둘 중 하나를 갖게 된다.

A형 유전자를 가진 정자가 난자와 합쳐지면 수정란은 A형 유전자와 O형 유전자를 갖게 된다. 그렇다면 '수정란의 유전자형은 AO' 라고 할 수 있다. 만일 B형 유전자를 가진 정자가 난자와 합쳐지면 수정란은 B형 유전자와 O형 유전자를 갖게 된다. 이 경우에는 '수정란의 유전자형은 BO' 라고 할 수 있다.

그럼 유전자형이 AO라고 한다면 아이는 어떤 혈액형이 되는 것일까? 혈액형의 유전자는 A, B가 우성이고 O가 열성이다. 그래서 유전자형이 AO인 경우에는 A형의 혈액이 만들어지고, 유전자형이 BO인 경우에는 B형의 혈액이 만들어진다. 따라서 지은 씨와 중기 씨 사이에서는 A형이나 B형의 아기가 태어나게 된다. 지은 씨의 희망대로 AB형의 아기는 태어날 수 없다.

ABO식 혈액형은 1900년 오스트리아의 칼 란트슈타이너(Karl Landsteiner)에 의해 발견되었다. 란트슈타이너 박사는 어떤 사람의 혈청[2]에 다른 사람의 적혈구를 혼합하면 응집 반응[3]이 일어나거나 일어나지 않는다는 것을 알게 되었다. 그리고 이렇듯 반응이 다르게 나타나는 점을 토대로 혈액형을 4종류로 분류하여 다음 해인 1901년 의학지에 발

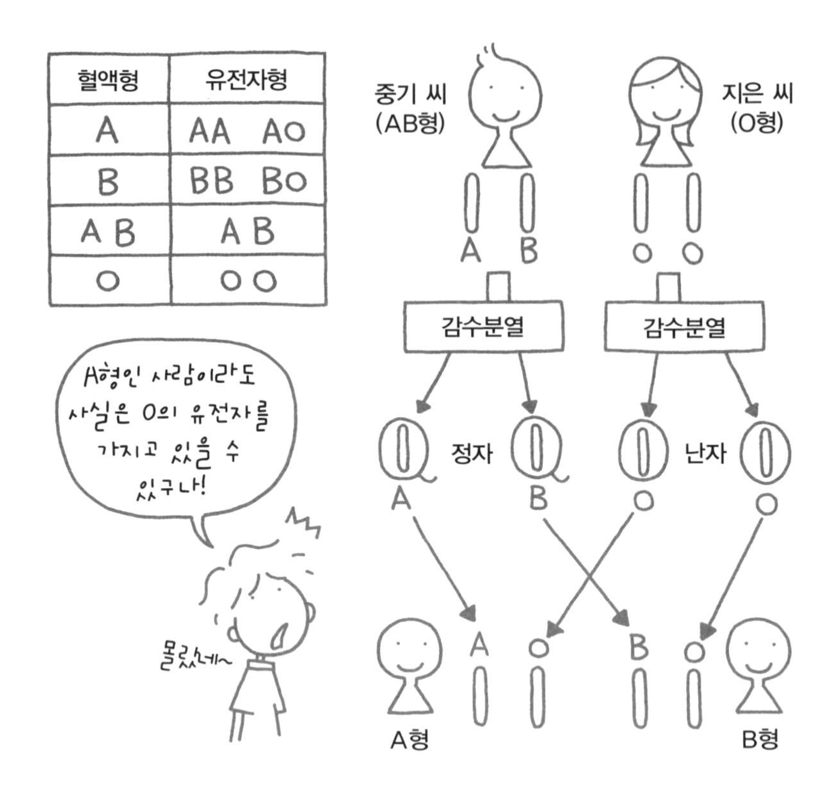

혈액형	유전자형
A	AA AO
B	BB BO
AB	AB
O	OO

표했다. 이 발견 덕분에 그동안 혈액에 형태가 있다는 것을 몰라서 자주 일어나던 수혈 사고가 급격히 줄어들게 되었다.

혈액형이 A형인 사람은 적혈구 표면에 A항원을 가지고 있으며, 혈청 중에는 B형 적혈구를 응집시키는 항B항체를 가지고 있다. 그리고 B형인 사람은 적혈구 표면에 B항원을 가지고 있으며, 혈청 중에는 A형 적혈구를 응집시키는 항A항체를 가지고 있다. AB형인 사람은 적혈구 표면에 A항원과 B항원을 가지고 있으며, 혈청 중에는 항체가 없다. 반면에 O형인 사람은 적혈구 표면에 항원을 가지고 있지 않으며, 혈청 중에는 항A항체, 항B항체를 가진다. 그래서 O형인 사람은 어떤 혈액형을 가진 사람에게나 수혈을 할 수 있지만, 정작 자신은 O형인 사람에게서만 수혈을 받을 수 있는 것이다.

사마키 에미코

1 난자나 정자 모두……

'018 유성 생식의 개요-감수분열과 수정'을 참조하기 바란다.

2 혈청

혈장에서 피브리노겐(fibrinogen)을 제거한 것이다.

3 응집 반응

응집 반응은 적혈구가 모여서 단단해지는 반응이다. A항원은 항A항체하고만 반응하고, B항원은 항B항체하고만 반응한다. 일반적으로 '항원'이란 외부에서 침입한 이물질이고, '항체'는 '항원'을 배제시키기 위해 체내에서 만들어진 물질을 가리킨다.

030 키는 유전일까

멘델의 법칙 중에서 가장 유명한 것이 '우성의 법칙' 이라고도 할 수 있다. 생물은 유전자를 한 쌍 가지고 있지만, 우성 유전자와 열성 유전자가 하나씩 들어가 한 쌍이 되면 우성 유전자에 의해 열성 유전자의 작용이 완전히 숨겨져버려서 우성의 특징만 보인다는 것이 우성의 법칙이다. 그런데 우성 유전자의 작용이 별로 강하지 않을 경우에는 우성 유전자를 하나만 가지고 있으면 우성의 특징이 제대로 나타나지 않고, 열성의 특징과 섞인 중간 상태의 특징이 나타난다.

예를 들어 빨간 나팔꽃과 하얀 나팔꽃 사이에서 태어난 잡종 꽃은 분홍색 꽃잎이 피어난다. 이와 같은 현상은 금어초나 분꽃에서도 나타나며, 이러한 예를 '불완전 우성'[1]이라고 부른다.

그런데 멘델이 연구에서 사용한 완두콩의 '줄기 길이' 에는 긴 것과 짧은 것, 이 두 종류밖에 나타나지 않았다.[2] 하지만 옥수수 이삭의 길이를 조사해보면 긴 것에서 짧은 것까지 연속된 길이가 나타나는 것을 볼 수 있다. 이것도 불완전 우성의 예다. 즉 옥수수 이삭의 길이에 관한 유전자는 한 쌍이 아니라 몇 쌍으로 이루어져 있는 것이다. 이 구조를 설명하기 위해 유전자들을 기호로 표기해보기로 하겠다.

우성 유전자는 A, B, C로, 열성 유전자는 a, b, c로 표기하겠다. 이것은 불완전 우성이기 때문에 우성 유전자의 수에 따라 이삭은 길어진다. 옥수수 이삭의 길이는 aabbcc보다 AAbbcc가, 그리고 AABbcc가, 그리고 AABBCc가 길어진다. 즉 우성 유전자의 수가 증가하는 순으로 길이가 길어지는 것이다. 또한 우성 유전자가 세 개인 AABbcc와 aaBBCc, AaBbCc는 같은 길이가 된다.

이러한 작용을 하는 유전자를 '다원유전자(polygene)' 라고 부른다. 칸 차이가 아주 적게 나는 계단이 서서히 계속 높아지면 언덕이 되는 것과 같이, 하나의 특징에 관한 다원유전자 수가 많으면 많을수록 각각의 차이는 더욱 완만하면서 연속적으로 이어진다.

그런데 만일 Aa라면 이삭의 길이는 분명히 10.0cm가 된다고 정해져 있는 것이 아니며, 생육 환경의 작은 차이에 의해서 10.0cm를 중심으로 길어지거나 짧아지게 된 몇 mm의 차이는 반드시 생기기 때문에 유전에 의한 불연속성은 점점 커져간다.

우리 몸에서도 다원유전자에 의한 작용이라고 생각되는 특징을 찾아볼 수 있다. 그 예가 피부색 차이다. 피부를 짙게 하는 것은 멜라닌이라는 갈색 색소를 만드는 유전자로, 이 유전자는 우성 형질이다. 따라서 일반적으로 이 우성 유전자가 많을수록 멜라닌 색소가 많이 만들어져서

| 다원유전자에 의해 연속적인 변이를 나타내는 표 |

우성 유전자 수	유전자형의 예	형질의 차이
0	abbcc	■
1	Aabbcc aaBbcc aabbCc	■■
2	AAbbcc aabbCC AaBbcc	■■■
3	AABbcc aaBBCc AAbbCc	■■■■
4	AABBcc AAbbCC AaBbCC	■■■■■
5	AABBCc AABbCC	■■■■■■
6	AABBCC	■■■■■■■

색소가 짙은 피부가 된다.

또한 키 차이도 다원유전자의 작용에 따른 것이라고 알려져 있다. 아직까지는 구체적인 유전자가 발견되지 않았지만,[3] 아마 키가 크는 데 관여하는 유전자는 몇 쌍이 있을 것이라고 생각된다. 이에 관련된 유전자들은 마치 뼈를 만드는 세포의 능력을 아주 조금씩 높이도록 스위치를 켜는 작용을 할 것이다. 물론 골격의 성장은 유전자만이 결정하는 것이 아니라 성장기의 영양 상태나 운동량 등에 의해서도 영향을 받는 것으로 알려져 있다. 그래서 우성 유전자의 수가 같아도 생육 조건에 따라서 차이가 생기는 것은 사실이다.

그래도 일란성 쌍둥이는 각기 다른 환경에서 자랐더라도 대부분 키가 비슷하다고 알려져 있기 때문에 키는 아무래도 유전에 의해서 정해지는 비율이 크다고 생각된다.

다만 부모 모두 키가 작다고 해서 아이도 반드시 작다는 것은 아니다. 예를 들어 부모가 AaBb더라도 아이가 부모의 우성 유전자만 받아서 AABB가 될 가능성도 있기 때문에, 이러한 경우 아이가 부모보다 훨씬 클 가능성이 있다.

아베 데쓰야

1 불완전 우성

유전병의 한 가지인 '낫형적혈구 빈혈증'도 불완전 우성을 하는 유전자에 의해서 생기는 형질이다. '045 낫형적혈구와 말라리아'를 참조하기 바란다.

2 긴 것과 짧은 것……

이러한 특징을 '왜성(矮性, 생물의 크기가 그 종(種)의 표준 크기에 비하여 작게 자라는 특성－옮긴이)'이라고 부른다. 줄기 길이가 두 종류밖에 나오지 않는 완두콩의 단순성은 멘델의 유전 연구에 많은 도움을 주었다. 만일 완두콩의 줄기가 다원유전자에 의해서 정해졌다면 멘델은 아마도 고민에 빠졌을 것이다.

3 아직까지는 구체적인……

인간 게놈이 완전 해독됨에 따라('099 인간 게놈 연구' 참조), 키가 크는 데 관여하는 유전자에 대한 상세한 정보도 이제 곧 밝혀질 것이다.

031 성격은 유전되는 걸까

당신은 어머니로부터 "너는 네 아빠하고 성격이 똑같아"라는 말을 들어본 적이 있는가? 방이 지저분하다든지, 옷을 벗은 채로 아무 데나 두었다든지, 이럴 때 듣지 않았을까? 어머니가 이렇게 말씀하신 것은 성격이 유전된다고 생각하기 때문에 그런 것이다. 일반적으로 많은 사람들이 성격은 유전된다고 생각할 것이다.

그러면 성격은 유전되는 것일까?

우리 인간은 어떤 사람이라도 거의 99.9%는 같은 유전자를 가지고 있다. 나머지 0.1%만이 개인 차이를 만들어낸다. 그러나 일상생활 속에서 사람은 각각 다르다. 분명히 어떤 부분에서 차이가 난다. 한 사람 한 사람은 각각 다른 특징이 있는 존재다. 이 다른 특징을 만들어내는 것 중 하나가 '성격'이다. 화를 잘 내는 사람, 냉정한 사람, 걱정을 잘하는 사람, 모험을 좋아하는 사람, 게으른 사람, 부끄러움을 잘 타는 사람, 항상 자신감이 넘치는 사람…… 이러한 차이가 '성격'이라고 말할 수 있다.

성격에는 선천적이라고 할 수 있는 요소가 있다. 1996년 이스라엘의 한 연구팀이 처음으로 성격에 관련된 유전자 차이를 밝혀냈다. 자원봉사자들에게서 채집한 혈액에서 유전자 분석을 하고 이와 동시에 새로운 것을 탐색하는 경향,❶ 위험을 피하는 경향,❷ 보상 의존성,❸ 고집성이라는 4가지 기질을 질문표로 조사했다.

그 결과 새로운 것을 탐색하는 경향이 강한 사람은 제11염색체에 있는 도파민 제4수용체(D4DR) 유전자(도파민 수용체를 만드는 유전자의 하나)에 특정한 변이형을 가진 경우가 많다는 것을 발견했다.

D4DR 유전자 한가운데 주변에는 길이가 48문자의 DNA 서열이 2~11번 반복하는 부분이 있다. 대부분의 사람은 이 반복하는 횟수가 4번에서 7번인데, 반복 부분이 적은 사람과 반복 부분이 8~11번으로 많은 사람도 있었다. D4DR 유전자 중 반복서열의 반복 수가 많은 사람은 짜릿함을 추구하고 새로운 것을 좋아한다는 결과가 나왔다.

또한 재미있는 점은, 이 반복서열의 반복 수는 인종에 따라 차이가 많이 난다는 것이다. 예일 대학의 한 연구팀에 의하면, 미국에서는 반복 수가 7번인 사람이 48.3%로 많은 데 비해, 동아시아나 남아시아에서 그만큼의 반복 수를 가진 사람은 겨우 1.9%밖에 없었다는 것이다. 반복 수가 4번인 사람이 대부분이었다고 한다.

도파민 경로는 뇌출혈을 제어하는 것을 비롯해서 많은 역할을 담당하고 있다. 도파민이 부족한 예가 파킨슨병으로, 얼굴에는 표정이 없으며 신체도 거의 움직일 수가 없다. 반면에 도파민이 과잉으로 분비되면 정신분열증의 원인이 된다. 도파민에는 각성 기능도 있다. 각성제인 필로폰은 도파민과 닮은 물질로 인간에게 쾌감을 준다. 도파민은 무엇인가 격한 경험을 했을 때 쾌감을 만들어준다.

그러면 왜 도파민 수용체 유전자의 차이에 의해서 인간의 행동이나 성격이 변해가는 것일까? D4DR 유전자의 반복 부분이 긴 사람은 도파민에 대한 반응이 낮기 때문에 늘 짜릿함을 추구하며 살지 않으면, 반복 부분이 짧은 유전자의 사람이 보통 생활에서 얻을 수 있는 정도의 도파민 쾌감을 얻을 수 없을지도 모른다. 그래서 쾌감을 얻기 위해 새로운 것을 탐색하는 경향의 성격을 만들어가는 것일지도 모른다.

유전자는 새로운 것을 추구한다든지, 부끄러움을 많이 탄다든지, 항상 자신감이 넘친다든지 하는 것을 정하는 것이 아니라, 단순히 화학물질의 구조 설계도에서 피부나 뇌와 같은 신체를 유지하고 만들어내는 단백질을 생산하라는 명령을 내리는 물질이다. 그렇기 때문에 새로운 것을 추구하는 유전자의 일부는 도파민을 흡수하는 데 효율적이지 않은 단백질을 생산하는 것에 불과하다.

하지만 성격에는 선천적인 요소뿐 아니라 비유전적인 요소도 많은 영향을 주고 있다. 태어나면서부터 잘 무서워하는 새끼 쥐를, 잘 무서워하지 않는 어미 쥐에게 기르게 하면 무서움을 잘 모르는 쥐가 된다('024 유전자로 결정되는 것과 결정되지 않는 것' 참조). 이것을 통해 자식의 선천적인 성격은 키우는 어머니의 성격에 따라 달라지는 것을 알 수 있다.

외부의 환경에 영향을 받아서 우리 몸속의 유전자는 스위치를 켜기도 하고 끄기도 하는 단백질의 생산을 조정한다. 즉 어떤 유전자가 있어도 이것이 환경에 따라서는 작용을 하지 않기 때문에 그 단백질을 만들 수 없게 되는 것이고, 그래서 외부로 표출되는 성격이 바뀌는 경우도 있다.

다쓰미 준코

1 새로운 것을 탐색하는 경향

모험을 좋아하고 새로운 것을 좋아하는 경향.

2 위험을 피하는 경향

가능한 한 위험한 것을 피하려고 하는 경향.

3 보상 의존성

보상을 기대하는 성질.

032 암은 유전되는 걸까

가족이나 친척 중에서 암으로 돌아가신 분이 있으면 자신도 혹시 암에 걸리지 않을지, 암이 유전되는지 걱정될 것이다. 그런데 현대에는 사망 원인의 1위를 차지하는 것이 암이기 때문에, 가족이나 친척 중에서 암에 걸리지 않은 사람을 찾기가 어려울지도 모르겠다.

암은 세포의 무질서한 세포분열로 증가하면서 만들어진다. 보통 우리 몸을 만드는 세포는 제대로 조절되고 있으며, 늘어나야 할 곳만 늘어나게 되어 있다. 그리고 어떠한 세포는 자신이 늘어날 수 있는 능력을 가지고 있지 않으며, 계속 늘어나지 않고 신체에 필요한 단백질을 만들거나 면역 시스템의 일원으로 작용한다. 그런데 세포가 어떻게 해서 무질서하게 늘어나는 것일까?

우리 주변에는 태양에서 오는 자외선이나, 우주에서 오는 높은 에너지를 가진 우주선(宇宙線), 그리고 환경 중에 방류된 화학물질이 있다. 또한 사람에 따라서는 담배를 피우는 습관이나 특별한 약을 먹는 경우도 있다. 그리고 인간은 산소 호흡을 함으로써 세포 내에는 화학반응이 일어나기 쉬운 물질이 매일매일 생성되고 있다.

이러한 것들이 우리가 알지 못하는 사이에 세포 속의 유전자, 즉 신체의 부품인 설계도를 망가뜨리고 있다. 망가진 부분은 거의 매일 치료되지만, 전부 치료되지 않거나, 이것이 몇 개 겹쳐서 세포를 제어할 수 없게 되어 암의 원인을 만들 수도 있다. 그렇기 때문에 나이가 많아질수록 망가진 유전자가 늘어나서 암에 쉽게 걸릴 수 있게 된다.

암의 원인이 되는 유전자 변이는 여러 가지가 있지만, 크게 두 가지로 나누어 생각할 수 있다. 하나는 앞에서 설명한 것처럼, 부모에게서 자녀에게 전해지지 않았는데도 환경의 영향만 받고 생기는 경우다. 그리고 또 한 가지는 혈연관계가 있는 사람 중에 암이 많이 발생하는 가계의 경우다.

전자를 유전자 변이의 '후천적 요인' 이라고 한다면, 후자는 이미 가지고 태어난 유전자에 변이가 있다고 판단되기 때문에 '선천적 요인' 이라고 생각할 수 있다. 선천적 요인으로는 가족 내에서 전해지는 것과 난자나 정자가 만들어질 때, 또는 수정란 단계에서 유전자에 생긴 돌연변이가 원인이 되는 경우가 있다.

이 가운데 유전자에 의해서 자손에게 전해질 수 있는 것은 '유전 요인' 이라고 생각할 수 있다. 이러한 것을 '가족성 종양' 이라고 부른다. 최근에는 여러 가지 가족성 종양의 원인 유전자가 밝혀져서 발암의 구조도 밝혀졌다. 그렇지만 같은 가계에서 여러 암 환자가 생겼을 경우라도 식사나 생활습관 등 환경 요인이 공유되기 때문에 유전자 변이가 공통의 유전 요인으로 유래되는지 판단하기가 어려운 경우도 있다.

현재 유전이 많이 관계되어 있다고 확실히 알려진 것은 어린이의 눈에 생기는 암인 망막아종(網膜芽腫, Retinoblastoma)이나 어떤 종류의 대장암, 피부암이다. 대장암의 경우는 가계성 대장용종증(Familiar Adenomatous Polyposis)이라는 양성 종양이 생기는 병이 유전되며, 그 가족 대부분이 대장암으로 진행된다. 피부암은 피부암 자체가 유전되는 것은 아니다. 햇빛에 포함된 자외선으로 인해 DNA가 손상되었을 때 이를 회복시킬 수 없는 병인 색소건피증이라는 병이 유전될 경우, 햇볕을 쬐는 상태가 반복적으로 일어나면 피부암이 진행된다.

이외에 유방암이나 전립선암의 유전적 요인도 20~35%로 비교적 높다는 결과가 있다. 그러나 가계성 유방암의 발생에 관한 유전자로서 지금까지 BRCA1이나 BRCA2가 발견되었지만, 유방암 전체 중에서 이러한 유전자로 설명할 수 있는 것은 극히 일부이며, 일본인의 경우는 5% 정도만이 이러한 유전자에 해당되는 것으로 판단된다.

그래서 발견된 것 외의 다른 유전자가 관여할지도 모른다. 때문에 어머니가 유방암이었다고 해서 반드시 그 자녀가 암에 걸리진 않는다. 다만 가족 중에 유방암에 걸린 사람이 전혀 없는 경우를 1이라고 한다면, 어머니나 자매가 유방암에 걸린 사람이 있을 경우에는 유방암에 걸릴 위험이 거의 2배라고 할 수 있다.

또한 암 전체로 보면 유전의 영향은 적고 환경의 영향이 크다고 할 수 있다.

유전자 변이의 원인이 어떻든지, 유전자가 변이한 결과로 인해 걸려버린 암은 기본적으로는 같은 성질을 가지고 있다. 그래서 치료 방법에 큰 차이는 없으며, 어떤 암이라도 치료를 위해 가장 효과적인 방법은 정기 검진으로 조기 발견을 하고 조기에 치료하는 것이다.

다쓰미 준코

033 알레르기 체질도 유전되는 걸까

알레르기란 무엇일까? 우리 몸은 외부에서 들어온 이물질을 막기 위해 면역 반응이라고 불리는 생체 방어 시스템을 가지고 있다. 그래서 같은 이물질을 두 번 접하면 이미 그 이물질에 면역되어 있을 경우, 재빨리 이물질에 대처하여 신체를 방어한다. 이 이물질을 '항원'이라고 부르며, 같은 항원이 두 번째로 들어왔을 때 나타나는 반응은 '항원 항체 반응'이라고 부른다.

알레르기란 이 반응이 결과적으로 생체에 해를 입히는 경우를 말한다. 이때 원인이 되는 항원을 '알레르겐'이라고 부른다. 즉 신체 내로 들어온 항원에 의해 어떠한 이상이 일어난 경우를 알레르기라고 한다. 이것은 한 면역계가 어떤 때는 감염 방어를 둘러싸며, 어떤 때는 알레르기로 자신의 몸을 손상시켜버리는 이면성을 가지고 있기 때문이다. 면역 반응이

과도하게, 또는 부적절한 형태로 일어나서 세포에 손상을 준 경우가 알레르기인 셈이다. 알레르기는 원래 해롭지 않은 환경 인자에 대한 면역을 학습하여 나타나는 반응이다.

알레르기 질환이 있는 사람은 진드기나 꽃가루 등의 알레르겐에 반응하는 IgE 항체라는 물질이 몸속에서 증가한다. IgE 항체는 1966년에 발견되었으며, IgE 항체의 양은 혈액 검사로도 알 수 있다.

알레르기는 유전적 요인이 크다고 알려져 있다. 알레르기 증상을 가진 아이 부모의 약 80%는 부모 모두 또는 어느 한쪽이 알레르기 체질이라는 조사 결과도 보고되었다. 또한 화분증, 천식, 아토피성 피부염 등의 알레르기 질환은 80년 전에 정의되었을 때 가족 내에서 발견하기 쉽다는 것이 특징 중 하나였다. 그래서 예전에 '알레르기 체질'은 주로 유전적인 측면에서 생각되었다. 또한 아토피라는 단어는 어원이 '전형적이지 않다'라는 그리스어에서 유래된 것으로, 예전에는 상당히 희귀한 질환이었다고 생각된다.

그러나 일본 후생노동성의 '보건복지 동향 조사'에 의하면, 어떤 알레르기 증상을 호소하는 사람은 약 3명 중 한 명이라고 한다. 또한 일본 도쿄에는 가족 중에 알레르기 증상을 보이는 사람이 있는 가정이 80%가 넘는다고 하니, 현대에는 많은 사람들이 알레르기 체질이라고 생각할 수 있다. 실제로 화분증 등은 계속해서 증가하여 알레르기 질환이 늘어나는 추세라고 볼 수 있다. 또한 최근에는 중 · 고령층 세대에 비해 젊은 세대에 알레르기 증상을 가진 사람이 늘어나고 있다. 따라서 알레르기를 유전적인 요인으로만 판단할 문제는 아닌 것 같다.

이것은 생활습관병의 경우와 같이 어떤 특정한 병에 걸리기 쉬운 체질

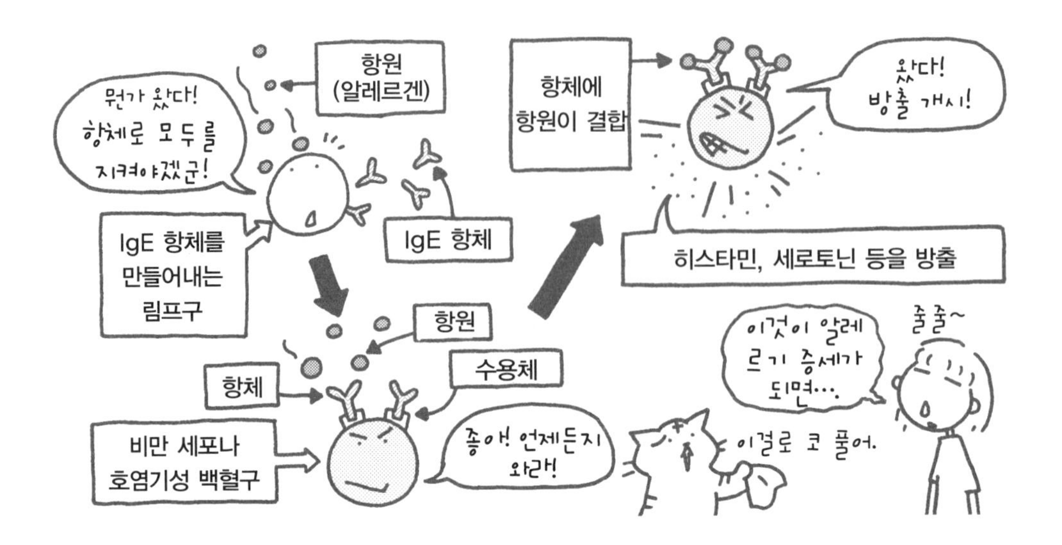

이 유전되기 때문이라고 생각할 수 있지 않을까? 생활습관병이란 대부분의 암, 허혈성 심질환, 뇌혈관 장애, 당뇨병, 고혈압 등을 말한다. 이러한 질환들은 그 자체가 유전되는 것이 아니라 그러한 질환에 걸리기 쉬운 체질이 유전되는 것이라고 말할 수 있다. 또 한편으로는 유전도 질환에 걸리기 쉬운 체질을 만들지만, 식생활이나 생활방식도 병에 걸리는 원인이 된다. 최근 우리는 식생활이나 주택, 공해, 스트레스 등으로 생활습관이나 환경이 예전과는 크게 달라졌다.

따라서 지금 시점에서는 이것이 확실한 알레르기 질환의 원인이라고 말할 수 없는 상황이다. 하지만 유아기 때 세균이나 바이러스 감염 유무가 평생의 면역 체질을 결정한다. 유아기 때 알레르기 질환에 걸리기 쉬운 면역 체질이 된 경우, 그 체질은 평생 계속되는 것으로 보인다. 그 이후 환경에서 받는 영향으로 알레르겐이 증가하면 IgE 항체가 증가하여 알레르기 질환이 되는 것이라고 예상된다.

이러한 것들을 볼 때 예전에는 유전 요인이 강한 사람[1]만이 아토피 증세를 보이기 쉬웠지만, 최근에는 환경으로 인해 대부분의 사람이 아토피 질환에 걸리기 쉬운 상태가 되었다고 말할 수 있을 것이다.

다쓰미 준코

1 유전 요인이 강한 사람

환경 요인이 크게 영향을 주는 경우뿐만 아니라 역시 유전적 요인이 강한 사례도 있다. 천식의 경우 IgE 항체 이외에 기도가 과민해지는 것과 관계가 있어서 유전되는 경우가 있다. 그리고 유아기에 천식으로 진단받은 사람은 친척 중에도 천식을 앓는 사람이 많이 있을 수 있다.

034 술 잘 마시는 유전자, 술 못 마시는 유전자

술을 잘 마시는 사람과 잘 못 마시는 사람이 있다. 술을 잘 마시는 사람은 밤부터 다음날 아침이 될 때까지 아무렇지 않게 잘 마신다. 소량의 술로는 술에 취한 것처럼 보이지도 않는다.

한편 술을 잘 마시지 않는 사람 중에는 전혀 술을 못 마시는 사람도 있다. 이런 사람들은 술 냄새를 맡는 것만으로도 취하는 것 같다고 말한다. 술을 잘 마시는 것과 마시지 못하는 차이는 대체 어디에서 비롯된 것일까?

술을 마셔서 술에 취하는 것은 알코올이 뇌를 마비시키기 때문이다. 뇌의 이성을 지배하는 부분이 마비되면 억제할 수 없게 되어 울거나 웃고 화를 내는 등 희로애락이 직접적으로 나타난다. 그래서 술을 마시고 잘 울거나 잘 웃는 사람은 이 상태가 된 것이다. 그리고 평형 감각을 지배하는 부분이 마비되면, 서거나 똑바로 걸을 수 없게 되어 비틀거리며 걷게 된다. 뇌가 광범위하게 마비되면 혼수상태가 되거나 심장이 멎을 수도 있다.

이러한 상태는 급성 알코올 중독 증상이다. 보통은 이런 증상에 빠지기 전에 대체로 몸 상태가 좋지 않기 때문에 술자리를 뜨게 된다. 이것은 혈액 중 아세트알데히드[1]라는 독물이 작용하기 때문이다. 술인 알코올은 주로 간에서 분해되지만, 알코올이 완전히 분해되기 전에 중간 물질로서 아세트알데히드가 생겨버린다. 이것은 얼굴이 빨개지거나 구토 증세, 두통을 유발하는 숙취의 원인이다. 그래서 아세트알데히드를 얼마만큼 빨리 분해할 수 있느냐가 술을 잘 마시고 잘 못 마시는 경계가 된다.

아세트알데히드를 분해하는 것은 ALDH라는 효소다. 그중에서도 ALDH2라는 효소의 개인차에 따라서 술에 강한 정도가 정해진다. ALDH2의 재료가 되는 단백질 분자는 N형과 D형으로 두 종류가 있으며, 각각 N형 유전자와 D형 유전자로 만들어진다. 이 두 종류의 단백질 분자가 4개 조합으로 ALDH2를 만들지만, 4개의 분자 중에 어떤 하나가 D형 분자(예를 들면 'N, N, N, D')이면 ALDH2는 효소로 작용하지 않는 불량품이 되어버린다.

유전자는 부모에게 받아 한 쌍이 되기 때문에 우리는 유전적으로 N형의 유전자를 두 개 가진 NN형과 D형의 유전자를 두 개 가진 DD형, 그리고 N형과 D형을 하나씩 가진 ND형 중 하나가 될 수 있다. 유전자가 NN형이면 모두 N형의 단백질 분자인 ALDH2가 되기 때문에 아세트알데히드를 분해할 수 있어서 술에 강해진다. 그러나 DD형은 모두 D형의 단백질 분자가 되어 ALDH2는 전혀 작용하지 않는다. 그래서 대부분 술을 잘 못 마신다.

ND형인 사람은 N형 분자와 D형 분자 양쪽 모두를 만들 수 있다. 그러나 ALDH2를 만드는 4개의 단백질 분자 모두가 D형 분자가 되기 쉬워서 술을 잘 못 마시게 된다.

다만 N형만으로 이루어진 ALDH2도 적지만 만들어진다. N형 분자와 D형 분자 중에 N형만이 4번 선택되어 조합될 확률은 2분의 1의 4승=16분의 1이기 때문에, ND형인 사람의 체내에서는 ALDH2의 16분의 1만이 정상으로 작용할 수 있다. 그렇기 때문에 소량의 아세트알데히드라면 분해할 수 있다. 그래서 술을 조금 마실 수 있다고 하는 사람은 대부분 여기에 해당된다.

사실 유전자 D는 N이 손상되어 만들어진 돌연변이 유전자다. 처음부터 인류는 정상인 NN형만 갖고 있었다. 지금도 유럽계나 아프리카계의 인류 대부분이 NN형이다. 우리가 이들을 보면 술을 아주 많이 마시는 대주가들이 모여 있다고 생각하게 된다. 독일인이 점심식사 시간에 맥주를 마시거나, 프랑스인이 물 대신 와인을 마시는 것은 NN형의 사람들이기 때문이라고 할 수 있다.

한편 유전자 D를 가진 사람은 대부분 중국, 동남아시아, 한국, 일본에 집중되어 있다. 아마 2~3만 년 정도 전에 대륙 어느 곳에서 D형 유전자를 가진 사람이 태어났고, 이 자손이 증가하여 아시아 곳곳에 널리 퍼진 것으로 추측된다.

매년 신입생 환영회를 할 시기가 되면 몇몇 젊은 사람들이 급성 알코올 중독으로 목숨을 잃는다. 술을 잘 마시거나 잘 못 마시는 것은 유전적으로 정해져서 태어나는 것이기 때문에 막무가내로 마시거나 무리하게 마시도록 강요하는 것은 절대로 하지 말아야 할 행동임을 명심하자.

아베 데쓰야

1 아세트알데히드

CH_3CHO는 안면 홍조, 구토, 두통, 심박수 증가 등의 불쾌 증상을 일으키는 유독 물질이다. 다량으로 섭취하면 호흡 곤란을 일으킨다. 이것을 분해하는 능력이 낮으면, 음주 후에 알코올로 인해 많이 취한 상태가 회복되더라도 구토나 두통 등의 증세를 보일 수 있다. 이것이 바로 숙취다.

035 노화와 관련된 유전자가 있을까

아기에게서 채취한 피부 세포와 80세 노인에게서 채취한 피부 세포를 샬레 위에서 배양하면, 80세 노인에게서 채취한 세포는 더 이상 분열을 하지 않는다(세포가 증가하지 않는다). 반면 아기 세포는 그것보다 더 많이 분열한다. 어린 사람에게서 채취한 세포일수록 분열 횟수가 많다.

이 현상의 비밀은 세포의 염색체 말단 부분에 있다. 이 말단부에 있는 특이한 DNA 서열, 이것을 '텔로미어(telomere)'라고 한다. 텔로미어는 염색체의 말단 부분에 있고, 세포가 분열할 때 짧아지며, 세포가 분열할 수 있는 한계를 정한다(그림 참조).

텔로미어는 생체에서 일종의 시계와 같은 역할(카운터)을 하고 있다. 나이를 먹으면 당연히 세포는 몇 번이고 분열을 하여 텔로미어가 짧아지기 때문에 노인의 세포는 좀처럼 재생하기가 어렵다.

그러면 텔로미어는 왜 필요한 것일까? 여기에는 생명의 진화와 깊이 연결된 비밀이 있다.

자손을 증가시키는 방법은 두 가지가 있다. 한 가지는 자기 자신과 완전히 똑같은 유전 정보를 가진 새로운 생명을 탄생시키는 무성 생식(이 방법으로 태어난 자식은 부모의 복제물(클론)이다)이며, 또 다른 한 가지는 수컷과 암컷이라는 두 가지 성을 가진 두 유전 정보가 혼합하여 새로운 생명을 탄생시키는 유성 생식이다.

유성 생식을 할 때는 염색체 일부를 각각 교환(재조합)하여 자손에게

전해준다. 유전자의 재조합을 일으키기 위해서 염색체는 끈 모양이 된다. 무성 생식만 하는 대장균 등은 DNA를 끈 모양으로 하여 재조합을 쉽게 할 필요가 없기 때문에, 고리처럼 둥근 모양을 한 DNA를 갖고 있으며 텔로미어는 없다.

텔로미어는 끈 모양을 하는 염색체 양 끝단에 있으며, 이로써 끝에 있는 중요한 유전자가 빠지지 않도록 보호한다. 또한 염색체들이 재조합을 할 때, 같은 배열이 있으면 서로 달라붙기가 쉽기 때문에 특정의 DNA가 반복적으로 배열된다. 염색체가 재조합됨으로써 생물은 부모와 유전적으로 다른 자손을 만들어내어 현재와 같이 다양한 종류로 나누어져온 것이다. 그래서 텔로미어는 유성 생식에서 없어서는 안 되는 것이며, 지구에 있는 생물의 진화와 밀접한 관계가 있는 것이다.

이외에 노화에 관여하는 유전자가 존재한다는 설도 있다. 최근에 사람의 노화에 관여한다고 생각되는 유전자가 하나 밝혀졌다. 이 유전자(WRN 유전자)는 베르너증후군[1]의 환자들에게서 발견되었다. 베르너증후군의 원인은 RecQ라고 불리는 어떤 종류의 DNA 풀기 효소(helicase)의 유전자에 돌연변이가 생겨서 DNA 풀기 효소로서의 기능을 잃어버렸기 때문에 생긴다.

RecQ DNA 풀기 효소는 수선 효소의 일종으로, DNA가 손상을 입었을 때 이것을 회복시키기 위해서 발동된다. 손상된 DNA와 손상되지 않은 DNA 간의 재조합을 촉진시키고 DNA를 회복시킨다. 이 효소가 작용하지 않으면 유전자는 회복되지 않고 남아서 세포에 축적되어 보통 사람보다 빨리 노화되는 것이라고 생각된다.

빨리 늙는 병(早老症)으로는 베르너증후군 외에도 코케인증후군, 프로

제리아 등의 병이 알려져 있으며, 이것은 수명이나 노화가 하나의 유전자만이 아니라 여러 유전자의 제어를 받는다는 것을 시사한다.

다쓰미 준코

1 베르너증후군
조로증이라고도 불린다. 30대부터 백내장이나 강피증, 동맥경화 등의 질병이 노화와 동반되어 나타나며, 빨리 늙어서 사망하는 난치병이다.

036 우유를 마셔도 설사하지 않는 유전자가 있다?

이 책을 읽는 여러분 중에는 우유를 마시고 속이 이상하다고 느끼는 사람이 있을지도 모르겠다. 이것은 전문 용어로 '젖당 비내증'이라고 부른다. 우유에 포함되어 있는 '젖당(락토오스)'이라는 당을 몸속에서 소화할 수 없기 때문에 설사나 복통을 일으키는 것이다.

다음에 나오는 그림과 같이 젖당을 분해하기 위해서는 '락타아제'라는 효소가 필요하다. 모유나 우유에 포함된 젖당을 분해하는 락타아제가 가장 많이 분비되는 것은 유아기부터 이유기까지다. 락타아제는 유아에게만 필요한 소화 효소이며, 인간도 포함하여 어머니의 젖으로 자란 포유동물의 대부분은 성장과 함께 락타아제의 분비가 정지된다.

그런데 서양 사람들은 아무렇지 않게 1리터짜리 우유를 한 번에 잘 마신다. 황인종이나 흑인은 성장과 함께 락타아제의 분비가 정지되기 쉽지만, 백인(서양인)은 그렇지 않기 때문이다. 연기파 배우인 로버트 드니로는 1980년 〈분노의 주먹(Raging Bull)〉이라는 영화 속 자신의 역할을 위해 몸무게를 30kg이나 늘렸다. 그는 매일 3리터씩 우유를 마셔서 살을 찌웠다고 한다. 이 방법으로 살을 찌울 수 있었던 것도 그는 락타아제가 계속 분비되는 백인이었기 때문이다. 락타아제가 분비되지 않는 대부분

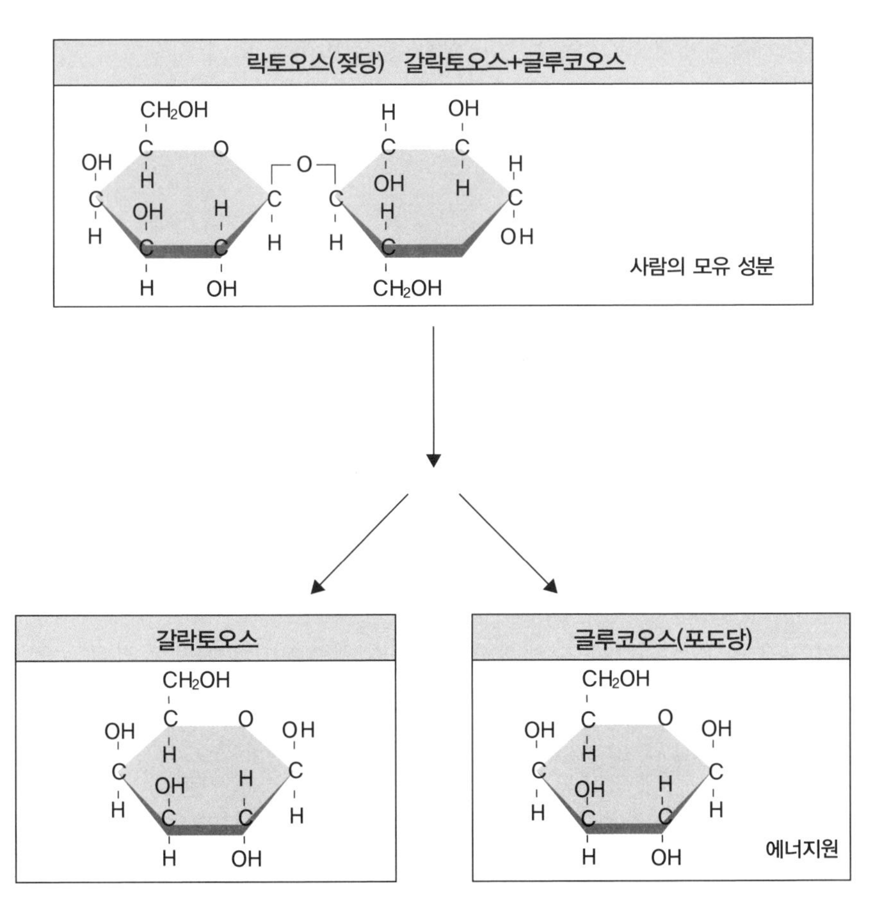

소장에 락타아제(소화 효소 중 하나)가 있으면, 락토오스는 갈락토오스와 글루코오스로 분해된다.

의 동양인이 이러한 방법으로 살을 찌우려고 한다면, 살이 찌기보다 오히려 설사의 원인이 되어 살이 빠졌을지도 모른다.

우리는 모두 태어날 때 소장에서 락타아제 유전자(제1염색체에 있다)의 스위치가 켜진다. 그렇지만 대부분의 포유류(사람도 포함)는 그 스위치가 성장과 함께 멈춘다. 젖은 아기일 때 먹는 것으로, 그 이후에는 이 효소를 만드는 에너지가 필요 없어지기 때문이다. 그러나 수천 년 전부터 인간은 가축에게서 젖(우유, 염소유, 양유 등)을 받아서 먹기 시작했다. 젖당을 소화할 수 없는 어른들이 우유를 영양원으로 먹는 방법은 세균으로 락토오스를 분비시켜 먹는 방법, 즉 치즈나 요구르트로 만들어 먹는 방법뿐이었다.

그러나 목축을 하던 역사의 어느 시점에서인지 락타아제를 분비하지 않도록 하는 제어 유전자가 변이되어 유소년기가 끝나도 락타아제 생성이 멈추지 않게 된 사람들이 생겨난 것이다. 이 변이를 가진 사람은 평생 우유를 마셔도 소화해낼 수 있다. 그리고 백인의 대부분은 이 변이를 가지고 있다. 사실 서유럽에서는 70% 이상의 사람이 선천적으로 어른이 되어도 우유를 소화할 수 있다.

우유를 마셔서 설사나 복통을 일으키는 것을 젖당 비내증이라고 앞에서 서술했지만, 이러한 사실을 생각한다면 젖당 비내증이라고 부르는 것보다도 젖당을 분해할 수 사람들을 '락타아제 분비 계속증'이라고 이름붙이는 것이 맞을 것이다.

서양에 비해 아프리카, 아시아, 오세아니아 지역에서는 락타아제의 생성이 정지되지 않는 변이를 가진 사람이 30%도 되지 않는다. 따라서 대다수의 동양인들이 우유를 마시고 속이 이상하다고 느끼는 것은 포유류의 일반적인 현상이다.

유전자의 스위치를 켜고 끄는 데 관련된 변이를 가진 사람의 빈도는 민족마다, 그리고 지역마다 다르다. 최근 연구에 따르면 우유의 소화 능력을 가진 사람의 비율이 높은 민족은 목축의 역사를 가지고 있다는 공통점이 있음을 알 수 있었다. 우선 목축 생활을 시작한 민족 중에서 그 생활양식에 맞추어 살다가 우유를 소화하는 능력을 가진 사람들이 더욱 적응하여 인류를 증가시켰다는 얘기가 된다. 결코 유전적으로 젖당을 소화하는 능력을 가지고 있기 때문에 목축을 시작한 것이 아니다.

이것은 진화론에서 아주 큰 의미를 갖는다. 문화적인 변화가 일어난 뒤 생물학적으로 적응한 진화가 일어난 과정을 볼 수 있기 때문이다.

유전이 있고, 문화가 이것에 적응되어가는 것만은 아닌 셈이다.

다쓰미 준코

037 남자와 여자는 잘 걸리는 병에 차이가 있다

유전되는 병에는 남자와 여자가 증세를 보이는 비율에 크게 차이가 나는 병이 있다. 그 병의 원인이 되는 유전자가 X염색체 위에 있기 때문이다. 또는 X염색체 그 자체의 수가 바뀐 것이 원인이 되어 병에 걸리는 경우도 있다.

여성은 X염색체가 두 개 있다. 반면 남성은 X염색체와 Y염색체가 하나씩 있다.

만약 X염색체 위에 있는 유전자에 어떠한 변이가 일어나서 정상적인 기능을 하는 단백질이 만들어지지 않을 경우에도 여성이라면 부모에게서 받은 두 개의 유전자 중에서 어느 하나가 정상인 단백질을 만들어낼 수 있으면 신체에는 이상 증세가 보이지 않는다.

그러나 남성의 경우 어머니에게서만 X염색체를 받기 때문에 X염색체

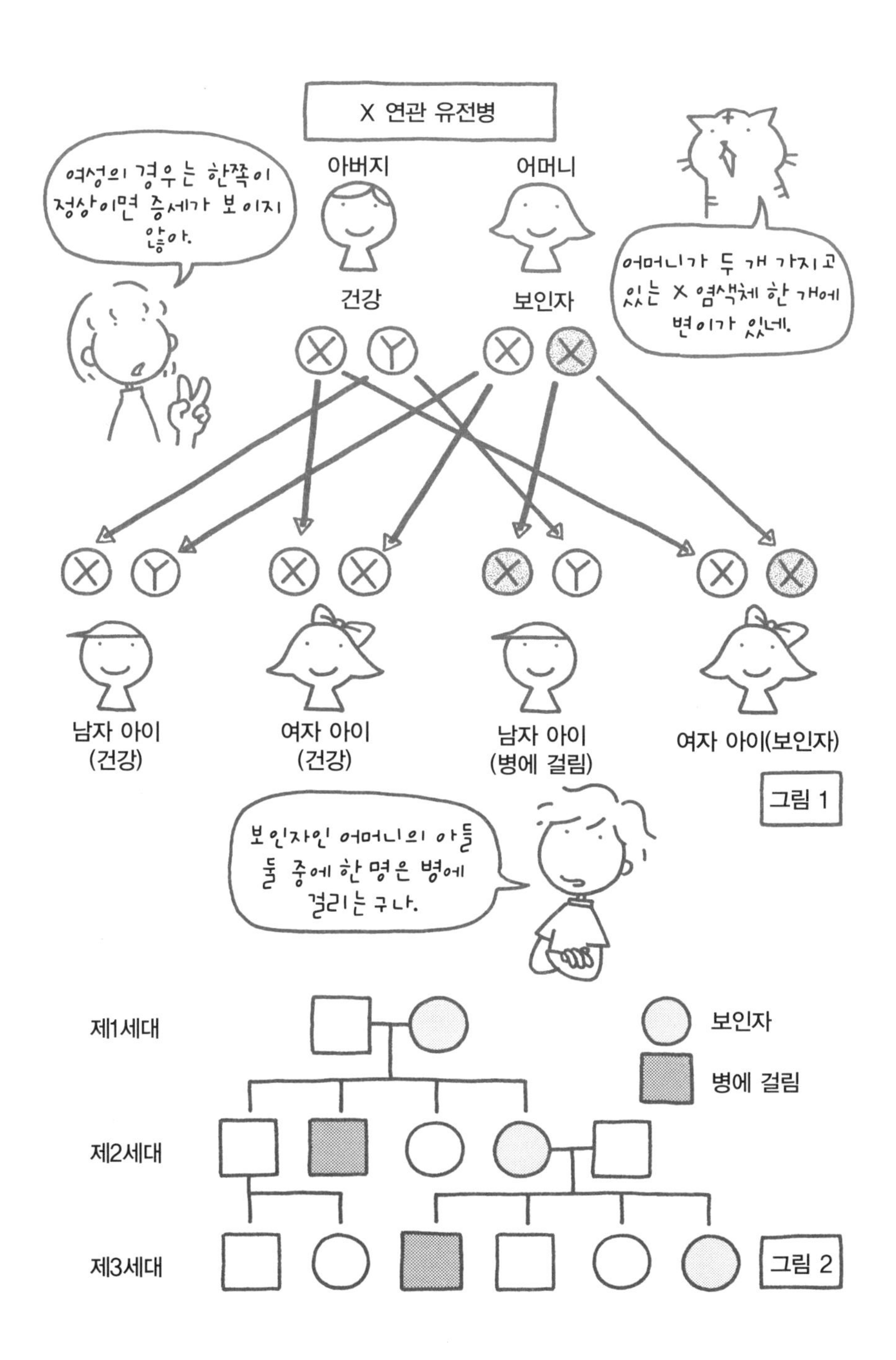
X 연관 유전병
여성의 경우는 한쪽이 정상이면 증세가 보이지 않아.
아버지
어머니
건강
보인자
어머니가 두 개 가지고 있는 X 염색체 한 개에 변이가 있네.
남자 아이 (건강)
여자 아이 (건강)
남자 아이 (병에 걸림)
여자 아이(보인자)
그림 1
보인자인 어머니의 아들 둘 중에 한 명은 병에 걸리는구나.
제1세대
제2세대
제3세대
보인자
병에 걸림
그림 2

위에 있는 유전자가 제대로 기능을 하지 않을 때는 증세가 밖으로 표출된다.

이러한 유전병은 X염색체와 함께 일어난다는 의미에서 'X 연관 유전병' 이라고 한다. 지금까지 X 연관 유전을 하는 형질이 인간은 368개가 발견된 상태다.

빨간색과 초록색의 미묘한 색조 차이를 식별할 수 없는 적록 색각장애 유전자나 혈액이 잘 응고되지 않는 혈우병의 원인이 되는 유전자는 몇 가지가 있지만, 그중에서 여러 가지가 X염색체에 있다.

또한 신체의 근육 세포 손상으로 인해 걷고 움직이는 것이 점점 어려워지는 질환인 근육성이영양증(筋肉性異營養症, muscular dystrophy)[1]은 몇 가지 타입이 있다.

그중 듀센형 근이영양증(Duchene muscular dystrophy)라고 불리는 심각한 증세를 보이는 타입과 벡커형 근이영양증(Becker muscular dystrophy)이라고 부르는 가벼운 증세를 보이는 타입은 X염색체 위에 있는 디스트로핀(dystrophin)이라는 단백질을 만드는 유전자로 인해 생긴다는 것이 밝혀졌다.

만일 남자 아이가 이 질환의 증세를 보일 경우 그 어머니는 보인자로 증상이 전혀 나타나지 않는다. 또한 증세가 나타나지 않은 남성의 아이는 이 증상을 보이지 않는다.

앞에 나온 그림은 X 연관 열성 유전병의 유전 형식을 나타낸 것이다.

역사상 유명한 X 연관 열성 유전병으로는 영국 빅토리아 여왕에게서 시작되어 유럽 여러 나라의 왕가로 전해진 혈우병을 들 수 있다. 다른 왕가에 시집 간 딸들이 보인자여서 그 자손에서 혈우병 환자가 나온 것이다('022 DNA가 변하는 것은 당연하다' 참조).

다쓰미 준코

1 근육성이영양증(筋肉性異營養症, muscular dystrophy)

근육성이영양증은 근육이 점점 약해져서 퇴화해가는 질병으로, 유전적 · 임상적인 차이에 따라 여러 가지 병의 타입으로 분류되고 있다. 그중 X염색체에 존재하는 유전자가 원인인 것은 듀센형 근이영양증 타입과 벡커형 근이영양증 타입이 있다.

듀센형 근이영양증은 2~5세에 나타난다. 이 아이들은 넘어지기 쉬우며, 걸을 때 비틀거리거나, 계단을 올라가거나 내려가기 힘들어하는 등의 증세를 느낀다. 이 증세가 진행되면 사지, 척추에 변화가 온다. 10~12세에는 걷기가 힘들어져서 휠체어 생활을 하게 된다. 가슴 부위의 변형, 심근(심장도 근육이다)의 장애 등과 함께, 호흡 기능과 심폐 기능의 저하가 점차 심해져서 20세 전후에 폐렴, 호흡부전, 심부전 등으로 사망한다. 최근에는 인공호흡기 사용과 전신 관리 기술이 향상되어 수명을 연장시킬 수 있게 되었다.

벡커형 근이영양증은 증세가 5~15세에 나타난다. 듀센형 근이영양증에 비해 늦게 나타나며, 증세도 천천히 진행된다. 걷기가 힘들어지는 것은 20대 후반 이후에 나타나는 경우가 많다.

두 타입 모두 원인 유전자는 디스트로핀 유전자이며, X염색체 위에 있다. 듀센형은 디스트로핀 유전자에서 만들어지는 디스트로핀이 생성되지 않기 때문에 생기는 것이고, 벡커형은 디스트로핀 단백질이 짧아지기 때문에 불완전한 기능을 하는 것이다.

038 선천성 장애가 있다면 반드시 유전될까

예전에 다음과 같은 상담을 한 적이 있다.

"우리 아이가 페닐케톤뇨증(phenylketonuria)[1]이라고 진단을 받았는데 의사 선생님은 이것을 유전병이라고 설명했어요. 그런데 저나 제 배우자, 그리고 친척 중에는 페닐케톤뇨증에 걸린 사람이 전혀 없어요. 그런데 이런 경우에도 이 병을 유전병이라고 할 수 있나요? 그리고 의사 선생님은 사춘기 때까지 페닐알라닌(phenylalanine)을 낮춘 식사를 하면 지적인 장애는 생기지 않을 것이라고 했고, 아이가 크면 결혼도 할 수 있을 것이라고 말씀해주셨어요. 그런데 만일 유전병이라고 한다면 아이가 앞으로 결혼을 해서 아기를 낳으면 그 아기, 제 손자도 페닐케톤뇨증에 걸릴 가능성이 있나요? 그 가능성은 얼마나 되죠?"

페닐케톤뇨증은 열성 유전 형식의 유전병이다. 열성 유전병을 가진 아이는 어머니나 아버지 모두 이 병의 원인 유전자를 때마침 가지고 있을 경우에 태어난다. 그렇지만 대부분의 인간은 어떠한 유전병의 보인자라고 말해도 좋으며, 아이가 열성 유전병이라고 해서 부모가 특별히 유전적으로 이상하다고 생각할 필요가 없다.

예를 들어 1만 명당 한 명밖에 태어나지 않는 유전 질환의 경우도 보인자는 약 50명 중 한 명이나 된다. 열성 유전 질환은 적어도 1000명 이상 존재하기 때문에 증세가 나타나지 않는 사람도 여러 종류의 장애 유전자

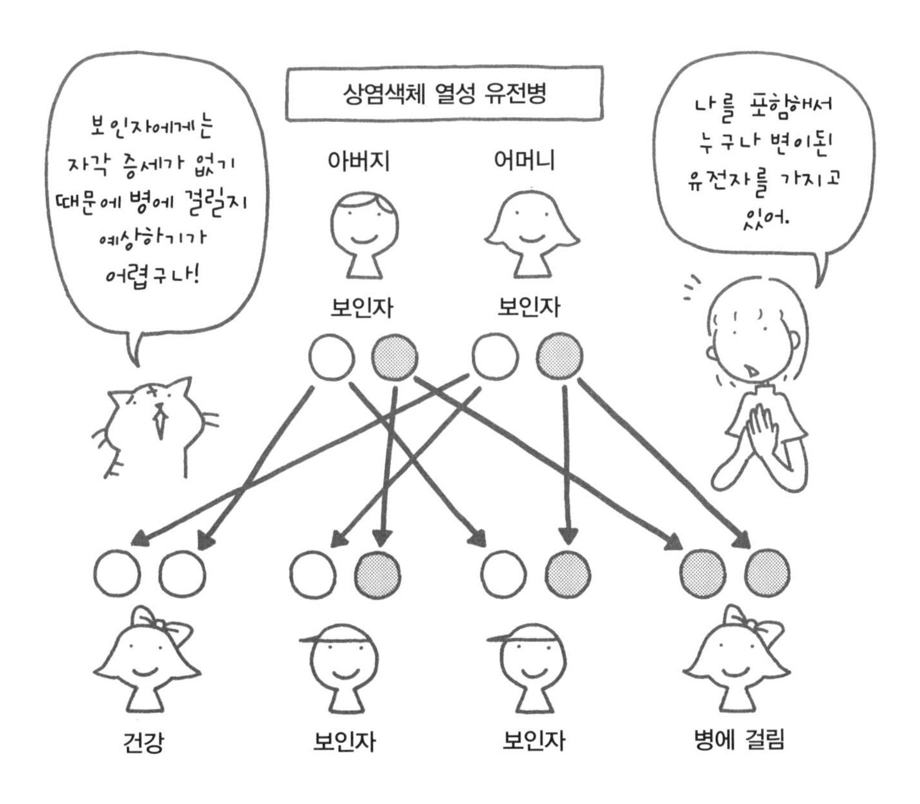

를 가지고 있다는 것이다.[2]

내가 상담했던 사람 중 페닐케톤뇨증을 보인자로 갖고 있는 사람은 얼마나 될까? 페닐케톤뇨증을 가진 아이는 약 10만 명당 1명이 태어난다. 역산하면 보인자는 약 160명에 1명이라는 것이다. 결코 희귀한 것이 아니다.

페닐케톤뇨증 환자와 혈연 관계가 있는 사람 중에는 보인자가 많다. 이 특정 보인자가 전혀 다른 보인자와 결혼을 할 가능성은 1/160×1/160이어서 이 부부에게서 페닐케톤뇨증에 걸릴 아이가 태어날 가능성은 4분의 1이다. 그래서 페닐케톤뇨증을 앓는 환자와 혈연 관계가 있는 사람(본인의 형제자매 이외) 중에 다른 환자가 있을 가능성은 상당히 낮다고 알려져 있다.

그렇다면 그 상담자의 아이(페닐케톤뇨증 환자)가 전혀 혈연 관계가 없는 사람과 결혼을 했다고 해보자. 이 부부에게서 페닐케톤뇨증의 아이가 태어날 확률은 다음과 같이 계산할 수 있다. 혈연 관계가 없는 상대방이 보인자일 가능성은 일반적인 경우와 같이 160분의 1이다. 만일 우연히 페닐케톤뇨증의 보인자와 결혼을 할 경우, 이 원인 유전자를 동시에 두 개 가진 수정란을 만들 확률은 2분의 1이다. 그래서 페닐케톤뇨증의 아이가 태어날 확률은 1/160×1/2=1/320이 된다.

그렇지만 결혼 상대방이 사전에 보인자 진단을 받고 페닐케톤뇨증의 원인 유전자를 가지고 있지 않다고 판명되면, 태어날 아이(상담자의 손자)는 페닐케톤뇨증의 보인자가 되어 밖으로 아무런 증세도 나타나지 않는다. 그래서 겉으로 보기에는 유전병을 앓는 아이가 없기 때문에 유전되지 않은 것처럼 보인다.

선천적인 병[3]은 여러 가지가 있지만, 열성 유전의 형식을 취한 유전병은 페닐케톤뇨증의 경우와 같이 생각할 수 있다. 따라서 다음 세대에 유전병 환자로 나타나는 경우는 거의 없다.

다쓰미 준코

1 페닐케톤뇨증(phenylketonuria)

'042 유전자 치료를 하지 않아도 장애가 없어지는 유전병'을 참조하기 바란다.

2 증세가 나타나지 않는 사람도……

'039 유전자 변이는 누구나 가지고 있다'를 참조하기 바란다.

3 선천적인 병

약의 영향으로 선천적인 기형이 나타나는 유명한 예로, 탈리도마이드(Thalidomide)라는 약에 의해서 팔 부위에 기형이 생긴다. 이러한 약의 영향은 태아가 자랄 때 작용하기 때문에 유전 형질과는 관계가 없다. 이러한 것들은 일반적으로 유전되지 않는다.

039 유전자 변이는 누구나 가지고 있다

이 책을 읽는 독자들은 자신은 건강하고 유전적으로 전혀 문제가 없다고 생각할지도 모르겠다. 하지만 사실은 그렇지 않다. 어떤 사람이든지 누구나 유전적인 결함을 가지고 있다. 완벽한 인간은 없다. 그 이유를 지금부터 설명해보겠다.

우리 몸속에 있는 세포에는 아버지에게서 전해받은 유전자군(게놈이라고 한다)과 어머니에게서 전해받은 유전자군이 있다. 그러니까 한 단백질의 설계도가 되는 유전자를 두 쌍씩 가지고 있는 것이다(이것을 대립 유전자라고 한다). 똑같은 단백질을 만들기 위해 두 개의 유전자 중 어떤 한 유전자(설계도)가 바뀌면, 유전자가 제대로 작동하는 단백질을 만들 수 없게 된다. 하지만 이러한 경우에도 두 개의 유전자 중 한 개라도 제대로 작용할 수 있는 단백질을 만드는 유전자가 있으면 유전병에는 걸리지 않는다. 즉 하나가 작용하지 않아도 또 다른 하나가 이것을 대신할 수 있는 시스템이 잘 작동되는 것이다.

그렇지만 우연히 어떤 단백질을 만들기 위한 유전자 두 개 모두(아버지에게서 받은 것과 어머니에게서 받은 것) 바뀌어버려 잘 작동되지 않을 때는 병에 걸린다. 이러한 유전 방식으로 병에 걸리는 것을 열성 유전병이라고 한다. 이때의 열성이란 결코 '뒤떨어진다'는 의미가 아니다. 변화된 유전자에 의해 만들어진 단백질은 제대로 작용하는 단백질에 비해 외관상으로 잘 나타나지 않는다는 의미다.

예를 들면 《엘저넌에게 꽃을》이라는 소설의 주인공은 페닐케톤뇨증이라는 열성 유전병 환자지만, 일본에서는 10만 명에 1명꼴로 병에 걸리는 사람이 태어난다(민족에 따라서 출생 비율이 다르며, 서양에서는 약 1만 명에 1명꼴로 병에 걸리는 사람이 태어난다). 이 병에 걸린 사람은 태어나면서부터 우유 등에 들어 있는 페닐알라닌이라는 아미노산을 정상적으로 대사해낼 수 없기 때문에 지적 장애, 멜라닌 색소 결핍(피부가 하얗고 머리카락 색이 흐리다) 등의 증세가 나타난다.

10만 명에 1명이라는 비율은 병에 걸릴 확률이 아주 낮은 것이다. 그러면 부모의 어느 한쪽에서만 페닐케톤뇨증의 원인 유전자를 이어받은 사람의 비율은 대체 어느 정도 되는 것일까? 한쪽에서만 원인 유전자를 전해주면 그 아이에게는 아무런 증세가 나타나지 않고 병에도 걸리지 않기 때문에 평상시에는 알 수 없다.

일본의 경우에는 160명에 1명이 페닐케톤뇨증의 원인 유전자를 가지고 있다. 예를 들면 400명 규모의 초등학교에서는 3명이 페닐케톤뇨증의 원인 유전자를 가지고 있다는 것이다. 이렇게 한쪽이 변이된 유전자를

| 열성 유전병 증세가 나타나는 사람의 빈도와 보인자 빈도의 관계 |

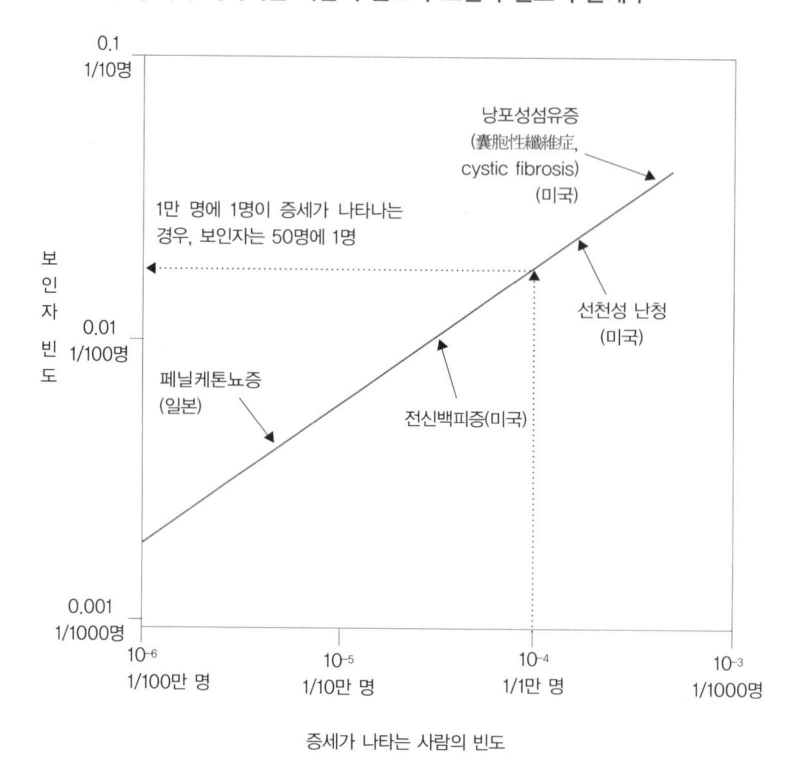

상염색체 열성 유전병의 증세가 나타나는 사람의 빈도와 그 보인자의 빈도 관계를 그래프로 나타낸 것이다. 증세가 나타나는 사람의 빈도는 보인자 빈도의 2승으로 비례하기 때문에 희귀한 유전병이더라도 보인자는 상당히 많다.

가지고 있는 사람을 '보인자' 라고 한다.

위의 그래프를 통해 알 수 있듯이, 1만 명에 1명꼴로 열성 유전병에 걸리면 50명 중 1명이 보인자라는 것이다. 그리고 이러한 유전병은 적어도 1000개 이상 있다고 한다. 가령 1000명당 1명이 보인자인 병이 1000개가 있다면, 1명당 10개의 변이 유전자를 가지고 있다는 말이 된다.

그러니까 누구라도 어떠한 유전병의 원인이 되는 유전자 변이를 가지고 있다는 것이다. 그리고 우연히 같은 유전자에 변이를 가진 남녀가 결혼을 해서 병에 걸리는 아이가 태어나는(이 아이 중 4분의 1의 비율) 것이고, 부모도 그때야 비로소 자신이 보인자임을 알게 된다.

다쓰미 준코

040 유전자 치료란 무엇일까

눈부시게 발전한 최근 게놈 해석의 결과, 유전자가 원인이 되어 걸리는 병을 알게 되었다. 그렇다면 이 병을 치료하는 유전자 치료란 무엇일까? 유전자 치료는 그 병의 원인이 되는 유전자의 변화를 살펴보고, 그 유전자의 정상적인 것을 인공적으로 만들어 외부에서 세포 속으로 보충해줌으로써 세포의 원래 기능이 회복되도록 하는 것이다. 유전자 치료의 개요를 알기 쉽게 그림으로 표현하였다.

현재 이루어지고 있는 유전자 치료 방법은 벡터(vector, 유전자를 이식할 때 그 유전자를 운반하는 역할을 하는 DNA 분자. 자율적인 증식 능력을 지니고 있는 플라스미드나 바이러스 따위가 있음–옮긴이)에 정상적으로 작용하는 유전자를 재조합하여 세포 속으로 그 유전자를 넣는 것이다. 벡터로는 체내에 해롭지 않고 체내에서 증식하지 않는 것을 사용하고 있다.

다만 이 방법으로는 병의 원인인 변화된 유전자를 제거할 수 없다. 또한 정상적인 유전자를 염색체 위의 올바른 유전자 배열 위치에 넣을 수 있도록 조절하지 못한다. 그렇기 때문에 다른 중요한 유전자 속에 넣어버리거나, 그 유전자를 갈라버릴 경우도 있을 것이다. 또한 벡터로 사용

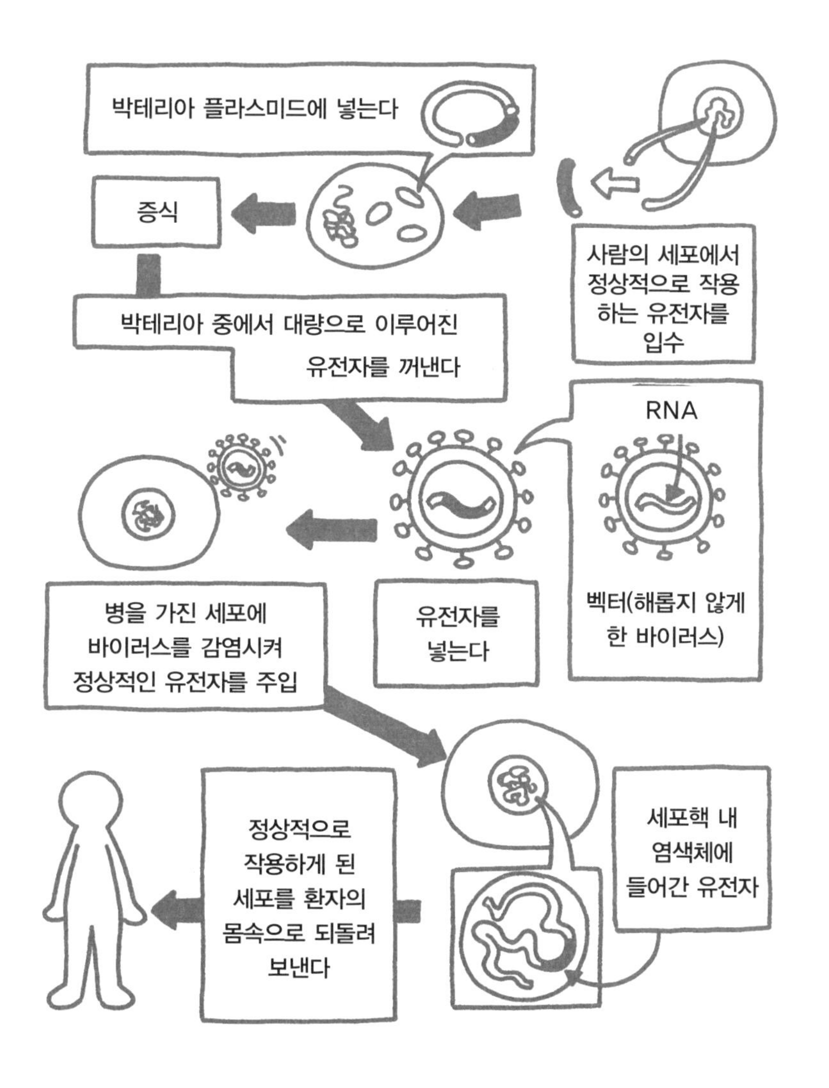

하고 있는 바이러스가 감염되어 세포의 증식이나 성장을 조절하는 유전자를 활발하게 작용시키는 것을 비롯해 암을 유발할 가능성도 있다.

세계에서 최초로 사람에게 유전자 치료가 이루어진 때는 1990년이다. 대상이 된 사람은 ADA결손증[1]이라는 병을 앓는 4살짜리 여자 아이였다. 미국 국립위생연구소에서는 이 여자 아이에게 정상적인 ADA를 생산하는 유전자를 투여하여 치료하였다.

ADA결손증과 같이 단 하나의 유전자로 생겨난 병이라면, 외부에서 정상적인 유전자를 세포 속에 넣어 기능을 회복시키는 치료가 이루어지기 쉽기 때문에 첫 유전자 치료 대상이 되었다. 이외에 혈액 응고 인자(제 IX인자)의 유전자 변화에 의한 혈우병 B에도 이와 같은 이유로 적용되었다. 혈우병 B 환자에게 유전자 치료를 함으로써 치료 후에 혈액제제의 필요량이 적어졌다고 한다.

한편 실패로 끝난 예로는 1999년에 미국에서 OTC(Ornithine transcarbamylase) 결손증 환자에게 유전자 치료를 한 경우를 들 수 있다. 간 동맥 내에 주입된 벡터가 환자의 전신에 염증 반응을 일으켰기 때문에 사망했다. 이것은 치료 방법에 실수가 있었던 것이지, 유전자 치료 그 자체에 문제가 있었던 것은 아니어서 이 사고 이후에는 신중한 치료가 이루어지도록 요구되고 있다.

현재는 주로 암이 유전자 치료의 대상이 되고 있다. 암의 발생에도 유전자 변화가 깊이 관여하고 있기 때문이다. 암이 발생하는 원인인 변화된 유전자 대신 정상적으로 작용하는 유전자를 암 세포 내에 넣음으로써 암 증식을 억제할 수 있다.

일본에서의 유전자 치료는 1994년에 문부성 고시로 정해진, 유전자 치료를 규제하는 '대학 등에서 유전자 치료 임상 연구에 관한 가이드라인(지침)'을 근거로 한다. 안전성이 확립되지 않은 새로운 치료는 신중하게 하도록 유전자 치료를 '생명을 위협하는' 병을 치료할 때로 한정하고 있다. 그러나 최근 문부과학성의 학술심의회 유전자 치료 임상연구 전문위원회에서 유전자 치료의 대상을 만성 관절 류머티즘 등 만성병으로도 넓히는 방향으로 고치기로 결정했다. 이미 미국에서는 만성 관절 류머티즘 등 만성병의 유전자 치료가 승인이 나서 3000명 이상이 유전자 치료를 받았고, 안전에 대한 불안도 거의 없어졌기 때문이다.

그러나 앞에서 이야기한 사고나 프랑스에서 ADA결손증 치료로 백혈병에 걸렸다는 보고도 있기 때문에 앞으로도 신중하게 진행해나가야 할 필요성이 있다.

다쓰미 준코

1 ADA결손증
태어나면서부터 ADA라는 중요한 효소를 만드는 유전자에 이상이 있어 중증의 면역 부전이 생기는 질환이다.

041 유전 상담, 유전자 진단, 유전자 치료의 차이

유전 상담

병에는 유전과 관계되었다고 생각되는 병들이 있다. 정확한 확률을 계산할 수 있는 유전성 질환에서부터 아이의 얼굴이 부모를 닮았다는 정도까지, 게다가 유전과는 전혀 관계가 없는데도 유전이라고 오해하는 것까지 다양하다.

정확한 정보가 없기 때문에 혼란스러운 사람, 결혼 상대자에게 어떻게 말을 꺼내야 할지 망설이는 사람, 임신을 한 뒤 불안해하는 사람 등 '유전'으로 고민하는 사람들은 적지 않다. 병으로 고민하는 사람보다 병에 대한 편견으로 고민하는 사람들이 더 많다고 한다. 그래서 현재는 유전에 관련된 불안이나 고민을 가진 사람을 대상으로 전문의가 유전 상담을 하기도 한다.

구체적으로는 다음과 같은 사람들이 상담을 받고 있다.

① 자신의 질환이 유전성 질환인지 아닌지 알고 싶은 사람, ② 자녀 한 명이 병에 걸렸는데 다음에 태어날 자녀도 같은 병에 걸릴까 걱정되어 자녀를 더 낳을지 말지 고민하는 사람, ③ 결혼 상대방의 가족이나 친척 중 유전병에 걸린 사람이 있어서 상대방과 결혼하면 자신의 자녀에게도 유전될 것이라고 생각하는 사람, ④ 사촌끼리의 결혼은 문제가 없을지 고민하는 사람, ⑤ 태아 진단 등 유전과 관계되는 검사를 할 수 있는지 알고 싶은 사람, ⑥ 유전 또는 선천적 이상과 관계된 것으로 상담하고 싶은 사람들이다.

유전자 진단

유전자 진단은 병에 걸리는 원인인 병원체의 유전자 종류나 유무에 대해 조사하거나, 병에 걸리는 원인이 자신이 가지고 있는 유전적인 요소와 관계될 경우 그 유전자 변이를 조사하는 것이다. 그렇기 때문에 유전병만 진단하는 것이 아니라 감염증 등을 진단하는 경우나, 암일 경우에는 그 원인이 되는 유전자의 변화를 진단하고 항암제 등을 선택할 때 도움이 되기도 한다. 또한 개인의 특정한 상태를 조사할 수 있기 때문에 친자 확인이나 범죄의 증거로도 이용되기 시작했다.

유전병은 기존의 진단보다 조기 또는 증세가 나타나기 전에 진단할 수 있기 때문에 효과적인 치료를 조기에 할 수 있는 신세대 진단 기술로 주목받고 있다. 하지만 진단이 내려져도 치료 불가능한 유전병도 많이 있다. 그렇기 때문에 진단을 할지 말지, 그 결과를 본인에게 어떻게 전해야 할지, 위로는 어떻게 해야 할지, 유전자를 공유하는 혈연 관계가 있는 사

	유전 상담	유전자 진단	유전자 치료
내용	유전과 관계된 폭넓은 상담	유전자 검사를 이용하여 병을 진단	병을 치료하기 위해, 유전자 진단을 바탕으로 유전자를 몸속에 넣는 방법
구체적인 사례	• 사촌과의 결혼 • 자녀가 걸린 병의 유전성 • 결혼 상대방의 친척이 걸린 병	• 암의 원인을 조사한다. • 자녀 병의 원인을 조사한다. • 본인 병의 원인을 조사한다. • O-157 감염은 어떤 것인지, 또는 SARS 감염은 어떤지, 병원체에 대한 유전자를 조사한다.	• ADA결손증 치료 • 암 억제 유전자로 암 치료

람에게는 어떻게 전해야 할지 등의 문제가 있기 때문에 간단하게 다룰 수 없다. 그래서 유전자 진단은 유전 상담을 동반하여 이루어진다. 또한 일본은 유전 상담 중에서 특히 유전자 진단을 함께 하는 것을 '유전 카운슬링'이라고 부른다.

유전자 치료

유전자가 원인이 되는 병에 대해서 원인 유전자 변화를 조사하여(유전자 진단) 정상 유전자를 인공적으로 만들고, 외부에서 세포 속으로 넣음으로써 세포의 원래 기능을 회복시켜 병을 치료하는 것이 유전자 치료다(자세한 것은 '040 유전자 치료란 무엇일까' 참조). 유전자 치료는 이 전 단계에서 유전자 진단과 함께 유전 카운슬링을 하는 것이 필수다.

유전 상담은 폭넓게 유전적으로 관련된 상담을 말하고, 유전자 진단이란 병의 원인을 유전자 조사로 진단하는 것을 말하며, 유전자 치료는 유전자 진단 결과를 바탕으로, 그중에서도 정상적인 유전자를 넣어 정상적인 기능으로 회복시킬 것이라는 기대를 갖고 병을 치료하는 것을 말한다.

다쓰미 준코

042 유전자 치료를 하지 않아도 장애가 없어지는 유전병

앞에서도 잠깐 언급했지만 《엘저넌에게 꽃을》이라는 소설에는 다음과 같은 대목이 나온다. 주인공 찰리의 증상에 대해서 서술하는 부분이다.

"찰리가 어렸을 때부터 앓았던 페닐케톤뇨증의 원인이 무엇인지는 모른다. 화학반응 아니면 유전학적인 이상 상태, 아마도 전리방사성 물질 때문일까? 이것도 아니면 자연 방사능? 아니면 태생기의 바이러스 감염 때문일까? 이것이 무엇이든지 간에, 어떤 것이 불완전한 화학적 반응을 일으키는 변성적 효소라고도 할 수 있는 것을 만들어내는 결함 유전자를 발생시켜버린 것이다. 그리고 새롭게 만들어진 아미노산은 당연히 정상적인 효소와 경쟁하여 뇌에 손상을 준 것 같다."

여기에 서술한 것처럼 주인공 찰리는 페닐케톤뇨증을 앓았다. 페닐케톤뇨증이라는 병은 필수 아미노산(인간 몸속에서 스스로는 만들어낼 수 없기 때문에 반드시 밖에서 음식물을 섭취해야만 하는 아미노산)의 한 가지인 페닐알라닌을 몸속에서 이용할 수 있도록 물질로 변환하기 위한 효소[1]를 선천적으로 가지고 있지 않든지, 효소가 변질되어 기능을 제대로 하지 않는 병이다.

페닐알라닌 또는 페닐알라닌이 분해되는 도중 화학물질이 체내에 축적되기 때문에 뇌 등에 장해를 준다. 이 병은 열성 유전병이기 때문에 부모가 우연히 같은 유전자에 변이가 있다고 할 수 있다. 그래서 이 병에 걸리는 아이는 4분의 1의 확률로 태어날 수 있다.

《엘저넌에게 꽃을》이라는 소설이 쓰여진 1956년에는 이 병을 치료할 수 있는 방법이 아직 발견되지 않았을 때였다. 그렇기 때문에 머리 부위를 수술하여 뇌에 부족한 효소를 보내 IQ를 높인다는 SF적인 이야기가

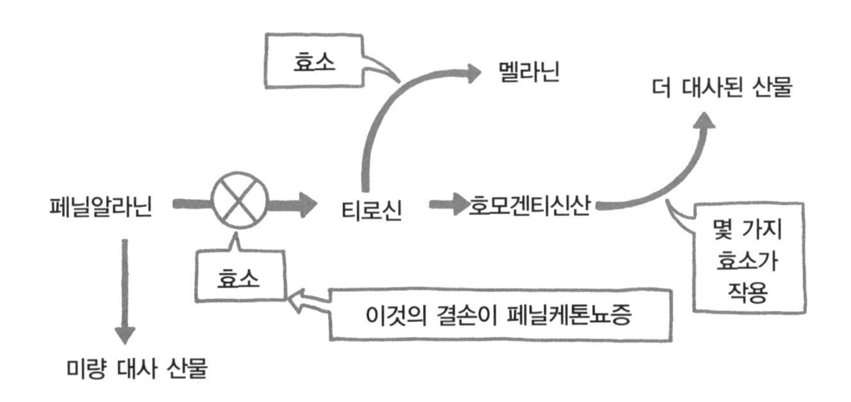

페닐케톤뇨증은 아미노산의 하나인 페닐알라닌을 티로신으로 바꾸는 효소가 작용하지 않아서 생긴다. 페닐알라닌이나 미량 대사 산물의 축적이 뇌에 장해를 준다.

만들어진 것이라고 생각된다.

현재는 이 병에 관한 구조가 알려져서, 유아기에 발견하고 치료하도록 신생아 선별 검사 체제가 만들어져 있다. 아이가 있는 분들은 아시겠지만, 신생아는 생후에 바로 검사를 받는다(의무는 아니고 신청을 받아 이루어지고 있지만, 대부분 자동적으로 채혈하는 것이 현실이다). 선천성 대사 이상 등의 검사(거스리(Guthrie) 검사 등)로 페닐케톤뇨증을 비롯해 몇 가지 선천성 대사 이상증을 조기에 발견하는 것을 목적으로 하고 있다.

대사란 우리가 매일 생명을 유지하기 위해서 하고 있는 것 중 하나로, 밖에서 들어오는 음식물을 받아들이고 그것을 자신의 몸속에서 사용할 수 있는 화학물질로 변화시키는 작업을 말한다. 그런데 이 중요한 '대사'에 관여하는 효소의 일부가 선천적으로 없었거나, 역할을 잘 수행하지 않아서 신체에 이용할 수 없는 불필요한 물질만 쌓이게 하거나, 신체의 유지에 필요한 물질을 만들어내지 못해서 병에 걸리는 것이 대사 이상증이다.

페닐알라닌은 우유나 여러 가지 음식물 중에 포함되어 있지만, 체내에 들어오는 것을 제한하면 몸이 나빠지지는 않는다. 그래서 거스리 검사를 통해 생후에 바로 발견함으로써, 적절한 영양 지도나 치료를 받을 수 있다.

이렇게 조기에 진단하고 치료하면 정상적인 유전자를 신체에 도입하

1 효소
세포에서 분비되는 단백질로, 다른 물질의 화학 변화를 유발하는 촉매로서 작용한다.

는 '유전자 치료'를 받지 않아도 대사 이상증이 생기지 않고 정상적인 생활을 할 수 있다. 선천성 대사 이상증은 이렇게 유전자 치료가 불필요한 유전병의 전형이다.

다쓰미 준코

043 ADA 결손증의 유전자 치료

건강한 아기가 태어났다. 그런데 생후 11개월이 되었을 때 이 아기는 고열이 났다. 기침이 멈추지 않고 식욕이 떨어져 몸은 쇠약해졌다. 이 아기는 의사로부터 '폐렴' 이라는 진단을 받아 입원을 하게 되었다. 점적(点滴, 링거) 주사로 충분히 영양을 보충하고 적절한 약도 처방했다. 그래도 이 아기의 증상은 전혀 좋아지지 않았다.

의사는 이 아기의 면역 기능에 이상이 있는 것 같아서 혈액 검사를 했다. 검사 결과는 의사의 예상대로였다. 이 아기의 혈액에는 림프구가 아주 적었던 것이다.

'ADA' 는 '아데노신 데아미나아제(Adenosine Deaminase)' 의 약자다. '아데노신 데아미나아제' 는 녹말을 분해하는 아밀라아제나 지방을 분해하는 리파아제와 같이 효소의 한 종류로, 아데노신이라는 물질에서 아미노기(NH₂)를 뺀 것이다. '아데노신 데아미나아제' 라는 효소가 림프구 속에서 작용하지 않으면 림프구는 살아가는 데 필요한 물질을 만들지 못해서 짧은 시간 내에 죽게 된다.

그렇기 때문에 ADA결손증에 걸리면 림프구 수가 상당히 감소해버린다. 면역 시스템은 바이러스나 세균 등의 병원체가 체내에 침입할 때 병원체를 효율적으로 배제하기 위해 중요한 감염 방어 시스템이다. 감염을 방어하는 데 주역은 림프구이기 때문에 이 병에 걸리면 아기가 바이러스나 세균, 먼지의 공격으로도 목숨을 잃어버리는 경우가 적지 않다.

ADA결손증은 20번째의 염색체 위에 있는 ADA 유전자에 돌연변이가 생겼기 때문에 걸리는 병이다. 이 변이된 유전자가 하나만 있다면 ADA결손증에 걸리지 않지만, 두 개가 모두 변이되었다면 병에 걸린다. 이 아기는 부모에게서 하나씩 그 유전자를 물려받은 것이다. 그래서 돌연변이가 생긴 유전자를 정상인 ADA 유전자로 바꿔 넣을 수 있다면 이 아기는 병이 완전히 나을 수 있다.

1995년 8월 1일, 일본 홋카이도(北海道) 대학 의학부 부속병원의 의사들은 이 아기의 림프구에 정상적인 ADA 유전자를 넣는 '유전자 치료' 를 시도했다. 일본에서는 처음으로 시도된 유전자 치료였다.

우선 아기의 팔 정맥에 짧은 튜브를 삽입하고 동맥 혈액을 체내에서 채취했다. 그리고 림프구 이외의 혈액 성분은 다시 아기의 정맥을 통해 체내로 돌려보냈다. 체내에서 채취한 림프구에 ADA 유전자를 넣기 위해서 의사들은 인간 림프구에 감염된 레트로바이러스(retrovirus)[1]를 활용했다. 이미 ADA 유전자가 들어간 레트로바이러스 '벡터 LASN' 을 아기의 림프구로 감염시켜두었던 것이다. 그리고 이 림프구를 한 방울씩 다시 아기의 체내로 돌려보냈다.

벡터 LASN이 아기의 림프구 속에 아기의 DNA를 넣어 보내고, 들어간 DNA 속의 ADA 유전자가 아기의 림프구 속에서 제대로 작용해준다면 치료는 성공하는 것이었다.

1997년 3월까지 11번이나 이 치료가 반복되었다. 그 결과 아기의 몸은 림프구의 5%가 정상인 ADA 유전자를 갖게 되었다. 이후 이 치료를 반복하지 않아도 이 아기는 커서 평범한 초등학생과 같은 생활을 할 수 있게 되었다. 감기에 걸려도 생명에 치명적이어서 외출을 할 수 없었던 아기가 햇빛을 받으며 자유롭게 밖을 다닐 수 있게 된 것이다.

다만 그 아이는 현재도 계속적으로 소에서 채취한 ADA 주사를 맞고 있으며, 아이의 체내로 들어간 '정상인 ADA 유전자를 갖는 림프구' 에 수명이 있기 때문에 치료 효과가 떨어질 경우에는 다시 이와 같은 치료를 받아야만 한다.

2002년 프랑스에서 이 아이의 치료에 사용된 것과 같은 레트로바이러스를 사용한 유전자 치료를 하여 백혈병에 걸린 환자가 나왔다. 현재의 의료로는 몸속에 넣는 유전자가 그 환자의 DNA의 어느 부분에 들어가고 어떻게 작용하게 하는 것까지는 조절할 수 없다. 그래서 아직 유전자 치료가 헤쳐나가야 할 길은 멀다고도 할 수 있다.

유전자 치료는 현재 에이즈나 암 질환에도 대상이 확대되어 1999년 9월까지 세계에서 3173명이 치료를 받았다고 하는데, 확실히 치료 효과가 있다고 확신할 수 있는 경우는 세계적으로 거의 미비한 실정이다. 또한 현재의 기술로는 유전자가 DNA의 어느 위치에 들어갈지 제어할 수 없기 때문에 일본에서 유전자 치료는 연구 단계의 기술적인 위치에 있으며, 다른 치료법이 없을 경우를 대상으로 실시되고 있다.

사마키 에미코

1 레트로바이러스(retrovirus)
레트로바이러스란 유전 물질로 RNA를 갖는 바이러스다. 이것은 생물계에서 유일하게 RNA를 DNA로 만들어내는 역전사 효소를 가지고 있다. 생물계의 센트럴도그마(central dogma, 분자생물학의 중심 원리)는 DNA에서 RNA(mRNA나 tRNA)로 유전 정보가 전달되어 단백질이 합성되는 것이다. 이 반대는 절대 일어나지 않는다. 그러나 레트로바이러스가 유전자로 가지고 있는 것은 RNA로, RNA가 기생하는 세포 유전자(DNA)에 잠입해 들어갈 때 역전사 효소를 사용하여 DNA를 합성한다. 이렇게 할 수 있는 것은 생물계 중에서 레트로바이러스밖에 없다.

044 암 유전자 치료

한국인이나 일본인의 사망 원인 제1위는 바로 '암'이다. 일본에서는 사망 원인 중 암이 1930년에는 겨우 4%를 차지했다. 그런데 1950년에는 7%, 1970년에는 17%, 1991년에는 27%로 계속 증가해왔다. 27%라면 일본인 3명 중에 한 명은 암이 원인이 되어 사망했다는 것이다.

제2차 세계대전 이후 일본에서는 계속해서 평균 수명이 늘어나, 현재는 세계 제1의 장수 국가가 되었다. 그러는 한편 발암률(암에 걸리는 비율)은 연령과 함께 증가했다. 오래 사는 만큼 암에 걸리는 사람이 늘어나고 있으며, 암에 걸려서 사망하는 사람도 늘어나고 있다.

왜 오래 사는데 암에 걸리기 쉬운 것일까? 이것은 암이 생기는 비밀에 있다. 암이 생기는 최초의 원인은 DNA가 손상을 입었기 때문이다. 우리가 주위에서 쉽게 발암물질이라고 들었던 그것들이 DNA에 손상을 주는 것이다.

예를 들어 담배에 포함되어 있는 니코틴, 벤츠피렌 등은 DNA에 결합하여 DNA에 손상을 주며, 방사선은 DNA를 아예 잘라버린다. 이러한 것들은 생물이 살아가는 데 꼭 필요한 유전자를 바꾸어버려서 정상적인 기능을 하지 못하게 해버린다.

그래도 유전자가 하나만 바뀌면 그것만으로 쉽게 암 세포가 되지는 않는다. 하지만 몇 개의 세포에 변형된 유전자가 있으면 점점 암이 진행된다. 유전자의 변화는 사람이 살아가는 햇수에 비례하여 점점 축적되기 때문에 연령과 함께 암에 걸리는 확률이 높아지는 것이다.

또한 암이 진행되는 세포가 늘어날 때면 여러 유전자가 관계된다는 것을 알게 되었다. 암과 관계가 있는 유전자는 기능면에서 크게 두 종류로 나눌 수 있다. 암 유전자와 암 억제 유전자다.

만일 암을 자동차에 비유한다면 암 유전자는 차의 액셀러레이터에 해당하고, 암 제어 유전자는 차의 브레이크에 해당할 것이다. 즉 암 유전자에 이상이 생겨버린 상태는 나도 모르게 액셀러레이터를 밟아 차가 가속으로 질주해버리는 상태다. 그리고 암 억제 유전자에 이상이 생겨버린 상태는 브레이크가 망가져서 멈출 수 없는 상태라고 생각할 수 있다. 이처럼 액셀러레이터나 브레이크에 이상이 생기면 암 세포는 계속 늘어난다. 따라서 암을 치료하려면 이상이 생긴 유전자를 원래의 정상적인 상태로 돌려놓으면 되는 것이다.

그렇기 때문에 암에 대한 유전자 치료는 우선 어떤 유전자에 이상이 생겼는지를 발견해야 한다. 암 유전자 진단에서 암 유전자에 이상이 있다면, 암 세포가 퍼지는 것을 막는 유전자를 암 세포에 넣는다. 또한 암 억제 유전자에 이상이 있다면, 정상적인 암 억제 유전자를 암 세포에 넣는 방법이 있다.

현재 일본에서 실시하고 있는 일반적인 암 유전자 치료는 암 억제 유전자인 P53이라는 유전자를, 인체에 해롭지 않게 한 아데노바이러스로 만든 벡터(유전자 운반 역할)에 넣어 암 세포로 보내는 방법이다(자세한 것은 '040 유전자 치료란 무엇일까' 참조).

P53이라는 이름은 이 유전자에서 만들 수 있는 단백질의 크기(분자량)가 약 5만 3000이기 때문에 붙여졌다. P53 유전자의 이상은 대장암이나 폐암에서 높은 빈도로 발견되고 있다. P53 유전자에 이상이 있는 암 세포에는 일반적으로 유전자가 손상되었을 때 벌어지는 세포 자살 행위[1]가 잘 일어나지 않는다. 그래서 유전자가 손상된 세포가 죽지 않고 계속 증식한다.

그렇기 때문에 암 세포의 유전자를 손상시켜 자살로 이끄는 방법을 이용한 방사선 조사나 어떤 항암제로 치료해도 별로 효과가 없다. 그래서 암 세포에 정상인 P53 유전자를 넣어서 암 세포에게 자살을 하도록 지령을 내림으로써 암 세포의 증식을 멈추게 하는 유전자 치료를 생각해낼 수 있다.

이 치료법 말고도 P53에 이상이 없는 암 세포를 공격하도록 하는 면역 기능을 지원하는 유전자 치료가 있다. 이 치료는 암 세포를 억제하는 인터페론(interferon)[2]의 유전자를 아주 작은 캡슐에 넣어 뇌종양에 직접 투여하여 인터페론을 만들어내게 해서 종양과 싸우게 하는 것이다.

그 다음은 치료 효과에 관한 문제다. 서양에서는 1990년 이후 3000명 이상의 환자에게 치료가 이루어졌다. 그중 암을 대상으로 한 치료가 전체의 70%지만, 유전자 치료만으로는 증상에 관계없이 치료 효과가 좋아졌다는 보고가 나오고 있지 않다. 그렇기 때문에 유전자 치료는 사람에게 해롭지도 않고, 도움이 되지도 않는다는 견해도 있다.

다쓰미 준코

1 세포 자살 행위

아폽토시스(apoptosis)라고도 한다. '004 아주 바쁜 세포-ATP와 세포 재생'의 각주 2를 참조하기 바란다.

2 인터페론(interferon)

어떤 종류의 저분자량(분자량 2만 6000~3만 8000)인 당 단백질이다. 백혈구가 바이러스 감염 또는 이중사슬 RNA의 자극을 받아서 생산하는 것으로, 항바이러스 활성을 갖는다. 인터페론은 항종양제로도 사용되고 있다.

045 낫형적혈구와 말라리아

유럽에서는 '죽음의 신'을 구상적으로 묘사한 그림 작품을 많이 볼 수 있다. 일반적으로는 너덜너덜한 망토를 걸친 해골의 모습을 하고, 긴 손잡이가 달린 거대한 풀 베는 낫을 들고 있다. 그 낫으로 인간의 혼을 잡초처럼 벨 것이라는 뜻이 아닐까?

그런데 이 '낫(한자로 鎌)'이라는 이름을 가진 유전병이 존재한다. 이 병은 '낫형적혈구빈혈증'이다.

낫형적혈구빈혈증이란 적혈구가 낫과 같은 모양으로 변형되어 일어나는 악성 빈혈증이다. 보통의 적혈구는 가운데가 오목한 원반 모양을 하고 있는데, 이 병에 걸린 사람의 적혈구는 산소 압력이 떨어지면 초승달 모양으로 변해버린다. 이 모양이 풀을 베는 낫과 비슷하다 하여 낫의 모양을 하는 적혈구라는 의미에서 낫형적혈구라고 부른다.

체내에서 산소의 압력이 낮은 부분은 말단 조직이다. 혈액은 몸속을 순환하기 때문에 말단의 모세혈관을 적혈구가 반복해서 통과할 때 계속해서 낫 모양으로 변해간다. 낫 모양의 적혈구는 일반적인 적혈구에 비해 유연성이 없어 손상되기 쉽기 때문에 좁은 모세혈관을 통과할 때 갑자기 손상되어 내용물이 흘러나온다. 이 현상을 '용혈(溶血)'이라고 한다. 이와 같이 산소를 효율적으로 운반할 수 없게 되어 악성 빈혈에 걸리는 것이다.

이 병은 어린 아이였을 때부터 걸릴 수 있는 병이다. 그런데 낫형적혈구는 비장을 통과하지 못하고 막아버려서 면역 기능이 제대로 작동하지 않기 때문에 어린 아이였을 때부터 감염증에 걸리기가 아주 쉽다.

이 병은 유전병이다. 산소를 운반하는 헤모글로빈[1]이라는 단백질의 변이가 원인이다. 변이된 헤모글로빈은 산소가 감소하면 섬유처럼 가늘고 긴 모양으로 결정화(結晶化)하기 쉬워 적혈구 표면이 세포막을 안쪽으로 당겨서 낫 모양으로 변형시켜버린다.

낫형적혈구 빈혈증은 그 유전자를 두 개 모두 가지고 태어나면 반드시 병에 걸리고 때때로 사망하기도 한다. 하지만 하나만 가진 보인자라면 정상인 헤모글로빈을 만들기 때문에 이 병에 걸리지 않거나 또는 증세가 조금 가벼운 편이다.

아프리카계 미국인은 인구의 0.2%가 이 병에 걸린 사람으로 보이며, 8%가 보인자다. 그런데 그들의 선조가 살았던 고향, 아프리카에서는 이 병에 걸린 사람의 비율이 훨씬 높은 지역이 있다. 이 지역은 동아프리카로, 거의 40%의 사람들이 이 병의 보인자다. 왜 이 지역에는 이런 유전자 비율이 높은 것일까? 이 수수께끼를 풀어주는 열쇠는 말라리아에 있다.

말라리아는 말라리아 원충이라는 단세포 생물의 감염에 의해 일어나는 무서운 전염병이다. 모기가 피를 빨 때 원충의 종충(種蟲, sporozoite)[2]이 모기의 침과 함께 혈액으로 들어가 적혈구를 감염시킨다. 그 속에서 성장한 원충은 계속해서 주변에 있는 적혈구를 감염시킨다. 그래서 사람들은 계속 고열이 나며 쇠약해져서 대부분 죽음에 이른다. 치료법은 키니네(Kinine)라는 약밖에 없다.

그런데 말라리아 원충은 낫형적혈구빈혈증의 보인자 혈액에서는 번식할 수 없다. 말라리아 원충이 적혈구에 기생하면 세포 내의 산소 압력은 낮아진다. 그러면 보인자의 헤모글로빈은 결정화되어 낫형적혈구가 됨으로써 파열되기 때문에 원충이 죽어버리는 것이다.

동아프리카에서는 옛날부터 말라리아로 많은 사람들이 사망했다. 그런데 지금으로부터 수백 년 전에 우연히 헤모글로빈 유전자에 돌연변이가 생긴 사람이 태어난 것이다. 이 사람은 보인자였고, 말라리아로 죽지 않고 자손에게 자신의 유전자를 전해주었다. 이 유전자를 두 개 가져버린 사람은 악성 빈혈증에 걸려서 사망하는 경우도 자주 있었지만, 이 유전자가 하나만 있는 보인자는 오래 살아서 빈혈증 유전자를 가진 자손을 점점 늘려간 것이다. 그 결과 인구의 40%나 되는 사람에게 이 유전자가 퍼졌다는 얘기다.

낫형적혈구빈혈증보다도 말라리아로 인한 사망 비율이 높은 환경에서 이 유전자는 도움이 된다. 하지만 현재 아프리카계 미국인의 경우는 전혀 반대가 된다. 그들은 동아프리카에 비해 말라리아가 적은 장소에서 살고 있기 때문에 보인자여도 살아가는 데 유리한 게 없다. 오히려 빈혈증에 걸리면 이것을 원인으로 사망하는 사람이 많아져서, 이 유전자의 보인자도 인구의 10% 아래로 줄어든 것이라고 생각할 수 있다.

아베 데쓰야

1 헤모글로빈

헤모글로빈이라는 단백질은 574개의 아미노산으로 되어 있다. 낫형적혈구빈혈증의 헤모글로빈은 β사슬이라는 부분의 6번째 아미노산인 글루탐산이 발린으로 바뀌기 때문에 생기는 것이다. 이것은 DNA의 작은 변화가 원인이 된다. DNA의 염기 3개가 한 쌍으로 아미노산 하나를 지정하기 때문에 6번째 아미노산에는 16~18번째의 염기가 지정된다. 그중 17번째 염기 한 개가 T에서 A로 바뀌어버려서 아미노산의 변화가 생긴다. 이로써 헤모글로빈 분자 전체의 성질이 바뀌어 낫형적혈구빈혈증에 걸리는 것이다.

2 종충(種蟲, sporozoite)

말라리아 포자의 껍질 속에서 분열하여 껍질 밖으로 나온 상태의 원충을 포자소체(종충)라고 부른다. 이것이 모기의 침과 함께 혈관으로 들어가면 간을 감염시키고, 분열을 계속하여 분열소체(merozoite)가 된다. 그리고 분열소체는 다시 혈관으로 돌아가서 적혈구에 감염시키고 계속 분열을 한다. 이때 적혈구가 파괴되어 말라리아 증세가 일어난다. 분열소체 속에서 배우자모세포(gametocyte)가 생성된다. 그리고 모기에게 물리면, 모기의 체내로 이동하여 유성 생식이 이루어지고 포자가 만들어진다. 이때 포자소체가 생겨서 또 새로운 감염을 일으키는 것이다.

046 사촌과 결혼하고 싶은데 괜찮을까

일본에서는 기록에서 볼 수 있듯이, 고대에는 천왕 집안을 비롯해서 근친혼에 대해 관대했다. 한 예로 일본 텐지(天智, 천왕)의 아버지와 어머니는 삼촌과 조카 관계였고, 텐지 천왕의 동생은 텐지 천왕의 딸, 즉 조카와 결혼했다. 제2차 세계대전이 끝난 뒤 바로 이루어진 유전학적인 조사에 의하면, 7%가 사촌과의 결혼이었다고 한다.

유전 상담에서는 사촌과 결혼을 해도 괜찮은지에 대한 문의가 많다. 이 경우 상담자는 주위 사람들로부터 같은 피가 섞이면 장애가 있는 아기가 태어난다는 이야기를 들어서 상당히 불안해한다. 그렇다면 과학적으로 이에 대해 생각해보도록 하자.

우선 일반적으로 혈연 관계가 전혀 없는 사람들이 결혼해서 유전자 변이를 원인으로 하는 병에 걸리는 아이가 태어날 비율은 얼마나 되는지 알아보자.

우리는 부모로부터 같은 단백질을 만드는 유전자를 하나씩 받는다. 그래서 같은 기능을 하는 유전자 두 개씩을 갖는다. 보통 두 개 모두 변이되어 제대로 작동하지 못하는 경우는 드물고, 하나가 변이되었어도 또 다른 하나가 제대로 작동하면 우리 몸의 기능이나 유지에는 아무런 지장이 없는 경우가 대부분이다.

그런데 우연히 부모로부터 받은 유전자 두 개가 모두 기능을 하지 않는 경우도 있다. 이 경우에는 병에 걸린다. 이러한 원인으로 병에 걸리는 것을 상염색체 열성 유전병이라고 말한다. 또한 상염색체 열성 유전을 하는 유전 형질은 특별히 병과만 관련된 것이 아니다. 하지만 이 형질이 결과적으로 생활을 하는 데 지장을 주거나 생명을 위협하는 경우를 유전병이라고 말할 수 있다.

예를 들어 4만 명 중 1명의 비율로 병에 걸리는 아이가 태어나는 선천성 백피증이라는 열성 유전병을 생각해보기로 하자. 선천성 백피증이란 멜라닌 색소가 세포 속에서 만들어지지 않기 때문에 피부나 머리카락, 눈이 하얗게 되는(눈은 붉은 빛이 돈다) 병이다. 이 병의 원인이 되는 유전자 변이는 많은 사람들이 가지고 있다. 약 100명에 1명꼴이다(보인자라고 한다. 자세한 것은 '039 유전자 변이는 누구나 가지고 있다' 참조).

혈연 관계가 없는 부부가 모두 변이된 유전자를 가질 확률은 1만분의 1(1/100×1/100=1/10000)이 된다. 그리고 우연히 같은 유전자를 가진 사람들이 만나 병에 걸린 아이를 낳을 확률은 4분의 1이다. 그래서 혈연 관계가 전혀 없는 부부 전체를 살펴보면 병에 걸릴 아이가 태어날 확률은 4

| 혈연 관계가 없는 사람끼리 결혼할 경우와 사촌과 결혼할 경우를 비교 |

	혈연 관계가 없는 사람끼리 결혼할 경우 출생할 빈도	사촌과 결혼할 경우 출생할 빈도	혈연 관계가 없는 사람들에 비해 사촌과 결혼함으로써 증가할 배율	보인자(증상이 나타나지 않는 사람)가 나올 빈도
선천성 난청	약 1만 명 중 1명	1500명 중 1명	6.7배	54명 중 1명
페닐케톤뇨증	약 10만 명 중 1명	5000명 중 1명	20배	158명 중 1명
색소건피증	3만 2000명 중 1명	2600명 중 1명	12.2배	90명 중 1명
백피증	4만 명 중 1명	3200명 중 1명	12.5배	100명 중 1명
완전색맹	7만 3000명 중 1명	4100명 중 1명	17.9배	135명 중 1명

만분의 1이 된다(1/100×1/100×1/4=1/40000).

근친혼의 경우 상염색체의 열성 유전되는 유전 형질이 밖으로 표출될 확률이 높아진다. 그중에는 병과 관련된 것도 있기 때문에 유전병에 걸릴 확률도 높아진다.

사촌과 결혼할 경우 결혼 상대자는 두 사람의 부모 중 한 사람의 부모와 형제나 자매지간이다. 그래서 완전히 같은 유전자를 그 부모(상담자 입장에서 보면 조부모)에게서 이어받을 확률이 2분의 1이다. 그리고 상담자의 조부모가 이 병에 걸릴 유전자를 가질 확률은 일반 사람들과 같이 100분의 1이다. 상담자의 부부가 공통의 유전자를 가졌을 확률은 8분의 1이 된다(1/2×1/2×1/2). 그리고 이 유전자가 유전병의 원인 유전자일 경우 병에 걸릴 아이가 태어날 확률은 4분의 1이다. 즉 선천성 백피증 아이가 태어날 확률은 3200분의 1(1/100×1/8×1/4=1/3200)이 된다.

이외의 열성 유전병은 혈연 관계가 없는 부부에게서 태어날 아기 약 1만 명 중 1명이 걸리는 선천성 난청의 경우, 사촌끼리 결혼하면 1500명 중 1명이 걸린다.

이러한 비율이 전형적으로 나타나는 병의 빈도를 표로 나타내보았다. 앞쪽의 표를 통해서 유전병 그 자체가 상당히 줄어든다는 것과 사촌끼리 결혼하면 반드시 유전병에 걸린 아이를 출산하지는 않는다는 것을 알 수 있다. 퍼센트로 생각하면 선천성 난청인 아이가 태어날 가능성은 0.07%다. 즉 사촌과 결혼을 해도 아기가 유전병을 가지고 태어날 가능성은 아주 적다.

다쓰미 준코

047 아기가 태어나기 전에 이상 여부를 알 수 있나

누구든지 뱃속에 있는 아기의 몸이 정상이기를 바란다. 옛날에는 아기가 태어날 때까지 뱃속의 상황을 알 수 없었지만, 요즘은 초음파 검사로 남자 아이인지 여자 아이인지 성별도 알 수 있다. 그리고 의사들은 아기에게 어떤 이상이 있으면 바로 알아차리거나 아니면 검사를 받아볼 것을 권유한다. 이렇게 태어나기 전에 뱃속의 아기 상태, 더 나아가 장애가 있는지 없는지에 대한 검사도 할 수 있다. 이것을 총칭하여 '출생 전 진단'이라고 한다.

출생 전 진단이란 처음부터 엄마 뱃속에서 아기가 잘 자라는지, 위험한 상태에 있지는 않은지, 때로는 어떤 선천적인 병에 걸린 것은 아닌지 조사하는 것을 말한다. 그리고 아기와 엄마의 몸을 보호하고, 증세가 심각한 병에 걸리지 않도록 예방하는 것을 돕는다. 그런데 현실에서는 장애를 가진 아기를 낳고 싶지 않기 때문에 아기가 태어나기 전에 장애 유무를 검사하는 엄마도 있다.

그러면 출생 전 진단은 어떻게 하는 것일까? 현재는 초음파 단층법, 양수 검사, 융모 검사, 모체혈청 마커 검사가 이루어지고 있다.

초음파 검사는 초음파를 배에 대고 아기의 상태를 화면으로 보는 방법이다. 이 검사는 임신 기간 중 언제든지 받을 수 있으며, 아기의 발육 상태 등 아기가 뱃속에서 어떻게 있는지 잘 알 수 있다.

뿐만 아니라 아기의 기형이나 물이 고여 있는 것과 같은 이상 상태도 발견할 수 있어서 아기에게 안전한 분만 방법을 선택할 수 있고, 분만할 때 의사가 상황에 맞는 최적의 의료를 바로 취할 수 있는 목적으로도 이용되고 있다.

그런데 이 검사로 알 수 있는 것은 아기의 모습이나 형태에 이상이 있는 장애뿐이지, 드러나지 않은 장애는 알아볼 수 없다.

양수 검사는 배에 얇은 바늘을 찔러 자궁에서 양수를 채취한다. 그리고 그 양수 속에 떠 있는 아기의 세포를 채취하여 염색체나 유전자의 이상, 대사증 등을 진단한다. 또한 양수 속에 있는 화학 성분을 조사하여 혈액형 부적합이나 신경관 폐색 부전증, 대사병을 진단한다.

이러한 결과를 통해 아기를 치료할 수 있지만, 이것은 극히 일부에 불과하며 대부분의 이상은 치료할 수 없다. 양수 검사는 임신 중기 13~17주경에 할 수 있다. 진단에는 2~4주가 필요하다. 염색체의 큰 이상이 있는 것으로 한정한다면, 진단의 결과는 거의 정확하다. 그러나 염색체의 작은 이상이나 유전자의 이상은 보통의 염색체 검사로는 알 수 없다. 아직은 장애의 유무를 전부 알 수 없는 실정이다.

융모 검사는 질에서 태반의 융모라고 불리는 조직을 채취한다. 융모는 아기의 세포로 이루어져 있기 때문에 양수 검사와 같이 염색체나 유전자의 이상, 대사증을 진단할 수 있다. 융모 검사는 임신 초기 9~11주경에 검사할 수 있지만, 양수 검사에 비해 조작이 어렵기 때문에 한정된 병원에서만 검사를 받을 수 있다.

모체혈청 마커 검사는 어머니의 혈액을 채취해 조사하는 방법이다. 뱃속의 아기에게 이상이 있으면, 어머니의 혈액 속에 포함된 여러 가지 단백질이나 호르몬 양이 증가하거나 줄어든다. 그래서 이러한 물질들의 농도를 조사하여 아기의 상태를 파악하려는 것이다. 이러한 방법으로 아기가 다운증후군이나 신경관 폐색 부전증 등의 장애를 가질 가능성을 알 수 있다. 이 검사는 어머니의 피를 채취하기만 하면 되기 때문에 간단하고 위험성도 없다.

그러나 혈액 중 단백질이나 호르몬의 농도에는 개인 차가 있다. 농도가 표준과 달라서 반드시 아기에게 이상이 있다고는 말할 수 없으므로 이 방법으로는 아기에게 이상이 있을 가능성이 있다는 것밖에 알 수 없다. 그래서 최종적으로는 양수 검사로 확정 진단을 한다. 모체혈청 마커 검사는 임신 12~20주에 한다.

모체혈청 마커 검사는 뱃속에 있는 아기 중에서 다운증후군이나 신경관 폐색 부전증을 가진 아기를 발견하여 태어나지 않도록 하기 위해 발견된 것이다.

이러한 출생 전 진단의 목적에는 장애아가 태어나지 않도록 하는 것도 포함되어 있는 것이 사실이지만, 이 사실을 쉽게 받아들이지 말고 장애를 가진 많은 사람들이 어떻게 살고 있는지, 어떻게 생각하는지 주위를 살펴보기 바란다. 장애를 가진 사람들을 사회에 잘 수용함으로써, 많은 어머니들이 안심하고 출산할 수 있도록 출생 전 진단의 목적도 바뀌어갈 수 있기를 기대해본다.

다쓰미 준코

048 만일 장애를 가진 아이가 태어난다면?

태어나서 바로 아기에게 장애가 있다는 것을 알게 되면 대부분의 엄마들은 큰 충격을 받아서 냉철한 판단을 하지 못한다. 주위 사람들 또한 걱정하고 안타까워한다.

사실 내 둘째 딸은 다운증후군이라는 선천적인 장애를 가지고 태어났다. 그때는 정말 믿을 수 없었고, 그 사실을 부정하고 싶었다. 도대체 왜 내가 장애를 가진 아기를 낳았는지, 그리고 그렇게 천진난만하게 노는 아기가 참으로 불쌍하다는 생각이 들어 힘들고 슬펐다.

1996년 일본 교토(京都)의 다운증후군에 걸린 아이를 기르는 부모의 모임에서, 다운증후군과 그외 장애를 가진 아이를 기르는 부모들에게 '아이의 장애를 알게 되었을 때의 기분' 을 설문 조사했다. 이 조사에 응했던 사람들은 그때의 기분을 '머리가 완전히 하얘졌다', '나락의 끝으로 떨어진 기분이었다'고 표현하며, 상당히 큰 슬픔과 충격, 불안에 휩싸였던 것을 숨김없이 털어놓았다.

그런데 왜 이런 감정을 느끼게 된 것일까?

당신은 평소에 장애를 가진 사람들과 친하게 지내보았는가? 그리고 '장애=불행'이라는 생각을 가지고 있지 않은지 생각해보길 바란다. 일상생활 속에서 특별히 생각하지는 않아도 지적 장애인에 대한 차별 의식, 편견이나 오해를 가지고 있지는 않은가?

다운증후군에 걸린 아이 또는 그외 장애를 가진 아이를 기르는 부모들은 대부분 신체 장애를 가지지 않은 사람들이다. 그렇기 때문에 아이의 장애를 알게 되었을 때, 장애를 가진 사람의 생활에 대해 아는 것이 전혀 없어서 생기는 편견과 '장애=불행'이라는 고정관념으로만 생각하기 때문에 큰 충격을 받는 것이다.

그러나 이런 부모들의 대부분은 자식을 기르면서 편견이나 고정관념이 오해였다는 것을 알게 된다. 대부분의 부모(약 81%)는 자신의 아이가 태어나서 정말 다행이라고 느낀다는 것을 알 수 있었다.[1] 그리고 부모는 장애를 가진 아이도 건강한 다른 아이와 같이 귀엽다고 생각하며 사랑하고 있다.

또한 장애를 가진 아이를 낳은 경우 아이가 불쌍하다고 생각하는 사람도 있을 것이다. 이것은 장애를 가지고 있지 않은 사람의 생각에 불과하다. 모든 장애인이 자기 자신이 불행하다고 느끼진 않는다. 오히려 신체가 건강한 사람들 중에서도 자신은 불행하다고 생각하는 사람도 있고, 행복하다고 생각하는 사람도 있다. 장애인도 이와 다르지 않다.

장애를 가진 아이는 사회적으로 약자다. 오히려 그렇기 때문에 다른 사람들에 비해 섬세한 감정, 친절하게 남을 배려하는 마음, 아름다운 것에 감동하는 마음, 아름다운 멜로디를 사랑하는 마음을 가지고 있다. 사실 이것이야말로 사람과 사람을 이어준다. 장애를 가진 아이들은 사회의 효율과는 인연이 멀지만, 사회에 있어야 할 것이나 사람이 살아가는 방법에 조용히 주의를 주고 있는 인류의 소중한 동반자다.

또한 장애를 가진 아이를 위한 복지 시책이 있다. 살고 있는 지역의 자치단체에는 복지 시설소가 있다. 이곳에서는 장애 아동 수당이나 치료, 장애인 수첩, 의료 등에 대한 정보를 알려줄 것이다. 그리고 장애인 단체나 그 가족 단체 등에서 정보를 얻는 것도 힘이 될 것이다. 일본에서는 최근 이러한 정보를 인터넷에서도 간단히 얻을 수 있다. 다운증후군 같은 경우 일본 다운증후군 네크워크(JDSN)의 홈페이지나 데이터 라이브러리(http://jdsn.gr.jp/)가 잘 운영되고 있다.

지구상에 생명이 탄생한 지 40억 년, 생명은 처음 그대로의 모습이 아니라 점점 변화해왔다. 그리고 인류가 탄생했다. 변화는 다양하고 또한 동적이다. 매일 시시각각 DNA와 유전자, 그리고 염색체는 어디에선가 계속 변화를 거듭하고 있다.

이 변화가 때로는 인간이 자유롭게 사회생활을 하지 못하도록 하기도 한다. 우리는 이것을 장애라고 부르지만, 결코 변화는 자연스럽지 못한 것이 아니다. 생물로서는 당연한 것이다.

변화는 누구에게 일어나도 이상한 것이 아니며, 인간은 누구나 가지고 있는 것이다. 그래서 현재 이 지구상에 인간이라는 생명체가 있다는 것은, 개인에게 유전자 변화가 있다는 것과 같은 말로 생각할 수 있다. 그러니 때마침 가지고 태어난 유전자 중에 인간이 사회생활을 하는 데 불편하다고 느낄 수 있는 것이 있다면, 그 불편함을 인류 모두가 지원해주는 것은 당연한 일이다.

다쓰미 준코

1 대부분의 부모(약 81%)는 자신의 아이가……

일본 교토의 다운증후군에 걸린 아이를 기르는 부모의 모임(트라이앵글)에 따른 '출생 전 진단' 및 '모체혈청에 의한 선별 검사'에 관한 설문 조사(1996년 6월 실시)의 결과 보고서에서 '우리 아이에 대한 감정' 부분이다.

049 우생보호법이 모체보호법으로 바뀌었다

일본에는 '우생보호법' 이라는 법이 있었다. 그런데 이제는 '모체보호법' 으로 바뀌었다.

그렇다면 '우생보호법' 과 '모체보호법' 이란 무엇일까?

일본에서는 1940년에 '국민우생법(國民優生法)' 이라는 법률이 생겼다. 이 법률 제1조를 살펴보면, 우생적 관점(우수한 인간을 선택하여 민족을 개선해나간다는 입장)을 바탕으로 해서 열등한 생명을 가진 인간을 줄이고, 국민의 자질을 향상시키기 위해 유전성 질환의 원인이라고 생각되는 사람들에게 불임 수술을 시킨다는 내용이다. 즉 유전적인 질환을 가진 사람들에게 강제 불임 수술을 하도록 한 것이다.

그런데 2004년과 2005년, 각 신문은 '스웨덴에서 이루어진 강제 불임 수술' 에 대해 보도했다. 스웨덴에서 1935~76년에 총 6만 명에게 강제로 불임 수술을 시킨 정책을 비인도적인 행위라고 비난한 이 기사는 여러 나라 사람들에게 큰 충격을 주었다. 그후 서양의 다른 여러 나라들도 지적 장애인 등을 대상으로 그와 같은 조치를 취했다는 사실이 알려졌다. 결국 독일의 히틀러만 우생 정책을 실시한 것이 아니라 다른 여러 나라들도 강제 불임 수술을 합법화함으로써 단종법을 시행한 것이다('050우생이란 무슨 말인가' 참조).

일본에서도 1948년에 모체 보호 항목을 추가해서 우생보호법으로 계속 이어졌다. 우생보호법 제1조는 '이 법률은 우생의 관점에서 불량 자손의 출생을 방지하는 것을 기초로 하며, 모성의 생명 건강을 보호하는 것을 목적으로 한다' 라고 되어 있다. 또한 우생보호법 제4조에는 이 법률에서 정한 특정한 '유전성' 질환을 대상으로 하며, '공익상 필요' 가 있다면 우생보호심사회의 판단에 기초하여 수술할 것을 규정했다. 수술 건수는 총 1만 4611건(1949~89년), 1950년대에 가장 많았고, 최고는 1955년의 1260건이었다. 1980년대에도 총 75건이 실시되었다. 또한 제12조에서는 정신병 질환자나 지적 장애인의 불임 수술을 '보호 의무자' 의 동의 아래 우생보호심사회의 심사를 거쳐서 할 수 있게 하였다. 이것은 총 1909건(1952~92년)이었다. 이렇게 본인의 동의를 받지 않은 불임 수술이 총 1만 6520건을 넘는다.

게다가 한센병 질환자는 본인의 동의가 전제라고는 하지만, 사실상 강제적인 불임 대상이 되었다. 수술 건수는 총 1552건(1949~92년)이다. 1996년 3월에 한센예방법을 폐지할 때, 우생보호법으로 불임 수술을 받은 한센병 질환자들이 신체적 · 정신적 고통을 받은 것에 대해 후생성 장관이 국회에서 경위를 설명하고 사죄한 적이 있다.

그리고 1996년에 '우생보호법'을 개정하여 '모체보호법'으로 명칭을 변경하였다. 이 조문의 본문에서는 '불량한 자손의 출생 방지'라는 우생사상을 없앴다. 우생보호법이었던 우생 조항이 전면적으로 삭제되어, 제2차 세계대전 이후에 추가되었던 모체 보호 부분만 남은 것이다. 그 결과 일본에서는 유전성 질환이나 본인이 동의하지 않은 정신 장애를 이유로 불임이나 중절 수술을 시킬 수 없게 되었다.

이 개정으로 '우생보호법'은 드디어 없어졌고, '모체보호법'으로 여성의 인공 임신 중절과 불임 수술을 정하는 법률로 재출발하게 된 것이다. 그러나 이 개정안은 여성이 자신의 임신과 출산에 대해 결정하는 '자기결정권'을 아직 보장하고 있지 않다는 비판이 있다. 임신과 출산 등 여성의 건강에 관한 것을 여성 자신이 결정하는 것은 바람직한 가족, 그리고 장애를 가진 태아의 중절 등, 앞으로 여러 가지 논의를 하게 만들 것으로 예상된다.

그러는 한편 법률의 조문에서는 우생 사상이 없어졌지만, 현대의 급격한 생식 기술의 진전과 함께 여성 자신의 결정이라는 미사여구로 출생 전 진단을 통해 장애를 가진 태아를 낙태하는 것이 참으로 안타깝다. 신체 건강한 아이를 낳고 싶다는 소박한 욕구가 새로운 우생 사상이 되지 않길 바란다.

이것을 막는 한 가지 방법은 더 많은 사람들이 우리는 모두 유전적으로 장애를 가지고 있다('039 유전자 변이는 누구나 가지고 있다' 참조)는 점을 인식하는 것이라고 생각한다.

다쓰미 준코

050 우생이란 무슨 말인가

그럼 '우생'이란 무슨 말일까? 이 말은 우성 유전의 '우성'과는 다른 점이 많다. '우생'과 '우성'은 글자는 매우 비슷하지만 전혀 관계가 없는 말이다. 우성은 순수한 유전학 용어이며, 영어의 'dominant'를 번역한 말이다. 유전자를 만들어내는 특징이 밖으로 나타나는 성질이라는 의미이지, 뛰어나다는 의미가 전혀 아니다. 중국에서는 밖으로 드러나는 성질이라는 의미인 'dominant'를 한자로 하여 '현성(顯性)'이라고 사용한다.

또한 '우성'과 대비되는 말은 '열성'으로 'recessive'를 번역한 말이다. 이것은 특징이 밖으로 나타나지 않는다는 의미이지, 열등하다는 의미가 아니다. 이것도 중국에서는 내부에 성질이 잠재되어 있다는 의미가 잘 표현된 한자인 '잠성(潛性)'으로 사용한다.

우생이라는 말은 '우생학=eugenics'에서 유래된 말로 '뛰어난 성질'

이라는 의미가 있으며, 장애인 차별 등으로 연결되는 말이다. 그래서 '우성'이 우생학의 '우생'과 섞여서 우성은 뛰어나고 열성은 열등한 것이라는 오해를 만들기도 한다.

'우생학(eugenics)'이란 말은 영국의 통계학자인 프랜시스 골튼(Francis Golton)이 만들어냈고, 1883년부터 사용하기 시작했다. eugenics는 그리스어로 '좋은 태생'을 의미한다. 우생학의 아버지 골튼은 사실 진화론을 탄생시킨 찰스 다윈의 사촌이다.

이 두 명이 속한 가계는 우수한 학자나 의사를 많이 배출했다. 그래서 골튼은 우수한 형질은 유전된다고 생각했다. 그리고 다윈이 제창한 진화론을 자신의 이론에 적용하여, 만일 여러 생물이 환경에 적응하여 진화를 해왔다면 서러브레드(thoroughbred, 영국의 재래 암말과 아라비아의 수말을 교배해서 탄생시킨 품종으로, 동작이 경쾌하고 속력이 빨라 경마용으로 많이 쓰임－옮긴이)나 경주용 비둘기, 젖소 등이 계통을 선택하여 좋은 품종을 만드는 것처럼 인간도 인종 개량을 할 수 있다고 생각한 것이다.

그는 지금까지 다른 종을 개량해온 것처럼 인간의 종을 개량하고자 한 것이다. 좋은 품종을 만들려면 우수한 인간을 선택해야 한다고 생각하여, 우수한 가계를 만들기 위해 우수한 남성과 유복한 여성이 중매결혼할 것을 제안했다.

골튼의 뒤를 이어 우생학은 인류의 유전적 소질을 개선하기 위해 악질 유전 형질을 도태시키고 우량인 것만 보존하자는 학문으로서 영국과 미국에서 붐이 일어났다. 그리고 점차 우등한 인간의 생식을 촉진시키기 위해 열등한 자의 생식을 막는 방향으로 옮겨갔다.

'미국우생학협회'는 1926년에 정신이상자, 신경발달지체자, 간질 환자에게 불임 수술을 제안했다. 이로써 10만 명 이상의 사람들이 단종되었다. 또한 혈통이 열등한 사람들은 이민을 제한할 목적으로 1924년에 이민제한법을 제정했고, 그후 40년간이나 수정되지 않고 남아 있었다.

1930년대 독일의 히틀러는 우생학을 기초로, 장애인이나 유대인을 근절시키려는 계획을 실시했다. 히틀러는 생명을 유지해갈 가치가 있는 인간과 그렇지 않은 인간으로 나누었다. 그리고 유대인이나 장애인 등의 인간은 살아갈 가치가 없는 인간으로 취급하여 강제로 단종시키거나 대량 학살을 하기도 했다.

이러한 의도는 인간 생명의 질을 높이려는 것이 아니라 인종이나 민족 등의 전체 생명의 질을 떨어뜨리지 않기 위해 열등한 생명을 가진 인간을 없애려고 했던 것이다. 그래서 40만 명의 사람들이 단종되거나 죽었다.

일본에서도 많은 장애인이나 약자가 국가에 의해서 아이를 낳지 못하는 몸이 되었다. 특히 유전적인 이유와 상관없이 단종된 경우도 있었다. 그때까지 격리 정책으로 인해 격리되었던 한센병 환자들은 유전과는 관계가 없지만 국가에 의해 강제로 단종되었다.

우생학 사상은 생명을 더욱 우수하게 하자는 생각이었다. 우리 자신의 생명이나 인생을 더욱 잘 살아가고 싶기 때문에 이 사상을 받아들이기가 쉬웠다. 그러나 제2차 세계대전으로 촉발된 히틀러의 폭거는 이렇게 우생학의 다른 측면을 발견하게 했다. 그리고 이제는 유전학이 많이 발전하여, 머리카락 색이나 눈의 색 등은 단순한 유전 형식이라고 생각하게 되었으며, 사실 복잡한 것도 알게 되면서 오늘날에는 확실히 우생학의 모습이 사라지고 있다.

다쓰미 준코

051 불임과 그 치료

예전에 내게 상담을 요청했던 한 주부는 결혼을 한 지 4년이 되었는데도 아기가 생기지 않았다. 처음에는 남편과 둘이서 즐겁게 생활하면 된다는 생각에 별로 신경을 쓰지 않았다고 한다. 그런데 몇 년이 지나자 양가 부모님이 귀여운 손자를 보고 싶다며 빨리 아이를 가지라고 하고 주위에서도 재촉하다 보니 자꾸 신경이 쓰이게 되었다고 한다. 그러면서 왜 아기가 생기지 않는지, 그 원인을 알고 싶다고 했다.

아기를 가지고 싶은데 아기가 잘 생기지 않는 부부가 10% 정도 된다. 세계보건기구(WHO)의 정의는 결혼 후 2년이 지나도 임신을 하지 않을 경우를 불임증으로 부른다. 상담을 했던 그 부부는 이 정의로 본다면 불임증이다.

난자는 여성의 생식 세포지만, 이것은 난소 속에서 발육한다. 난자는 태아일 때 이미 500만 개가 생기며 감수분열[1]이라는 세포분열 과정에 들어가 있다. 그러나 아기가 태어날 때는 이것이 도중에 멈추었다가 사춘기에 초경을 할 때까지 오랜 시간 잠을 잔다. 초경을 한 뒤 난자는 계속해서 약 28일 주기로 깨어난다.

난자는 배란되어 나팔관으로 흡수된다. 이때 정자가 들어와 난자를 만나면 수정이 된다. 정자는 수억 개가 사정되어 질에서 자궁으로, 자궁에서 나팔관으로 가서 드디어 난자를 만나는 것이다. 운 좋게 난자와 정자가 만나서 수정란이 된 후에는 세포분열을 하여 성장을 하면서 나팔관에서 자궁으로 이동한다. 그리고 자궁 내막에 붙어서 착상을 시작한다. 이것이 임신이 되는 과정이다.

불임이란 이 과정 중에서 어느 부분인가가 잘 이루어지지 않아 생기는 것이다. 난포[2]가 잘 발육되지 않아 난자가 배란되지 않는 경우라든지, 나팔관이 닫혀 있는 경우 등은 수정을 하는 곳인 나팔관으로 난자가 나올 수 없게 된다. 또한 나팔관으로는 난자가 나올 수 있어도 자궁 내의 병이나 체질적인 이유로 난자가 자궁에 잘 착상을 못 하는 경우도 있다.

또한 불임의 원인이 정자에 있는 경우도 있는데 이는 사정된 정자 중에 난자 근처로 갈 수 있는 정자는 겨우 100만분의 1(수억 개가 사정되어도 수백 개밖에 근접할 수 없다)에 불과하기 때문에 정자 수가 적거나 운동성이 약할 경우에는 수정을 하는 곳인 나팔관까지 도달하는 정자 수가 줄어들기 때문이다. 또한 난자나 정자의 형태가 이상할 때도 불임의 원인이 된다.

그러면 앞에서 사례를 소개했던 주부의 경우는 어땠을까? 그 주부의 혈액을 검사해보니 백혈구 분포 패턴이 일반적으로 임신을 할 수 있는 연령의 여성과는 다른 점이 있었다. 그녀는 아이를 갖기 전까지 회사 경력을 쌓기 위해 열심히 컴퓨터 관련 회사에서 일을 했다. 그때 받았던 스트레스나 눈의 피로, 그리고 사무실의 냉방으로 몸이 차가워지는 등 교감신경의 긴장 상태가 계속되어 임신을 하기 어려운 몸 상태가 된 것이었다. 만일 이런 상태가 계속되면 자궁내막증, 월경곤란증(생리통), 나팔관염, 자궁낭종 등이 생길 수 있다. 그래서 이 주부는 잠시 일을 쉬면서 자연 임신을 하려고 했다.

이 주부보다 더 심각한 경우에는 다음 표에 나타난 불임 치료를 한다. 이 표에서는 9가지 특징을 들었지만 현재 일본에서 일반적으로 이루어지고 있는 것은 ①에서 ⑤까지다. 불임은 옛날부터 의료의 대상이었지만,

	난자	정자	임신하는 사람	과정
① 일반 불임 치료	아내	남편	아내	배란 유도로 태내 자연 수정
② 남편으로 인한 인공수정	아내	남편	아내	인공수정
③ 부부간 체외수정	아내	남편	아내	체외수정과 수정란 이식
④ 제공된 정자로 인공수정	아내	제공자	아내	인공수정
⑤ 제공된 정자로 인공수정	아내	제공자	아내	체외수정과 수정란 이식
⑥ 제공된 난자로 인공수정	제공자	남편	아내	체외수정과 수정란 이식
⑦ 수정란 제공	제공자	제공자	아내	인공수정과 수정란 이식 또는 체외수정과 수정란 이식
대리 임신				
⑧ (난자 제공 임신)	대리 임신모	남편	대리 임신모	인공수정
⑨ (대리모 임신)	아내	남편	대리 임신모	인공수정과 수정란 이식 또는 체외수정과 수정란 이식

최근에는 의료 기술의 발달로 첨단적인 것 또는 인공적인 것도 동반한 방법이 등장했다.

무정자증의 남성이 자녀를 가질 방법은 ④와 같이 제3자로부터 제공된 정자를 부인의 자궁에 주입하여 수정시키는 방법으로, 1948년에 게이오(慶應義塾) 대학에서 처음 시작한 이후 수만 명이 이 방법으로 태어났다. 또한 ⑥은 1998년 6월 제공받은 난자로 비배우자간의 체외수정이 일본에서 처음으로 나가노(長野)에 있는 한 산부인과에서 실시되었다. 이것은 일본 산부인과학회의 가이드라인을 지키지 않은 것으로, 이 시술을 한 의사는 학회에서 제명당했다.

다쓰미 준코

1 감수분열

우리의 체세포는 모두 46개의 염색체를 가지고 있다. 그러나 난자나 정자는 그 절반인 23개의 염색체밖에 가지고 있지 않다. 난자와 정자가 만나서 수정란이 되지만, 이것은 아기의 몸을 만드는 데 기초가 되는 세포이기 때문에 46개의 염색체 수를 가져야 할 필요가 있다. 그렇기 때문에 정자나 난자의 염색체 수를 체세포의 절반으로 줄이는 분열을 한다. 이것을 감수분열이라고 한다.

2 난포

난소 속에서 난자 한 개 한 개를 싸고 있는 1mm가 되지 않는 작은 주머니다. 난자는 난포 세포를 통해 영양소를 전해받는다. 난포는 호르몬 작용으로 배란 전에는 2cm 정도까지 부풀어오르다 터져서 그 속에 있는 난자를 내보낸다.

052 인간 게놈 계획 '완료'의 의미

'인간 게놈 계획'이라는 말은 신문이나 텔레비전 등에서 많이 들어보았을 것이다. 그렇다면 이것이 '완료되었다'는 것은 대체 무슨 말일까?

1988년 미국에서는 인간 설계도인 유전자의 형태를 만드는 약 30억 쌍의 DNA 염기를 모두 해독하고, DNA 서열과 모든 유전자의 역할을 알아내겠다는 목적을 갖고 국가 프로젝트를 실시하기로 결정하였다. 그런데 프랑스, 영국, 일본, 독일 등의 국가들이 이 프로젝트에 속속 참여함으로써 국제 프로젝트가 되어, 인간 게놈 해석 기구인 HUGO가 만들어졌다.

이 프로젝트는 처음에는 2005년에 해독을 완료할 예정이었지만, 중간에 미국의 벤처 기업인 세레라 제노믹스사가 독자적으로 해석 작업을 진행하겠다고 선언하여, 이 둘의 경쟁으로 예정보다 빨리 2001년 2월에 거의 해석이 완료되었다.

왜 이렇게 민간 기업까지 참가하면서 인간 게놈을 해석하려고 했던 것일까? 만일 인간의 설계도를 안다면 인간의 진화 역사를 해명할 수 있다는 순수한 과학적인 동기뿐 아니라, 병의 원인을 밝혀내거나 치료법을 개발하는 등의 바이오 기술, 생명과학에 적용할 수 있으므로 거대한 시장을 가진 산업 자원이 될 수 있기 때문이었다.

현재는 DNA 서열의 해독이 거의 완료되었지만, 이는 책으로 비유하자면 쓰여 있는 글자를 읽을 수 있는 수준이다. 그리고 문장 구절(유전자에 해당한다)이 어디인지도 거의 알아냈다. 그러나 아직 어떤 내용이 쓰여 있는지(이것을 기초로 하여 만들어진 단백질)는 모르며, 이것을 알게 되어도 어떠한 의미를 갖는지(생체 내에서의 작용, 단백질 간의 공동 작업) 해명할 수 있는 부분이 미미한 상황이다. 이렇게 아직 확실히 알지 못하는 부분은 앞으로 알아내야 할 연구 과제다.

현재의 연구 과제는 기초적인 것에서부터 응용적인 것까지 폭넓다. 우선 기초 과학적인 과제는 '진화의 실마리'를 잡는 것이다. 다양한 생물의 게놈을 해독함으로써 인간의 비밀을 알게 될지도 모른다. 만일 그렇게 된다면 상당히 설레고 흥미로운 일이다.

그 다음은 우리의 생활과 더욱 밀접하게 연결된 것으로서, 산업계가 목표로 하는 과제인 바이오 기술이다. 병의 원인 유전자를 해명하면 정상 작용을 하는 유전자를 세포에 넣어, 유전자의 이상을 일으키는 병을 치료할 수 있는 유전자 치료에도 응용할 수 있다('040 유전자 치료란 무엇일까' 참조).

또한 오더메이드 의료(Order-made Medicine)도 가능해질 것이다. 유전자로 인해 고혈압 등의 약이 잘 듣는 사람과 잘 듣지 않는 사람의 차이가 생긴다. 그런데 이런 차이가 나게 하는 부분이 어디에 있는지 알면 미리 약의 효과 여부를 알 수 있어, 환자 각자의 체질에 맞춘 '오더메이드(주문) 의료' 도 가능해질 것이다. 그래서 일본 정부는 21세기 계획에서 유전자 연구에 거액의 예산을 투자하도록 했다.

앞에서도 언급했듯이, 기초적인 연구에서 의학 응용에 이르기까지 인간 게놈 계획은 우리에게 많은 도움을 줄 것이다. 그렇다면 이것은 사람들에게 좋은 점만 가져다줄까?

유전자는 한 사람 한 사람마다 모두 달라서 유전자에 따라 개인이 특정지어질 수 있다. 그렇기 때문에 유전자라는 개인 정보를 어떻게 확보할지, 유전자 정보의 이용을 어디까지 인정할 수 있는지에 대한 문제가 발생한다.

유전자를 자유롭게 재조합하여 새로운 작물이나 가축을 만들거나, 자신의 아기를 디자인하여 만들어내는 일을 과연 도덕적으로 받아들일 수 있을까? 또한 어떤 유전자로 인해 미래에 어떠한 병에 걸릴지 예측할 수 있는데 이 병의 치료법이 없을 경우, 이 유전자를 가지고 있는지 없는지 조사하는 것이 좋을까? 또한 어떤 병에 걸리기 쉬운 유전자를 가졌다는 정보가 생명보험에 가입할 때나 취직할 때 불리하게 작용하지는 않을까? 인간 게놈을 해석함으로써 이러한 문제들이 생겨나게 되었다.

그래서 HUGO는 1992년에 국제윤리위원회를 발족시켰다. 여기에서는 유전 정보의 취급이나 개인의 권리, 사적인 문제를 논의했다.

또 한 가지 발생하는 문제점은 인간 게놈 해독이 소수의 선진국 주도로 진행되었기 때문에, 개발도상국에서는 소수의 선진국이 이 성과를 독점하는 것은 아닌지 우려하는 목소리도 나오고 있다.

다쓰미 준코

053 '모를 권리'도 있다

만일 당신의 아버지나 어머니가 현재의 의료 기술로는 치료할 수 없는 병에 걸렸다고 하자. 게다가 이 병은 생명이 위태로울 뿐 아니라 병에 걸린 본인이 힘들어할 수밖에 없는 병이며, 간호를 하는 가족들 또한 큰 어려움을 겪어야 하는 병이라고 가정해보자. 그런데 이 병은 유전병으로, 특히 자식의 절반이 그 병에 걸린다(우성 유전 형식의 병)고 가정해보자. 그렇다면 당신은 자신에게도 이 병을 유발시키는 유전자가 있는지 알고 싶은가?

서양인이 많이 걸리는 신경성 질환(미국에서는 10만 명 중에 5~10명)인 헌팅턴 무도병(Huntington's Chorea)[1]에 대해서 유명한 이야기를 해보겠다.

헌팅턴 무도병에 대해 모르는 사람도 많을 것이다. 일본에서는 100만 명 중에 5~6명 미만이 걸릴 정도로 아주 희귀한 병이다. 이 병은 뇌 속에 있는 어떤 종류의 신경 세포를 잃어버림으로써 증세가 생기는 질환이다. 중년기(35세에서 50세)에 증세가 나타나며, 이 증세는 날이 갈수록 심해진다. 그리고 증세가 나타나고 나서 15년에서 20년 정도 지나면 죽음에 이른다고 말할 수 있다. 헌팅턴 무도병은 우성 유전병이다. 이러한 유전병은 아버지나 어머니 중 한 명이 병을 앓을 경우 그 자식이 병을 앓을 가능성은 2분의 1이다.

헌팅턴 무도병을 일으키는 변이 유전자는 1993년에 약 10년 동안 국제적인 공동 연구로 해명되었다. 그래서 이 유전자의 변이가 있는지 유무를 조사하여 증세가 생길지 생기지 않을지를 확실히 알 수 있게 된 것이다.

이는 헌팅턴 무도병에 걸린 어머니를 둔 가족이 이 병을 일으키는 변이 유전자를 알아내기 위해 열성적인 노력을 기울인 결과였다. 그 가족은 미국의 앨리스와 낸시 웩슬러 자매와 이들의 아버지다. 자매의 어머니는 1968년 53살에 헌팅턴 무도병을 앓게 되었다. 어머니의 할아버지와 증조할아버지 역시 이 병으로 사망했다. 그리고 어머니의 형제 모두가 헌팅턴 무도병으로 사망했다. 어머니의 친척들이 힘들어하면서 죽어가는 것을 눈앞에서 본 상황이었던 것이다. 그래서 그 자매는 헌팅턴 무도병의 원인이 무엇인지 찾아내기 위해 기초적인 연구를 지원하는 유전병 단체를 창설하고 운영하였다. 당사자가 단체의 주체가 되어 연구자로 활동하며, 마침내 원인 유전자를 발견하는 역사적인 성과를 이루었다. 하지만 아직까지도 헌팅턴 무도병에 효과가 있는 치료법은 확립되지 않았다.

앨리스와 낸시 자매는 자신들의 유전자를 진단할 수 있게 되었지만 곧 고민에 빠지고 말았다. 만일 유전자가 자신에게도 전해져서 자신이 몇 년 뒤에 친척들과 같이 괴로워하면서 죽을 운명이란 것을 알게 된다면 어떻게 할 것인가였다. 이 고민 끝에 그들이 선택한 것은 '모르고 있을 권리' 또는 '통지받지 않을 권리' 였다. 증세가 나타나기 전에 유전자 진단을 강요받지 않는 개인의 삶을 주장하여 그들은 모르고 있을 권리를 확립한 것이다.

증세가 나타나기 전 유전자 진단은 헌팅턴 무도병과 같이 증세가 연령적으로 늦게 나타나는 유전병을, 증세가 나타나기 전에 미리 유전자 검사를 하는 것을 말한다. 헌팅턴 무도병의 경우 유전자 진단으로 거의 100% 확률의 진단을 내릴 수 있다. 그러나 헌팅턴 무도병과 같이 위중한 유전병일 경우 원인 유전자를 갖고 있다는 통고는 암 선고와 마찬가지가 된다. 그렇기 때문에 미리 알리거나 치료하는 것을 둘러싸고 여러 가지 문제가 생긴다. 자신의 죽음이 거의 예정되어 있는데 그 결과를 통보받은 날부터 죽기까지의 날들을 공포나 불안을 느끼지 않고 행복하게 살아갈 수 있는 사람이 대체 얼마나 될까? 삶의 희망이 없이 자포자기로 살아가진 않을까?

미국에서는 헌팅턴 무도병 증세가 나타난 뒤 자살하는 사람의 비율이 8%라는 통계가 있다. 또한 이미 유전자 진단법이 발견되었음에도 보인자일 가능성이 있는 사람의 대부분은 그 검사를 받지 않는다고 한다. 자기 자신이 치료법도 없고 거의 죽음에 이르는 유전병의 보인자일 가능성이 있는 경우에는 그 결과를 모르고 있을 권리, 통지받지 않을 권리를 보장하는 것이 꼭 필요하다.

낸시 웩슬러는 유전자 해석의 윤리 문제에 관한 연구자로서, 인간 게놈 해석 국제기구(HUGO)의 윤리위원회 2대 위원장으로 선출되어 '유전자 진단을 받을지 받지 않을지는 충분한 설명과 동의가 필요하고, 본인의 자발적인 의견이 중시되어야 한다' 고 강조한다. 본인이 알고 싶지 않은 경우라면 '모를 권리' 를 행사할 수 있다고 사람들에게 이야기하는 것이다.

다쓰미 준코

1 헌팅턴 무도병(Huntington's Chorea)

의도하지 않았는데 손과 발이 춤을 추는 듯한 행동을 일으키기 때문에 무도병(舞蹈病)이라는 이름이 붙여졌다. 또한 사물을 인식하는 힘(사고, 판단, 기억)이나 동작을 조절하는 힘을 상실(행동이 마음대로 조절되지 않고, 음식을 삼키는 데도 어려움을 겪는다)하고, 감정을 조절하기도 어려워진다. 그리고 나중에는 음식물을 먹지 못하게 되고 걷거나 말하기도 어려워진다.

5장
유전자 연구로 알게 된 생물의 진화

054 진화란 무엇일까

이 책은 유전에 대해 이야기하는 책인데 갑자기 왜 진화에 대한 이야기가 나왔을까 궁금해할지도 모르겠다. 게다가 유전은 부모와 자식이 닮는다[1]는 것을 가리키는 말이지만, 진화는 부모와 자식이 다르다(닮지 않았다는 것은 아니지만)는 것을 중요시하기 때문에, 진화는 유전과 모순되는 특성을 가졌다고도 할 수 있을 텐데 말이다.

'콩 심은 데 콩 나고 팥 심은 데 팥 난다' 라는 속담은 '자식은 부모를 닮는다' 는 의미로 볼 수 있다. 역시 생물은 유전의 제약에서 벗어날 수 없다는 것을 새삼 느끼게 한다.

그렇지만 일본 속담 중에는 '솔개가 매를 낳는다' 라는 것도 있다. 같은 육식성 조류지만, 어디에나 있는 평범한 새로 대표되는 솔개가 수도 적고 보기에도 멋있는 새로 대표되는 매를 낳는다는 것은 진화를 떠올리게 한다.

물론 생물학적으로는 솔개가 매를 낳는 일은 절대 있을 수 없다. 하지만 솔개 새끼는 역시 솔개지만 솔개가 수만 년 전에도 똑같은 솔개를 계속 낳았다면 진화는 생기지 않았다. 부모 솔개와 그 새끼를 비교해보면 상당히 많이 닮았지만, 세대를 거듭해갈수록 조금씩 부모 솔개와는 다른 새끼가 생겨났다.

이런 현상이 수천 번, 수만 번이나 반복되어 최초의 솔개와 최후에 태어난 새끼를 비교해봤을 때 상당히 달라 보인다는 것도 있을 수 있는 일이다. 시간이 아주 오래 걸리겠지만, 솔개도 언젠가는 매와 같은 새끼를 낳을 수 있다고 상상해보면 진화라는 말의 의미가 구체적으로 떠오를 것이다.

동물이나 식물, 박테리아를 불문하고, 지구상의 모든 생물이 기본적으로는 같은 방법으로 산다는 것을 알고 있다. 즉 유전자로서 DNA나 RNA라고 부르는 핵산을 이용하여 몸은 세포라는 작은 단위로 이루어져 있고, 세포 속에는 미토콘드리아 등의 작은 구조를 가지고 있으며, 같은 화학반응을 이용하여 에너지를 얻을 수 있는 등 모든 생물은 공통되는 특징을 가지고 있다.

화석을 조사해보면 지금은 멸종되었지만 아주 오래된 옛날에는 손가락이 있는 말이라든지, 목이 짧은 기린, 날개 달린 도마뱀, 다리가 있는 물고기 등이 살았다는 것을 알 수 있다. 이로써 현재 살고 있는 여러 가지 동물이나 식물의 선조들은 지금과는 전혀 다른 모습을 한 것들이 많이 있었다는 사실도 알게 되었다.

유전자의 암호를 조사해보면 바이러스 등과 같이 생물인지 아닌지 확실치 않은 것들도 포함해서, 지구상에 존재하는 모든 생물은 같은 암호 해독표[2]를 사용하여 유전자를 이용하는 것도 밝혀졌다. 이러한 상황이 증거로 갖추어지면 지구상에 살아 있는 모든 생물이 진화로 인해 점점 변화해왔다는 것을 의심할 사람은 거의 없게 될 것이다.

동물로 치면 물고기에 다리가 생겨서 도롱뇽이 되고, 피부가 딱딱해져서 도마뱀이 되며, 날개가 생겨서 새가 되고, 털이 생겨서 포유류로 진화했다는 진화의 큰 줄기를 생각해보면, 아주 틀린 이야기는 아니다. 지구에서 이러한 진화가 실제로 일어나서, 박테리아와 같은 최초의 생명체에서 우리 사람이 생겨났다.

기독교의 원리는 신이 지구에 있는 모든 생물을 창조했기 때문에, 신의 규율을 파괴하는 진화와 같은 일은 일어나지 않았을 것으로 생각하여, 지금도 일부 엄격한 종파에서는 진화에 대해 교육하는 것조차 금지하고 있다. 1999년에는 미국 캔자스 주의 교육위원회가 진화론을 이 주의 커리큘럼에서 제외하기로 했다는 거짓말 같은 뉴스도 있었다.

과학이 눈부시게 발전한 이 시대에 이와 같은 일이 일어날 수 있을까 생각할 수도 있을 것이다. 이는 아마도 진화가 상당히 오랜 시간에 걸쳐서 이루어졌기 때문에 벌어진 일일 것이다. 인간이 한평생을 보내는 정도의 시간으로는 결코 관찰할 수 없는 것이기 때문에 눈으로 보고 이해할 수 있는 것이 아니다. 실험실에서 증명하는 것도 간단한 일이 아니다. 그렇기 때문에 진화 그 자체를 부정하는 사람이 적어진 지금도, 진화가 어떻게 해서 일어나는지의 구조에 대해서는 분명한 대답이 나오지 않고 있다.

그래서 진화를 다루는 학문인데도 진화학이 아니라 진화론으로 불리고 있는 것 같다.

도치나이 신

1 유전은 부모와……
부모와 자식이 닮는 것에 관해서는 '019 부모와 자녀는 왜 닮았을까'를 참조하기 바란다.

2 암호 해독표
유전자의 암호 해독표에 관해서는 '011 DNA 암호는 어떻게 해독되었을까'를 참조하기 바란다.

055 다윈의 진화론

이 책을 읽고 있는 독자 중에 진화가 정말 일어났을까 의문을 갖는 사람은 별로 없을 것이라고 생각한다. 그러나 대부분의 사람들이 지구상의 모든 생물은 신이 창조했다고 믿었던 시대에 갑자기 사람은 옛날에 원숭이 같은 생물체였다는 식의 말을 한다면 그 반응이 어땠을까? 다윈이 여러 생물은 진화로 인해 만들어졌다는 설(진화론)을 제창한 때는 바로 그러한 시대였다.

'지구는 태양 주위를 돌고 있다' 는 생각이 재판에 의해 부정되어버린 사건이 있은 지 200년이나 지났지만, 다윈의 생각은 교회를 비롯하여 일반 사람들에게 위험한 사상 혹은 바보 같은 생각으로 취급받을 정도로 잘 받아들여지지 않았다. 다윈의 조상은 원숭이였다고 조롱하는 만화가 신문에 실릴 정도였다.

그렇다면 다윈은 어떻게 진화를 생각하게 되었을까?

다윈은 비글호라는 해군의 측량선을 타고 남미와 호주를 돌았다. 이때 방문한 갈라파고스 제도[1]에서 그는 아주 많이 닮았는데 분명히 조금씩 다른 성질을 가진 코끼리거북, 이구아나, 그리고 작은 새가 있는 것을 발견했다. 그중에서 특히 유명한 것이 검은머리방울새와 같은 작은 새(지금은 다윈의 핀치라고 부른다)다. 각각 부리에 큰 특징이 있는 13종류가 근연종[2](近緣種, 생물의 분류에서 연관 관계가 깊은 종류–옮긴이)이고, 부리의 형태는 먹이(선인장 꽃의 밑씨, 곤충, 나무의 종자 등)에 따라서 다르다는 것을 알았다.

이것을 본 다윈은 이 13종의 검은머리방울새 선조는 애초에 1종류의 검은머리방울새였다고 생각한 것이다.

예를 들어 선조의 검은머리방울새가 곤충을 먹었다고 하자. 검은머리방울새

수가 늘어가면 먹이인 곤충이 부족해진다. 그러던 중 우연히 검은머리방울새의 새끼 중에 나무의 열매를 먹을 수 있는 것이 태어났다고 한다. 곤충을 먹는 선조와 먹이 다툼을 하지 않아도 되기 때문에 그 검은머리방울새는 점점 늘어날 수 있었을 것이다.

처음에는 곤충을 먹는 검은머리방울새와 나무의 열매를 먹는 검은머리방울새는 같은 종이었기 때문에 교배도 했을 테지만, 다른 먹이를 찾기 때문에 각각 다른 행동을 하게 되고, 사는 장소나 계절적인 행동도 달라졌을 것이다. 그래서 서로 교류가 없어진 채로 수천 년, 수만 년이라는 시간이 흘러 각 집단의 차이가 커지고 교배도 할 수 없게 된 것이다. 각 집단은 서로 교배를 할 수 없게 될 때 다른 종으로 독립하게 된다. 이것이 바로 다윈이 생각한 '종의 기원'이다.

각각의 종이 살아남을 수 있는 경우는 먹이가 있는가, 살고 있는 곳의 기후에 적합한 몸을 가지고 있는가 등의 자연 요인으로 결정된다. 다윈은 이 자연의 힘을 '자연 선택(자연 도태)'이라고 불렀다. 이때 힌트가 된 것은 말이나 비둘기 등 같은 종이라고 생각되지 않을 만큼 다른 모습과 형태를 하는 여러 종류의 품종[3]이었다고 한다. 이렇게 품종이 만들어진 것은 자연이 사육인과 같은 역할을 하여 진화되었기 때문이다. 이것이 다윈 진화론의 본질이다.

대부분의 생물에 근연종이라고 불리는 존재가 있는 것이 밝혀지는 등 연구가 진행되면 진행될수록 모든 생물종이 진화로 완성되어왔다고 하는 생각은 널리 받아들일 수 있게 되었다.

다윈이 진화론을 제창할 때는 유전자가 아직 발견되지 않았지만, 이후 유전자가 발견되어 그 작용이 분명해지면서 다윈의 생각은 더욱더 지지를 받게 되었다. 다윈이 태어난 지 약 200년이 지난 오늘날, 많은 사람들이 진화론을 당연하게 받아들이고 있다.

도치나이 신

1 갈라파고스 제도

남아메리카 에콰도르의 서쪽에 위치한다. 코끼리거북과 이구아나로 유명하다.

2 종

서로 교배하지 않는 생물 집단이다.

3 품종

같은 종의 생물이지만, 다른 집단과 구별할 수 있는 성질을 가진 집단을 말한다. 예를 들어 세인트 버나드나 치와와는 다른 품종이지만, 이 둘은 모두 개로 같은 종이다.

056 다양성은 진화의 원동력

최근에는 생물의 다양성이라는 말을 자주 들을 수 있다. 생물의 다양성이란 지구상에 많은 생물종이 있다고 하는 종의 다양성을 가리키는 것이 보통이다.

그러면 조금 더 생각해보자. 사람들은 모두 호모 사피엔스라고 불리는 한 종류의 동물이지만, 우리가 볼 때 각 개인은 상당히 다르다는 생각이 든다.

그렇다면 다른 생물은 어떨까? 당신은 텔레비전에서 여러 사자를 보았을 것이다. 이 사자들을 보면 우리는 수컷과 암컷 정도밖에 구별하지 못한다. 우리가 보기에는 각각의 한 마리마다 개성을 가지고 있는 것처럼 보이지 않는다. 하지만 사자의 눈에서 보면 우리가 다른 사람들을 보는 것과 같이, 각각의 사자가 서로 다른 개성을 가지고 있는 것처럼 보일 것이다.

어떤 종이든지 같은 종 내에서는 서로가 가진 개체의 차이를 인식할 수 있다고 생각된다. 왜냐하면 가능한 한 우수한 자식을 남기기 위해 적절한 상대방을 골라야 한다는 절실한 목적이 있기 때문에 이것은 아주 중요한 능력이다. 그래서 종 내에 존재하는 다양성이야말로 진화의 원동력임을 알 수 있다.

험난한 자연 속에서 생활하는 야생 생물은 언제든지 살기 위해서 역경을 견뎌내야 한다. 우리는 기본적으로 살기 위해 유리한 특성을 갖고 있다. 그렇다면 살아남기 위한 조건은 무엇일까?

예를 들어 몸을 따뜻하게 하기 위해 피부가 털로 덮여 있다면 어떨까? 이것은 추운 지방에서 생활하는 데는 유리한 성질이지만, 더운 지방에서 산다면 살아갈 수 있을까? 추운 지방에서 살기 유리한 성질이 더운 지방에서는 반대로 불리한 성질이 되어버리는 것이 대부분이다. 이렇게 어떤 성질이 불리한지 유리한지는 상황(환경이라고 말해도 좋을 것이다)에 따라서 바뀐다.

지구 환경은 아주 천천히 진행되었지만, 상당히 많이 변했다. 지금의 지구는 비교적 따뜻한 시기지만, 2만 년 전에는 빙하기였다. 이 시기에 맞추어 얼음 속에서 생활하기 위해서는 두꺼운 털이 유리하지만, 그러한 모습으로 현재의 지구 적도 지역에서는 생활할 수 없다.

이렇게 유리하고 불리한 것은 상대적인 것이다. 계속 변화하는 지구 환경 속에서 멸망하지 않고 살아남기 위해서는 계속 변화해야 한다.

진화의 입장에서 어떤 개체가 가지고 있는 성질이 유리한지 아닌지 판단하는 기준은 어느 쪽의 개체가 더 많은 자식을 남기느냐 하는 것이다.

많은 자식을 남긴 개체의 성질을 가진 자손이 점점 늘어나서 이 개체가 속한 종 내부를 많이 차지할 때, 늘어난 개체가 가진 성질은 그 종이 갖는 새로운 성질이 된다. 이것이 진화의 원리라고 생각할 수 있다. 그리고 어떤 성질을 가진 개체가 진화적으로 유리한지 아닌지 결정하는 것은 자연 선택의 힘이다.

그러면 결론을 이야기해보자. 자연은 그저 선택만 하는 것이라고 한다면, 선택된 것 중에서 그 당시 환경에 잘 적응한 것이 더 먼저 존재해야만 한다. 즉 앞으로 어떻게 될지 예측할 수 없는 미래 환경에 적응할 수 있는 것을 미리 준비하기 위해서는, 어쨌든 가능성이 있는 다양한 개체가 필요하다. 이것이야말로 종 내에 존재하는 다양성이다. 다양성을 갖지 않고 획일화되어버리는 종은 멸종한다는 것을 진화의 역사가 가르쳐주었다.

현재 살아 있는 생물은 그 자손의 성질이 결코 획일화되지 않도록 하기 위해, 계속해서 다양성을 갖추도록 하는 구조[1]를 갖고 있다고 생각된다. 또한 개체마다 성질이 다르다는 것(개성)도 생물이 가진 중요한 특징 중 하나라고 생각된다. 유전[2]이란 자신과 많이 닮은 자식을 낳는다는 성질을 가지면서도 다양성을 유지하기 위해서 조금씩 다른 많은 유전자를

1 구조
자손의 다양성을 만들어내는 구조는 '018 유성 생식의 개요-감수분열과 수정'과 '058 왜 성별이 다를까'를 참조하기 바란다.

2 유전
'019 부모와 자녀는 왜 닮았을까'를 참조하기 바란다.

갖는다.

모순되는 이 두 가지 조건을 만족시키기 위해서 종이라는 것은 어느 정도 많은 개체 수를 가지고 있어야만 존속할 수 있다. 그렇다면 멸종되지 않도록 하기 위해서는 노아가 수컷과 암컷을 하나씩만 방주에 태워서는 안 되었던 것이다.

도치나이 신

057 공생으로 생겨난 세포의 진화

진화는 아주 천천히 진행되었다고 생각된다. 우선 종 내에서 자식을 만들어가는 데 유리한 유전자를 가진 개체가 생긴다. 이 개체가 자식을 낳고, 집단 속에서 점점 수를 늘려 마침내 그 종의 다수파가 되어 종 자체를 변화시키는 것이 보통의 진화 방법[1]이다. 그런데 이 과정에서 진화가 이루어지기 위해서는 수백 세대의 시간이 필요하다. 그렇기 때문에 많은 세대가 거듭돼야 하는 세대의 시간[2]이 필요한 개체는 수만 년이 흘러도 미미한 진화밖에 이루어지지 않는다.

그런데 꾸준히 조금씩 변화하는 방법이 아니라 놀랄 만한 강한 힘을 사용하여 갑자기 큰 진화를 일으켜버리는 경우도 있다. 진핵 생물(지금 지구상에 있는 모든 동식물)은 이렇게 탄생되었다고 생각된다.

그 핵심 단어는 '세포 내 공생' 이다.

세포 속에는 핵이나 미토콘드리아 등 세포 소기관이라고 불리는 구조가 있다. 세포는 세포막이라는 얇은 막으로 외부 세계와 차단되어 있다. 또한 세포 안쪽에도 세포막이 있으며, 핵이나 미토콘드리아 등도 세포막에 포함되어 있다. 즉 핵이나 미토콘드리아는 세포 속에 있으면서도 소위 세포질과는 세포막으로 차단되어 있는 것이다.

이것을 보면 핵이나 미토콘드리아는 결국 세포 밖에 있는 물질이었을 것이라고 생각한 사람도 있었다. 그리고 연구가 더욱 진행됨에 따라 미토콘드리아는 실제로 세포 밖에서 들어온 것임을 알게 되었다.

미토콘드리아는 호흡을 하여 에너지 분자 ATP[3]를 만드는 '세포 내 에너지 공장' 이다. 이 공장은 독립성이 강하고 자신의 유전자 DNA를 갖고 있어서 세포분열과 같은 방법으로 분열하여 증식한다. 그런데 DNA의 산물인 RNA는 물론, 단백질 합성 장소인 리보솜조차도 독자적인 DNA를 가지고 있다. 게다가 자세히 보니 미토콘드리아의 리보솜은 세균 등의 원핵 생물[4]과 같은 형태라는 것을 알게 되었다.

그리고 여러 가지 조사 결과, 아주 먼 옛날에 세균이 통째로 다른 세포 속에 들어가서 살게 된 것이 미토콘드리아가 되었다는 것을 알게 되었다. 다른 세포 속에서 살게 된 미토콘드리아의 선조는 직접 외부 세계에서 먹이를 섭취하지 못했기 때문에 세포로부터 영양을 받게 된다. 이렇게만 한다면 집 주인에게는 아무런 이득이 없어서 '기생' 이라고 부르는 상태였다. 그러나 미토콘드리아는 세포로부터 받은 영양의 일부를 ATP로 바꿔 만들어 집 주인인 세포에게 주었다. 이렇게 서로 도와가며 생활하는 '공생' 이라는 상태가 되었다. 이와 같이 세포에 광합성 세균이 들어가 엽록체가 되어 식물 세포가 만들어진다고 생각할 수 있다.

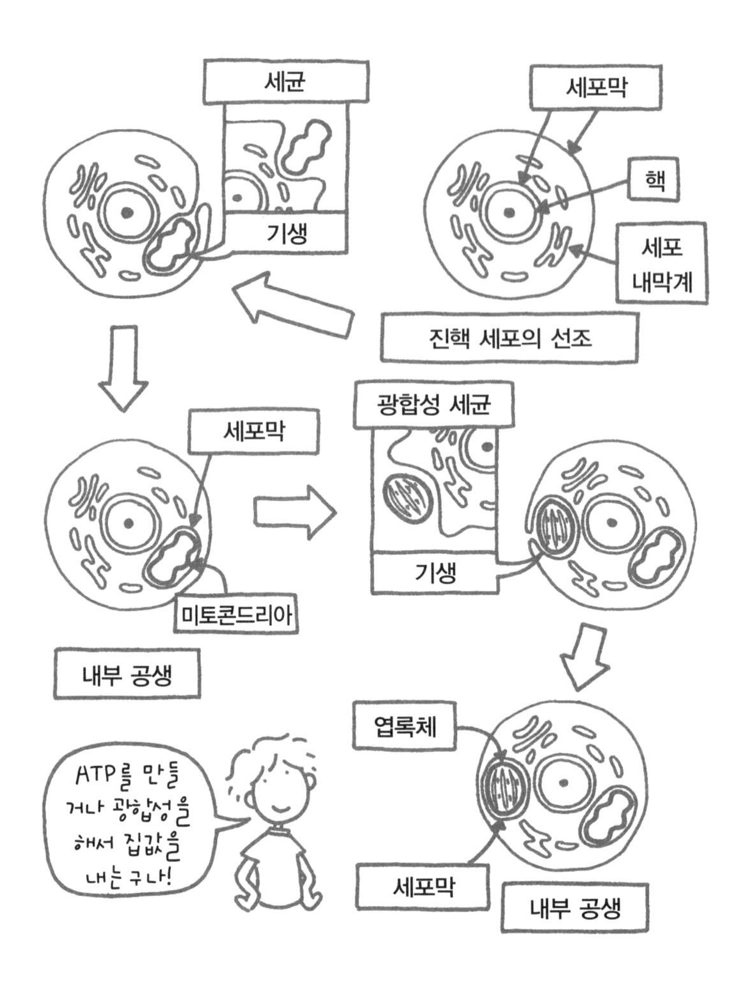

미국의 여성 과학자 린 마굴리스(Lynn Margulis)는 이런 생각을 대담하게 발전시켰다.

린 마굴리스는 원핵 생물이 계속해서 공생해감으로써 복잡한 구조를 갖는 모든 세포가 만들어졌다는 설을 제창하고 있다. 이 거창한 생각에 의하면 미토콘드리아나 엽록체만이 아니라 핵 자체도 편모(鞭毛, flagellum)[5]나 섬모(纖毛, cilium), 그리고 방추체(紡錘體, spindle body)[6]

등 모두가 원핵 생물과의 공생으로 이루어진 것이 된다. 또한 린 마굴리스는 공생 생물로 인해 갖게 된 유전자에 의해서 생물의 그 이후 진화도 이루어질 것이라고까지 말하고 있다.

하지만 지금까지는 이 설을 지지하는 사람이 그다지 많지 않다. 그렇다면 당신은 어디까지 믿을 수 있겠는가?

도치나이 신

1 보통의 진화 방법
많은 자식을 낳는 개체의 성질은 집단 속에서 커질 기회가 많기 때문에 그 성질이 새로운 종의 특징이 되는 것으로 진화가 되었다고 할 수 있다.

2 세대의 시간
어떤 생물이 태어나서부터 자식을 낳기까지 필요한 시간을 말한다. 세균이라면 20분이고, 사람은 15년에서 20년 정도다.

3 ATP
'004 아주 바쁜 세포'를 참조하기 바란다.

4 원핵 생물
세균과 같이 유전자 DNA가 세포질 속에서 핵막으로 싸여 있지 않은 원시적인 세포를 갖는 것을 원핵 생물이라고 한다.
한편 진핵 생물의 세포는 핵막으로 싸인 핵 속에 유전자 DNA가 존재한다.

5 편모(鞭毛, flagellum)
연두벌레나 정자 등에서 볼 수 있는 세포의 운동 기관이다.

6 방추체(紡錘體, spindle body)
세포분열을 할 때 세포 내에 만들어진 염색체를 이동시키는 섬유 모양의 소기관이다.

058 왜 성별이 다를까

생물은 성이 없어도 생식할 수 있다. 사람들이 '생식'을 이야기할 때는 수컷과 암컷, 혹은 남자와 여자로 나누어 이야기를 하기 때문에 성과 생식을 떼어놓고 생각하지 않는 사람들이 더 많을 것 같다. 그러나 생식이란 단순히 생물이 개체 수를 늘리는 것을 말하기 때문에, 수컷과 암컷, 남자와 여자가 있지 않아도 개체 수가 늘어날 때 '생식이 이루어졌다'라고 말한다. 식물은 이렇게 해서 개체 수가 늘어나는 경우가 상당히 많다.

예를 들어 감자를 먹는 부분은 흙 속에서 볼록해진 땅속줄기지만, 감자를 재배할 때는 이 땅속줄기(씨감자)를 몇 개 잘라서 밭에 심는다. 씨감자에는 줄기와 뿌리가 생겨나며, 또 다른 새로운 감자를 많이 만들어낸다. 이런 방법으로 증식하기 때문에 암술이나 수술이 필요 없다. 이렇게 성이 필요 없는 증식 방법을 무성 생식이라고 한다.

단세포 세균이나 원생 생물[1]은 하나의 세포가 하나의 개체이기 때문에 세포분열에 의해서 개체를 증식할 수 있다. 즉 세포분열이 무성 생식 그 자체다.

감자와 같이 다세포 생물은 씨감자(부모) 속의 세포가 분열하여 생겨난 세포를 바탕으로 새로운 감자를 만들어낼 수 있다. 세포분열로 만들어진 세포는 바탕이 되는 세포를 복제할 수 있기 때문에 부모 감자나 새롭게 생겨난 감자나 세포가 가지고 있는 유전자는 같다. 즉 무성 생식으로 늘어난 생물은 부모 감자나 새롭게 생겨난 감자가 유전적으로 완전히 똑같은 성질을 가지고 있다. 이렇게 하여 만들어진 개체를 복제(clone)라고 한다.

씨가 없는 왕벚나무나 바나나는 꺾꽂이 방법으로만 증식할 수 있다. 이 방법은 사람의 손을 빌리지만, 아주 훌륭한 무성 생식 방법이다. 일본에서는 왕벚나무가 단 한 그루에서 시작되어 증식된 복제라는 이야기가 유명하다.

이렇게 무성 생식은 유성 생식[2]과 같이 복잡한 절차 없이 부모와 같은 성질을 가진 자식을 얼마든지 만들어낼 수 있다. 이렇게 편리한 생식 방법을 왜 대부분의 동물이나 식물에서는 찾아볼 수 없는 것일까? 결과론이지만, 복잡한 절차를 필요로 하는 유성 생식을 우리 주변에서 흔히 볼 수 있는 이유는 유성 생식이 무성 생식보다 유리한 점이 있기 때문이다. 그렇다면 그 유리한 점은 무엇일까?

유성 생식은 여자나 암컷에게 난자, 남자나 수컷에게 정자 또는 꽃가루라는 생식 세포가 만들어지며, 이러한 것이 하나가 되어 자식이 생긴다. 그 덕분에 자식은 부모에게 각각의 유전자를(절반씩이지만) 전해받아

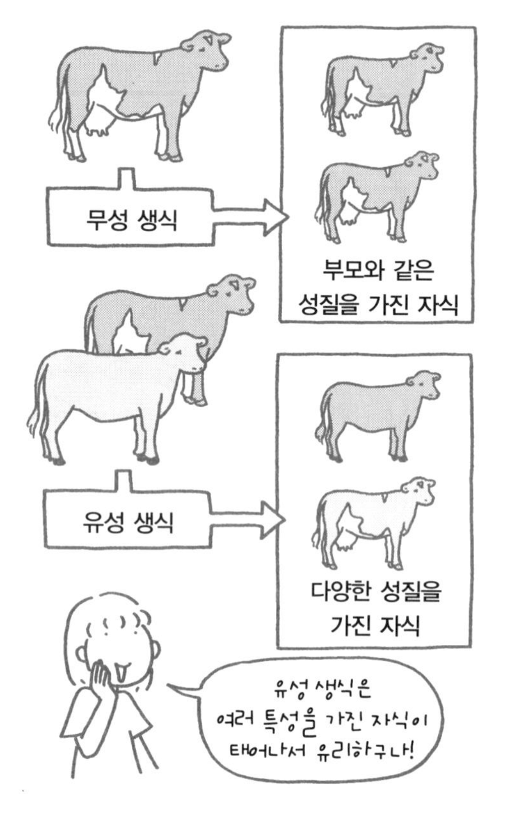

부모의 성질이 합쳐져 새로운 생명이 만들어진다. 즉 무성 생식은 부모와 같은 성질의 자식밖에 만들 수 없지만, 유성 생식은 부모와 다른 성질의 자식을 만들 수 있는 것이다. 이것이 바로 큰 차이점이다.

무성 생식은 부모와 완전히 똑같은 유전적인 성질을 가진 자식이 만들어지기 때문에 환경이 안정적이고 부모와 같은 성질의 자식이 문제 없이 계속해서 살아갈 수 있다면, 유성 생식보다 무성 생식이 수를 늘릴 수 있는 방법으로는 간단하면서도 유리하다.

그러나 환경이 변화해버렸을 때 모두가 같은 성질밖에 갖고 있지 않다면 어떻게 될까? 만일 더위에 강하지만 추위에 약한 성질을 가진 개체밖에 없는데 갑자기 추위가 덮쳐온다면 어떻게 될까? 환경이 변화하면, 무성 생식으로 인해 모두가 같은 성질을 가진 개체밖에 없기 때문에 모든 개체가 일제히 멸종 위기에 빠지게 될 것이다.

그렇지만 유성 생식으로는 항상 부모와 다른 성질을 가진 자손이 태어난다. 더위에 강한 부모에게서 추위에 강한 아이가 태어날 가능성도 높다. 여러 가지 성질을 가진 개체가 있는 집단에는 급격한 추위가 덮친다고 해도 추위에 강한 개체가 살아남을 것이다. 이와 같이 유성 생식은 부모보다 환경에 더 잘 적응하여 점점 개체를 늘려갈 수 있는 자식이 나올 기회도 많다는 것이다.

즉 유성 생식은 여러 가지 성질을 가지고 있는 개체가 자식으로 태어날 수 있어서 진화하는 속도가 빨라진다[3]고 볼 수 있다. 또한 고등 동식물은 유성 생식을 하는 덕분에 복잡한 성질을 가질 수 있다.

도치나이 신

1 원생 생물
단세포의 진핵 세포로 정의되지만, 생활의 역사 속에서 단세포와 다세포의 두 가지 상태를 가지고 있는 것도 있어서 구별하기 어려운 점도 있다.

2 유성 생식
'018 유성 생식의 개요-감수분열과 수정'을 참조하기 바란다.

3 진화하는 속도가 빨라진다
'056 다양성은 진화의 원동력'을 참조하기 바란다.

059 인간과 침팬지의 유전자 차이

동물원에 가서 침팬지를 보면 참으로 사람과 비슷하다. 그리고 침팬지는 머리가 상당히 좋다. 그렇지만 원숭이는 사람과는 많이 다른 존재다. 사람과 침팬지는 불과 500~600만 년 전 아프리카 공통의 선조에서 나누어진 것으로 생각된다.

적혈구 중에는 헤모글로빈이라는 산소를 운반하는 단백질이 있다. 헤모글로빈의 아미노산 서열을 조사해보니 사람과 침팬지가 완전히 일치한다는 것을 알게 되었다. 500만 년이라는 시간이 흘러도 차이가 생겨나지 않은 것이다.

그러나 헤모글로빈을 만들기 위한 유전자 DNA의 염기서열을 조사해보면 사람과 침팬지는 1% 정도 차이가 난다. DNA 서열이 다른데 아미

노산 서열이 변하지 않은 것은 같은 아미노산을 지령하는 DNA 서열이 몇 개가 있기 때문이다.[1]

이와 같이 몇 개의 유전자 조사에 의해, 어떤 경우에는 1%에서 2% 정도밖에 차이가 나지 않는다는 것이 밝혀졌다.

사람과 침팬지의 차이가 어떻게 해서 만들어졌는지, 사실 대부분은 모른다. 염색체 수는 사람이 46개이고 침팬지는 48개지만, 사람이 가진 하나의 제2염색체를 침팬지는 두 개로 나누어서 연결하고 있는 것 같기 때문에 같은 수라고 생각해도 좋다. 또한 DNA를 모두 연결해도 총길이가 거의 같다.

인간 게놈 프로젝트[2]에 따르면, 2001년 2월에 인간이 가진 모든 유전자가 하나로 분명해졌다. 그 다음 해인 2002년 1월 4일 세계에서 최초로 일본의 이화학연구소는 인간과 침팬지를 비교하는 모든 유전자(게놈) 지도를 발표했다. 그리고 침팬지의 DNA 조각 약 6만 4000종을 조사하여 인간 게놈 데이터베이스와 비교한 결과, 게놈의 차이는 겨우 1.23%밖에 나지 않는다고 보고했다(종간 변이). 인간과 침팬지의 유전자 차이는 1.23%, 당신은 이 차이가 많다고 생각하는가, 아니면 적다고 생각하는가?

사람들끼리의 차이(종내 변이)를 보면, 임의의 두 사람에게서 모든 게놈 DNA 서열은 최대 0.5% 이하, 거의 0.1% 정도 차이가 난다고 한다. 인간 DNA는 약 31억 2000만 염기쌍으로 이루어져 있기 때문에, 예를 들어 0.1%라 해도 인간 집단 내의 개인 차이는 312만 염기가 된다. 0.5%라면 1600만 염기다. 1600만 염기가 달라도 같은 종에 속한다고 할 수 있다.

침팬지와 인간의 차이가 1.23% 나므로, 이와 같이 계산하면 약 3800

만 염기가 된다. 이렇게 보면 같은 인간끼리의 차이가 의외로 크다는 생각이 드는 한편 침팬지와 인간의 차이는 의외로 적다고 느껴질 것이다.

그리고 2002년 10월에 미국의 학자가 논문을 발표했다. 그는 지금까지 DNA의 비교 방법인 염기의 치환으로 계산하면 분명히 인간과 침팬지의 차이는 이화학연구소의 보고와 가까운 1.4% 정도가 되지만, 그 비교 방법이 틀렸다고 말했다.

그는 침팬지와 인간의 유전자를 자세히 비교해보면, 어느 정도의 길이를 갖는 DNA가 삽입되거나 결실되어 있는 부분이 상당히 있으며, 이 차이를 계산하면 3.4%가 추가적으로 더 차이가 난다고 했다. 그래서 염기의 치환에 의한 차이인 1.4%와 합쳐서 약 5%라면 1억 6000만 염기가 되고, 이 정도라면 동물을 하나 만들 수 있을 정도의 큰 차이가 난다고 발표했다. 초파리가 가진 모든 유전자는 약 1억 4000만 염기다.

그러나 이러한 양적인 비교는 별로 의미가 없을지도 모른다. 이화학연구소에서 조사한 침팬지의 DNA를 인간 게놈 지도와 대응하는 위치에 세워본다면, 인간과 침팬지는 대부분 같다는 영역도 많겠지만 큰 구조가 변화된 부분이나 서열의 변화가 집중되어 있는 영역이 있을지도 모른다.

1 같은 아미노산을……
'011 DNA 암호는 어떻게 해독되었을까'를 참조하기 바란다.

2 인간 게놈 프로젝트
'052 인간 게놈 계획 '완료'의 의미'를 참조하기 바란다.

이런 차이를 발견함으로써 인간과 침팬지가 크게 나눠지는 데 원인이 되는 유전자가 존재하는지 아닌지 등을 알 수 있게 될 것이다. 이렇게 흥미로운 문제는 앞으로도 계속해나가야 할 과제이며, 이 연구의 결과는 인간의 탄생에 중요한 정보를 줄 것이다.

도치나이 신

060 미토콘드리아 이브 이야기

생물학 세계에서도 어려운 학문적인 개념이 명칭으로 인해서 갑자기 세상에 널리 알려지기도 한다. '환경 호르몬'이나 '광우병', '이기적 유전자' 등이 그 대표적인 것이다. 이러한 것들 중에서도 '미토콘드리아 이브'라는 이름은 아름다움이나 스토리가 거창하기 때문에 영향력 면에서 상당히 성공한 사례라고 생각된다.

신문 기사에 처음으로 등장한 미토콘드리아 이브라는 말은 1987년 1월 1일에 나온 논문이 바탕이 되었다. 미토콘드리아 유전자로 조사하니, 현세 인류인 호모 사피엔스에 속하는 대부분의 사람은 약 20만 년 전 아프리카에 있던 단 한 명의 여성의 자손이었다는 내용이다. 이것을 본 기자는 그 여성에게 미토콘드리아 이브라는 이름을 붙였다. 성경에서는 신이 창조한 최초의 인간은 아담과 이브의 자손이기 때문에 인류인 호모 사피엔스[1] 모두의 어머니인 여성이 있었다고 한다면, 그 사람은 이브라고 부르는 것이 어울린다고 생각했던 것이다.

그렇다면 어떻게 미토콘드리아 이브의 존재를 알게 되었을까?

미토콘드리아[2]라는 것은 세포 속에서 호흡하는 에너지 공장이라고 불리는 작은 구조다. 이것은 세포 속에 있으면서도 구조 속에 유전자인 고리처럼 둥근 모양의 DNA나 독자적인 단백질 합성 장치인 리보솜을 가지고 있는 것, 세포 속에서 분열을 하여 늘어나는 것 등으로 볼 때, 아주 먼 옛날에 세포 속으로 들어가 공생하게 된 세균과 같은 것으로 추측된다.[3]

수정란 속에 있는 미토콘드리아는 어머니 세포에서 난자가 만들어질 때부터 있었기 때문에 어머니 세포의 미토콘드리아와 같다. 하지만 아버지에게서 나온 정자가 가지고 있는 미토콘드리아는 수정할 때 버려진다. 즉 자녀가 가지고 있는 미토콘드리아는 어머니에게서 나온 것뿐이다.

이렇게 어머니가 가진 성질만이 자녀에게 이어지는 것을 모성 유전이라고 한다. 성질이 전해진다는 것은 유전자가 전해지는 것을 말한다. 보

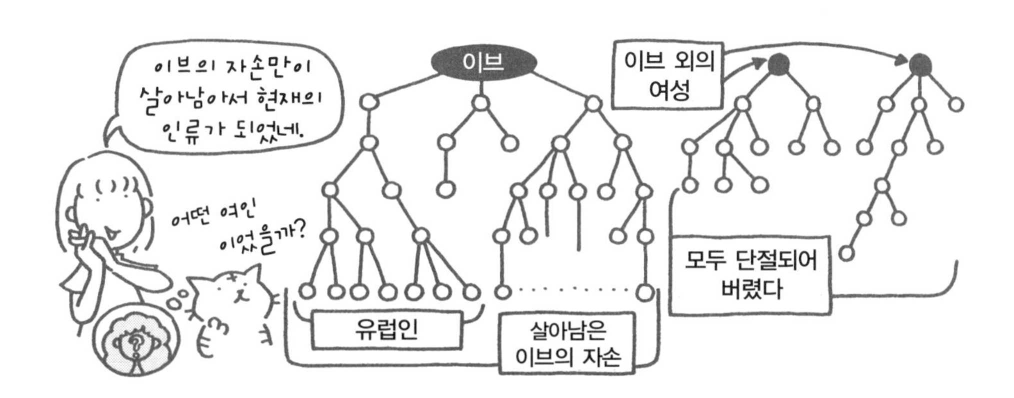

통의 유전자라면 아버지와 어머니에게서 전해받지만, 미토콘드리아 유전자는 어머니의 것만 받는다. 그렇기 때문에 미토콘드리아의 유전자를 조사함으로써 어머니의 계보[4]를 거슬러 올라가 선조를 알 수 있는 것이다.

예를 들어 당신의 형제자매가 몇 명이든지 같은 어머니에게서 태어나는 한, 모두가 어머니와 같은 미토콘드리아를 갖는다. 어머니의 미토콘드리아는 그 어머니(할머니)가 가지고 있던 미토콘드리아의 자손이다. 사촌을 조사해보면 어머니 자매에게서 태어난 사촌은 남자든 여자든 모두 외할머니로부터 전해받은 미토콘드리아를 가지고 있다.

즉 미토콘드리아의 유전자에 변이가 일어나지 않으면 모두 같은 미토콘드리아를 가지고 있는 것이다. 만일 한 명의 여성이 남자 아이 2명, 여자 아이 2명을 낳는다고 하면, 미토콘드리아 복제는 한 세대씩 배로 여자가 늘어난다. 남자도 가능하지만, 미토콘드리아는 유전되지 않아서 끊기게 된다.

여자가 15살 정도에 아이를 계속 낳으면 미토콘드리아 이브가 생긴 지 겨우 150년 만에 미토콘드리아 복제로 볼 때 이브의 자손은 2000명 정도가 생기는 것이다. 15만 년이 지나면 2의 1만승 곱하기 2 정도의 자손이 생기기 때문에, 인구를 놓고 볼 때 지금 살고 있는 모든 사람이 한 사람에게서 유래되었다고 해도 수학적으로는 전혀 모순되지 않는다.

다만 지금 살고 있는 인류의 대부분이 미토콘드리아 이브의 자손이라고 해도, 이브가 살아 있었을 때 사람이라는 종이 아담과 이브 두 명뿐이었다는 뜻은 아니다. 이브가 살았던 지역에는 1만 명 정도의 호모 사피엔스가 있었다고 추정된다. 그중 절반은 남자이기 때문에 미토콘드리아를 남기지 못했고, 다른 여성의 아이들은 여러 가지 이유로 자녀가 적었다든지, 여성을 낳는 경우가 적었다는 등의 이유로 미토콘드리아의 계열로는 남지 않았을 뿐이다.

이와 같은 연구로 유럽 사람의 뿌리가 이 이브의 일곱 딸(자손 혹은 더 후의 자손들)들[5]에게 이른다는 것도 나타낼 수 있다.

도치나이 신

1 호모 사피엔스
호모 사피엔스는 척추동물 – 포유류 – 영장목 – 유인원아목 – 사람과 – 사람속(屬)으로 인간의 학명이다. 제일 오래된 사람과의 동물은 약 500만 년 전에 출현한 오스트랄로피테쿠스속이고, 그중에서 호모속이 출연했다. 호모속 중에서 제일 오래된 호모 에렉투스에서 호모 하이델베르크가 태어나고, 그중에서 호모 사피엔스로 진화한 것이 약 20만 년 전이다.

2 미토콘드리아
'004 아주 바쁜 세포', '027 유전은 아주 복잡하다', '096 DNA 감정이란 무엇일까'를 참조하기 바란다.

3 아주 먼 옛날에 세포 속으로……
'057 공생으로 생겨난 세포의 진화'를 참조하기 바란다.

4 계보
가계도와 같이 부모와 자식 관계를 나타내는 것이다. 미토콘드리아의 유전자도 오랜 시간이 걸리면 염기서열의 변이 등이 일어나지만, 이것은 아주 천천히 생기는 것이어서 선조와 자손의 관계는 비교적 간단히 판정할 수 있다.

5 이브의 일곱 딸들
브라이언 사이키스가 쓴 《이브의 일곱 딸들》(따님, 2002년).

061 민족의 뿌리

당신의 가족 중에 술을 잘 마시는 사람이 있는가? 술이 센 것도 유전된다는 것은 경험으로 잘 알고 있을 것이다. 옛날부터 일본 동북 지방이나 홋카이도(北海道)에는 술을 잘 마시는 사람들이 많다는 이야기가 있었다. '034 술 잘 마시는 유전자, 술 못 마시는 유전자'에서 설명한 것처럼 아세트알데히드를 분해(해독)하는 효소가 술을 잘 마시는지를 결정하기 때문에 술을 잘 마시거나 못 마시는 것은 유전자의 차이로 결정 난다.

아프리카에서 태어난 호모 사피엔스[1]는 처음부터 술을 잘 마시는 유전자를 가지고 있어서 술에 강했던 것으로 추측된다. 그리고 그들의 자손은 이 유전자를 변화시키지 않고 계속 전해주면서 유럽이나 아시아로 이동했다. 지금도 서양인의 대부분은 술을 잘 마시는 유전자를 두 개 가지고 있기 때문에 술에 강한 사람이 많다. 그런데 중국 내부로 이동한 호모 사피엔스 집단에서 지금으로부터 약 2만 년부터 2만 5000년 전에 이 유전자가 잘 작용하지 않는 돌연변이가 일어난 것이다. 그 탓인지 지금도 중국인은 술에 약한 사람이 많은 것 같다.

그러면 일본의 선조는 지금으로부터 약 3만 년 전에 대륙 또는 동남아시아에서 이주해온 조몬인과 그후 약 2300년 전에 한국을 건너 일본 규슈(九州) 북부 지방 근처에서 일본 열도로 이동해온 야요이인이라고 생각된다. 조몬인이나 야요이인은 처음에 아프리카에서 아시아로 이동해온 호모 사피엔스의 자손이다. 아무래도 초기의 아시아계 호모 사피엔스가 일본으로 이동해와서 조몬인의 시초가 된 것 같다.

이와 같은 시기에 동북아시아에서 시베리아로 진출한 아시아계 호모 사피엔스는 극한의 땅에서 살아남기 위해 체온의 발산을 막으려고 허리가 길고 다리가 짧아졌으며, 얼굴은 돌출되는 부위가 줄어들어 평평해졌다. 피하지방도 두꺼워지고, 눈꺼풀은 한층 더 두꺼워졌다. 그리고 얼음으로 인해 눈썹이나 수염도 얇아져 급속한 추위에 잘 적응하였으며, 맘모스 등을 잡는 수렵 생활을 하며 살았다.

그런데 이 사람들이 약 6000년 전부터 다시 남하를 시작한다. 그 이유는 확실하지 않지만, 수렵 동물이 없어져버렸다는 것이 한 가지 이유였을 것이다.

남하해온 사람들의 일부는 중국에도 정착했지만, 그때 중국은 춘추전국 시대여서 전쟁으로 혼란했기 때문에 이를 피해 한국을 거쳐 일본으로 건너간 것이 소위 도래 야요이인이라는 것이 현재의 정설이다.

규슈 북부에 상륙한 야요이인이 일본 본토로 세력을 확장하여 일본에 원래 있었던 조몬계 사람들이 북쪽은 일본의 동북 지방과 홋카이도로,

남쪽은 규슈 남부와 오키나와로 쫓기며 근대에 이른 것으로 생각된다(위의 그림 참조).

이 세력의 경향은 지금까지 어느 정도 유지되고 있는 것으로 보인다. 그 이유는 얼굴이 길고 작으며, 눈이 작고, 두꺼운 눈꺼풀을 가지고 있으며, 코나 귀가 작고, 입술이 얇고 평평한, 소위 '야요이인의 얼굴'이 일본 중앙에 많으며, 각이 진 얼굴에 눈썹이나 수염이 짙고, 눈과 코가 크며, 입술이 두꺼운 '조몬인'의 얼굴이 북쪽과 남쪽에 많이 분포되어 있는 것 등을 볼 때, 대략적이지만 경험적으로 이해할 수 있다.

또한 귀지에는 축축한 습성 귀지와 바싹바싹한 건성 귀지가 있는데, 아이누와 오키나와 사람에게는 습성 귀지가, 일본 중앙부 사람에는 건성 귀지가 많다. 혈액형도 서일본에는 A형이 많고, 동쪽으로 갈수록 A형의 비율이 적어지며, 규슈 남부나 동북지방에는 O형이 많은 것도 조몬인과 야요이인의 유전적 유산이라고 생각된다.

재미있는 것은 개의 유전자를 조사해보면 오키나와나 홋카이도에 있는 일본 개에는 조몬인과 같은 남쪽 지방 계통의 것이 많고, 일본 중앙부에 있는 개는 시베리아에서 남하해온 야요이인과 같은 북쪽 지방 계통의 유전자를 많이 가지고 있다는 것도 알 수 있다.

최근에 세계에서 기르는 개의 선조는 약 1만 5000년 전에 동아시아에서 아시아계 호모 사피엔스가 늑대를 길들여서 가축화한 것이라는 연구 결과도 발표되었다. 동아시아에서 아시아인의 선조가 만든 개가 조몬인이나 야요이인과 함께 북쪽이나 남쪽으로 이동하여, 바다를 건너 일본으로 왔다는 것이 참으로 흥미로운 이야기라고 생각한다.

도치나이 신

칼럼_진화한 턱

일본인의 얼굴이 빠르게 변화하고 있다. 50년 정도 사이에 일본인의 턱이 분명히 작아지고 있다. 딱딱한 곡물이나 정어리를 통째로 먹었던 시대에 비해 부드러운 것만 먹는 오늘날 젊은 사람들은 턱이 좁아졌다. 이처럼 유전자가 바뀌지 않아도 바뀌는 형질이 많다.

1 아프리카에서 태어난 호모 사피엔스

'060 미토콘드리아 이브 이야기'를 참조하기 바란다.

062 단 하나의 유전자에서

우리의 눈에는 카메라와 같은 구조로 된 렌즈(수정체)가 있어서 바깥 세계의 풍경이 망막에 상으로 맺힌다.[1] 카메라의 렌즈는 유리나 플라스틱이지만, 동물의 렌즈는 단백질로 만들어져 있다. 단백질이라고는 해도 투명한 수정(Crystalline)과 같이 빛이 잘 통과하기 때문에 크리스탈린이라는 이름이 붙여졌다. 동물의 종류에 따라서 다른 크리스탈린 단백질이 있지만, 이 단백질의 성질이 밝혀지면서 놀랄 만한 것을 알게 되었다.

모든 척추동물은 알파와 베타라고 이름 붙여진 두 종류의 크리스탈린을 가지고 있다. 이것에 추가하여 포유류는 감마 크리스탈린을, 조류나 파충류는 델타 크리스탈린이라 부르는 크리스탈린을 가지고 있다.

유전자 해석을 통해 닭이나 도마뱀의 델타 크리스탈린은 아르기노 숙신산 리아제(argininosuccinate lyase)라는 것으로, 렌즈와는 전혀 관계 없는 효소와 비슷한 아미노산 서열을 가진 것으로 밝혀졌다. 다른 동식물은 이 효소를 만드는 유전자를 하나밖에 가지고 있지 않다. 보통 효소로는 작용하지만, 파충류와 조류는 이 효소의 유전자와 이것과 아주 유사한 델타 크리스탈린 유전자를 갖는다. 그리고 이 두 유전자가 염색체 상에서 이웃하게 배열되어 있다. 이 두 유전자는 양서류에서 파충류로 진화할 때 원래 있었던 효소 유전자가 두 개로 늘어난 것으로 추측된다. 이런 현상을 유전자 중복이라고 부른다.

다른 동물은 효소 유전자를 하나만 가지고 있기 때문에 파충류도 이것을 하나만 가지고 있어도 충분하다. 그래서 여분이 된 하나의 유전자가 변화하여(이것이 유전자 진화다), 렌즈의 수정체 단백질이라는 새로운 작용을 하게 된 것으로 생각된다. 조사해보면 다른 크리스탈린도 원래는 효소 등을 만드는 다른 기능을 가진 유전자가 변화해온 것이 많은 것으로 알려져 있다. 크리스탈린 자체는 투명하기만 하면 되기 때문에 원래의 유전자는 어떤 단백질이라도 상관 없는 것 같다.

또한 여러 생물의 단백질을 유전자나 아미노산 서열 수준에서 조사해보아 많이 닮은 유전자가 있다는 것을 알게 되었다. 그렇기 때문에 크리스탈린으로 보이는 유전자 중복과 변화가 생물의 진화에서 새로운 유전자가 될 수 있는 구조라는 것이 유력시되고 있다.

동물의 근육에 있는 미오글로빈(myoglobin)은 산소를 운반하는 헤모글로빈과 많이 닮은 단백질로 유명하지만, 식물인 콩에도 이것과 많이 닮은 레그헤모글로빈(leghemoglobin)이라는 것이 있다. 이러한 단백질들의 유전자에는 애초에 같은 선조의 유전자가 있었다고 생각된다(다음 그림 참조).

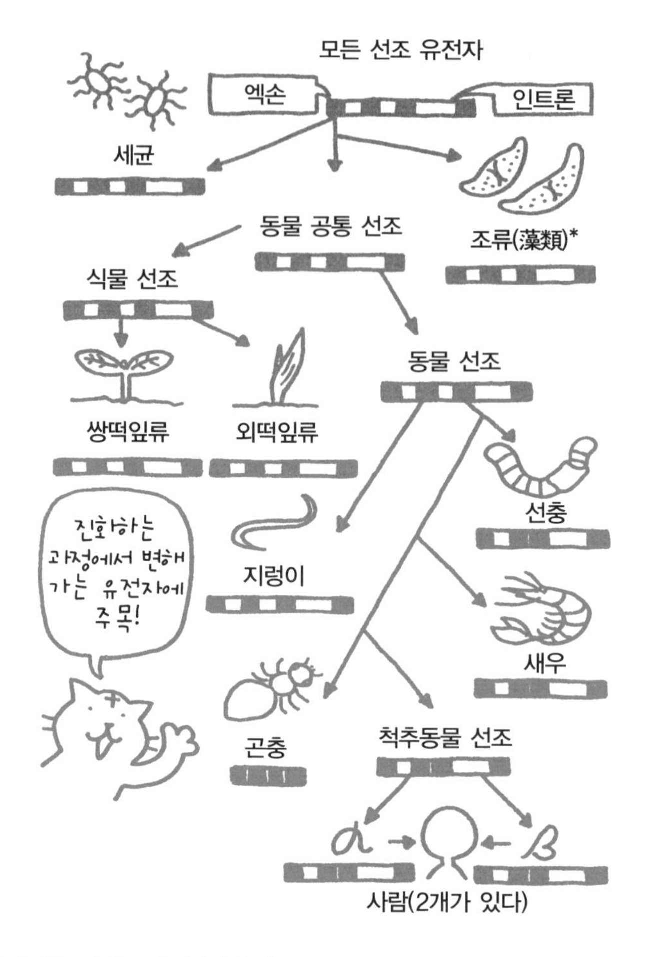

단 하나의 헤모글로빈 선조 유전자에서 여러 유전자가 생겨나는 예다.
세균이나 식물, 원생 동물 모두 헤모글로빈과 비슷한 단백질을 가지고 있다. 물론 사람이 가지고 있는 많은 종류의 헤모글로빈 단백질의 유전자도 원래는 하나의 유전자가 중복되고 변화해온 것이다.
*조류(藻類) : 하등 은화 식물의 한 무리. 물속에 살면서 엽록소로 동화 작용을 한다. –옮긴이

하나의 유전자가 중복되어 복제 유전자를 만들 수 있다는 것은, 하나가 잘 작용을 하지 않아도 남아 있는 유전자가 정상으로 작용하여 돌연

변이가 생겼을 때 안정성이 높아진다는 의미가 있다. 그러나 이것뿐 아니라 진화에서는 더욱 중요한 의미가 있다. 중복된 뒤 하나의 유전자에서는 처음의 기능을 유지하면서 복제 유전자 쪽은 점점 변화함에 따라, 원래 있던 유전자를 잃을 위험 없이 새로운 기능을 갖는 유전자를 만들어낼 수 있다는 것이다.

유전자 중복이 생물 진화의 큰 요인임을 세계에서 최초로 지적한 사람은 일본의 이론진화학자인 오노 스스무(大野乾)다.

그는 생물이 탄생했을 때 만들어진 최초의 유전만이 진짜로 아무것도 없는 상태에서 만들어진 유일한 유전자이고, 나중에 진화되는 것은 모두 원래 있었던 유전자가 중복되고 계속 변화되면서 생겨난 것으로, 생물의 역사는 '최초 1창조, 그 뒤 100표절'[2]이라고 단언했다. 1928년 서울에서 태어난 오노는 2000년 1월 13일 살고 있던 미국에서 사망했다.

도치나이 신

1 카메라와 같은 구조로……
카메라의 눈 구조는 '073 사람의 눈과 오징어의 눈-수렴이라는 수수께끼'를 참조하기 바란다.

2 최초 1창조, 그 뒤 100표절
오노 스스무가 쓴 《생명의 탄생과 진화》(도쿄대학 출판회, 1988년).

063 생물은 이기적인 유전자의 이동 수단인가

사람을 포함하여 많은 동물이나 식물은 2배체 생물이라고 해서 모든 유전자를 한 쌍씩 갖고 있다. 각 유전자 중 하나는 아버지에게서 받은 것이고, 나머지 하나는 어머니에게서 받은 것이다.[1] 때로 아이가 아버지는 많이 닮지 않고 친할머니를 많이 닮은 경우가 있는데, 이것은 친할머니와 그 아이가 같은 유전자를 갖고 있기 때문이다. 이 경우 가령 아버지와 친할머니가 전혀 닮지 않았다 해도 이 아이에게 전해진 친할머니의 유전자를 아버지도 분명히 가지고 있는 것이다.

이러한 상황을 유전적 측면에서 살펴보면, 아버지라는 생물의 몸을 빌려서 친할머니의 유전자가 그 아이에게 옮겨진 것처럼 보인다. 사실 유전자는 복제되기 때문에 할머니가 가진 유전자가 이동해왔을 리는 없지만, 유전자에 쓰여진 정보는 분명히 전달되었기 때문에 유전자가 생물을 갈아탈 수 있다는 가정이 성립된다.

생물은 반드시 죽지만, 대부분의 경우 그 전에 자식을 낳기 때문에 오늘날까지 지구상에 생물이 끊이지 않았다. 부모가 죽어도 자식이나 손자, 자손이 살아가는 한 생물(種)은 계속 생존해간다. 자식은 부모의 유전자를 이어받은 생물이지만, 아버지와 어머니로부터 절반인 하나의 유전자만 받기 때문에 부모를 똑같이 복제하는 것이 아니다. 그래서 할아버지나 할머니의 유전자가 손자에게 4분의 1이 전해질 수 있다. 형제자매는 대부분 2분의 1❷의 유전자를 공유한다는 계산이 된다.

이로써 자신의 유전자를 후대에 남기기 위해서는 꼭 자신이 자식을 낳아야 하는 것은 아니라는 사실을 알 수 있다. 부모와 자녀, 그리고 형제자매도 서로 유전자의 2분의 1을 공유한다. 그래서 만일 자신의 자식이 없어도, 자신이 낳은 자식과 같이 자신의 유전자를 가진 존재로 형제자매가 있는 것이다. 이렇게 생각하면 만일 자신은 아이를 갖지 않아도 형제자매가 낳은 자식은 성별과 상관없이 손자와 같은 의미를 갖는다(자신과 같은 유전자 4분의 1을 갖고 있다)는 의미가 된다. 이모나 고모가 조카를

자신의 아이처럼 귀여워해주는 이유도 여기에 있다고 리처드 도킨스(Clinton Richard Dawkins)는 말했다.

리처드 도킨스의 말에 의하면, 우리와 그외 모든 동물들은 유전자에 의해 만들어진 기계에 불과하며, 자손을 남기는 것은 유전자를 연속시키기 위한 것이다. 즉 진화의 주체는 생물 그 자체가 아니라 유전자라는 식의 생각이다.

이 생각에 의하면 여왕개미가 낳은 알을 기르는 일개미의 '자기 희생적'으로 보이는 행동도 사실은 상당한 수의 유전자를 자신과 공유하는 동생에 해당하는 알을 기르는 것이기 때문에, 이것을 유전자의 측면에서 보면 자신의 자식을 기르는 것과 같은 의미를 갖는다.

같은 유전자를 공유할 확률을 나타내는 혈연도라는 것을 보면, 일벌이나 일개미의 경우에는 자신이 낳은 자식보다도 여왕이 낳은 자식이 자신과 같은 유전자를 더 많이 가지고 있다는 계산이 되는 것 같다. 이것을 통해서 왜 그렇게 일벌이나 일개미가 헌신적으로 여왕의 알들을 기르는지 알 수 있을 것 같다.

또한 도킨스는 유전자가 다음 세대로 확실히 이어지도록 한다는 '이기적인 의도'를 가지고 있으며, 생물의 행동은 유전자가 살아남는다는 목적에 지배된다고까지 말했다. 이렇게 되면 생물은 이기적인 유전자가 이용하는 이동 수단에 불과한 것[3]이 되어버린다.

다만 분자인 유전자 DNA에는 이기적이라고 할 만한 감정도, 지배하려고 하는 의식도 없다. 도킨스의 주장은 더 효율적으로 늘어날 수 있는 유전자를 가진 생물이 진화해왔다는 것으로, 생명의 역사를 유전자의 측면에서 보면 그렇게 설명할 수도 있다는 말이다. 그렇다고 해서 인간의 이기주의나 변덕스러움을 설명할 때, 사람은 이기적인 유전자의 이동 수단이기 때문에 그런 행동을 한다고 하는 엉터리 이론으로 설명해서는 안 된다.

도치나이 신

1 각 유전자 중……

'017 유전자에게 맡겨진 생명의 사슬', '019 부모와 자녀는 왜 닮았을까'를 참조하기 바란다.

2 대부분 2분의 1

부모가 자녀에게 유전자를 전해줄 때 두 개 중 어느 하나를 선택할지는 확률에 의한 것이기 때문에 자녀 수가 수천 명이 아니라면 형제자매가 공유하는 유전자는 정확히 2분의 1이 되지는 않는다.

3 생물은 이기적인 유전자가 이용하는……

리처드 도킨스가 쓴 《이기적인 유전자》.

064 선물로서의 죽음

어떤 방법으로든지 생물은 증식한다. 만일 생물에게 죽음이라는 성질이 없었다면 어땠을까? 그렇다면 개체 수가 증가하여 지구상의 자원(주로 먹는 것과 살 곳)은 금세 고갈되어버릴 것이다. 그래서 갓 태어난 아이와 부모 세대가 먹는 음식과 살아야 하는 터전을 가지고 전쟁을 벌이게 될지도 모른다. 이렇게 되면 아무리 뛰어난 성질을 가진 자녀가 태어난다 해도 갓 태어난 아이는 이미 성장한 부모 세대를 이길 수 없다.

진화는 태어난 아이의 변화로 일어나기 때문에 세대교체가 천천히 무리 없이 이루어지지 않으면 진화가 일어날 수 없다. 즉 태어난 아이가 살아서 잘 자라고, 이 아이들이 다음 세대를 만들기 위한 음식물이나 터전을 보증해주는 것이 진화의 전제가 된다.

그렇기 때문에 다음 세대를 낳은 뒤에 부모 세대가 빨리 죽는 것은 생물 진화에서 유리하다는 것을 알 수 있다. 연어나 대부분의 곤충 중에서 자식을 돌보지 않는 생물은 알이나 자식을 낳고 바로 죽어버리는 경우가 많다. 이 생물들은 생물의 진화 속에서 보면 의미가 있다. 따라서 부모의 죽음이 자식에게 생존을 위한 자원을 물려주는 선물이라고 생각할 수도 있다.

다세포 생물의 몸을 구성하는 세포의 하나하나가 몸 밖으로 빠져도 조건만 성립된다면 독립적으로 증식할 수 있는 생물체라고도 말할 수 있다. 각 세포의 생사를 판정하는 것은 그렇게 어렵지 않다. 증식할 수 없게 되면 늦든지 빠르든지 죽음에 이르게 된다.

그러면 많은 세포로 이루어진 사람은 개체로서 죽음을 어떻게 판단할 수 있을까? 생명 활동을 유지하기 위해 필요한 뇌간이 회복될 수 없을 때까지 파괴되는 것을 '뇌사'라고 한다. 이 상태가 되면 사람의 몸을 사체로 취급해도 좋다는 법률이 있다.

그러나 의학적으로 볼 때 죽었다는 것은 분명하지만 생명 유지 장치로 움직이고 있는 '뇌사체'는 심장이 움직이며 호흡도 하고 있어서 우리의 상식으로 보면 살아 있는 사람으로밖에 보이지 않는다. 오히려 살아 있는 것처럼 보이기 때문에 이 사람으로부터 제공되는 '건강한' 장기를 이식하기에는 알맞다.

고전적인 판정 기준인 심장의 움직임으로 죽음을 판정해도 심장이 정지된 직후에는 몸 대부분의 장기나 세포는 활동하고 있는 것으로 알려져 있다. 즉 심장이 멈춘 사람에게서 난자나 정자를 채취하여 인공 수정을 시키거나, 세포를 채취하여 새로운 체세포 복제 개체[1]를 만드는 것도 가능한 일이다. 엄밀히 말하면 몸을 구성하는 모든 세포가 죽기까지 생

명 또는 유전자의 연속성이라는 의미에서는 생물학적 죽음을 확정할 수 없다.

이것은 식물의 경우를 생각해보면 쉽게 이해할 수 있다. 잘려 쓰러진 큰 포플러나무의 그루터기도 죽은 것처럼 보이지만, 시간이 조금 흐르면 그루터기에는 많은 작은 줄기가 생겨나고, 조금 더 있으면 그루터기를 볼 수도 없을 만큼 번성한다. 그리고 생겨난 줄기를 하나 꺾꽂이를 해서 기르면 잘린 포플러나무는 생물학적으로는 죽지 않은 것이 된다.

꺾꽂이를 어원으로 한 복제(clone) 기술은, 개체로서는 하루 만에 죽어야 하는 동물 몸속의 한 세포(정확하게는 그 핵)를 기초로 새로운 개체를 만드는 방법이다. 복제 기술로 어떤 개체는 세포 수준에서 생물학적 죽음을 피할 수 있다. 이러한 방법으로 만들어진 새로운 개체는 부모 핵에 있는 유전자를 100% 이어받은 존재다.[2]

그러나 이렇게 해서 복제 인간을 만들 수 있다고 해도, 이 개체가 유전자를 공유하는 '부모'와는 다른 개성의 인격을 갖는다는 것은 같은 유전자를 가진 일란성 쌍둥이의 예를 통해서도 알 수 있다. 유전자를 전해받는다는 의미의 세대교체를 거부한 복제는 진화하는 것을 잊은 존재다.

이렇게까지 해서 영원한 생명을 이어가고 싶은 것이 인간의 욕망일까? 반대로 죽음을 온화하게 받아들여 생활의 터전을 진화할 자손들에게 선물로 준다는 고귀함도 인간만이 느낄 수 있는 감동일 것이다.

도치나이 신

1 체세포 복제 개체
'086 복제 동물은 어떻게 만들어졌을까'를 참조하기 바란다.

2 이러한 방법으로……
알에 핵을 이식해서 만든 체세포 복제의 경우, 미토콘드리아 DNA에 있는 유전자는 전해지지 않기 때문에 미토콘드리아 DNA 위에 있는 유전자를 생각하면 완전한 복제라고 할 수 없다는 의견도 있다.

065 가짜 유전자와 쓰레기 유전자

2001년에 인간 유전자를 모두 밝힌다는 인간 게놈 계획[1]이 한 차례 완료됨으로써 인간 유전자의 대부분이 사용되지 않는다는 사실을 알게 되었다. 놀랍게도 인간 유전자의 98.5%가 반복서열로 단조롭게 반복되고 있었다. 생명의 설계도라고도 말할 수 있는 유전자의 대부분이 사용되지 않는다는 것은 대체 무슨 말일까?

세계에서 최초로 유전자 DNA의 모든 염기서열이 결정된 생물은 박테리아에 감염된 바이러스인 파지(phage)였다. 파지에는 사용되지 않는 DNA 등은 존재하지 않고, 경우에 따라서는 어떤 유전자의 일부가 다른 유전자의 일부가 되는 경우도 있어서 놀랄 만큼 경제적인 유전자였다.

한편 고등 생물인 '단백질 설계도가 아닌 DNA' 가 많이 있다는 것이나 '전령 RNA로 옮겨져도 단백질로는 번역되지 않는 DNA' 도 있다는 것은 이미 알려져 있었다. 이러한 DNA를 '인트론(intron)'이라고 말한다. '유용한 정보가 없다'는 것으로, '쓰레기(junk) 유전자'[2]라고도 불렸다. 그러나 고등 생물은 인트론 중 어떤 것은 유전자의 발현 조절[3]에 관계되는 것으로 알려졌기 때문에 지금은 쓰레기라고 불리는 일이 적어졌다.

인트론이 주목받게 된 또 한 가지 이유는 유전자를 다르게 이어붙이는 새로운 재조합 유전자를 만들 때 '남겨지는 부분'의 역할을 하기 때문이다. 생물이 진화할 때는 설계도 부분의 유전자를 잘라서 다른 유전자와 합쳐 새로운 유전자를 만든다. 그런데 유전자를 자를 때 조금은 벗어나게 잘라도 새롭게 재조합되는 유전자의 단백질 부분 구조가 변하지 않도록 하는 안전지대가 있는 것이 편리하다(다음 그림 참조).

또한 정상으로 작용하고 있는 유전자와 대부분 같은 배열을 하고 있음에도 불구하고 유전자 내의 염기서열이 일부 결실되거나 변형된 배열이 잠재되어 있기도 하는 등의 변화가 일어났기 때문에 기능을 제대로 하지 못하며, RNA로 번역되지도 않게 되어버린 '가짜 유전자'가 있다. 가짜 유전자는 이 구조에서 보면 분명히 최근까지는 작용하지 않던 유전자이며, 유전자 중복[4]으로 늘어난 유전자 한쪽이 가짜 유전자가 되는 경우도 많은 것 같다.

가짜 유전자는 사용할 수 없기 때문에 변화해도 생물에는 영향을 주지 않는다. 그런데 점점 변화하고 이 변화가 축적되기 쉬워서, 어떤 때는 갑자기 지금까지와는 전혀 다른 작용을 하는 유전자로 되살아나기도 한다는 사실을 알았다. 또한 닭이나 토끼는 항체 유전자의 부품 창고[5]로 사용한다.

염색체의 끝단에 있는 텔로미어(telomere)라고 부르는 반복된 배열도

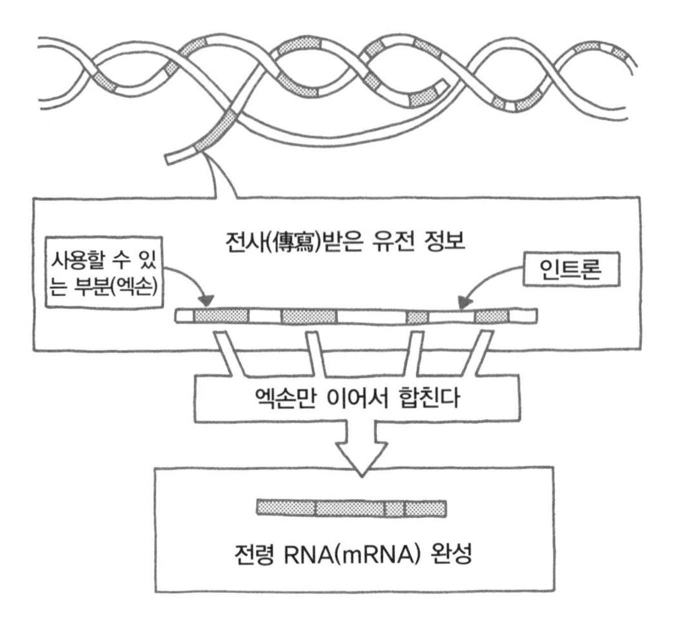

엑손과 인트론

DNA가 RNA에 복제(전사)된 뒤에 인트론은 잘려나가고, 단백질로 번역되어 mRNA가 된다. 끊어져서 이어진 모습이 영화 필름의 편집과 닮았기 때문에 이 과정을 '이어맞추기(splicing)' 라고 부른다.

얼마 전까지는 쓰레기 유전자의 대표로 생각했지만, 지금은 세포의 수명을 조절하는 아주 중요한 부분임을 알게 되었다.

이렇듯 생물학의 진보와 함께 예전에는 쓰레기로 생각했던 배열도 여러 가지 기능이 있다는 것을 알게 되었기 때문에, 이러한 것들이 의미가 없는 존재라고 생각하는 과학자는 이제 거의 없다. 그것들이 무의미하게 보이는 것은 과학자가 아직 그 의미를 발견하지 못한 것에 불과하다.

그래서 아직까지 밝혀지지 않은 인간 유전자의 98.5% 부분에 인간이 지금까지 진화해온 수수께끼를 풀 수 있는 열쇠가 숨어 있을 것으로 기대하고 있다. 유전자의 세계에서도 분명 쓰레기 속에서 보물이 나올 것이다.

도치나이 신

1 인간 게놈 계획
'052 인간 게놈 계획 '완료'의 의미'를 참조하기 바란다.

2 쓰레기(junk) 유전자
junk는 쓰레기, 쓸모없는 것을 뜻한다.

3 유전자의 발현 조절
유전자가 정상일 때, 정상 세포 속에서 작용할 수 있도록 조절하는 것이다.

4 유전자 중복
'062 단 하나의 유전자에서'를 참조하기 바란다.

5 항체 유전자의 부품 창고
'067 수억 년 전부터 이루어진 유전자공학'을 참조하기 바란다.

066 돌아다니는 유전자

어디에서나 예외가 있고 상식을 깨는 것들이 있는 것처럼 유전자에서도 이상한 행동을 하는 것이 발견되었다. 부모에서 자식에게만이 아니라 자식에게서 부모, 형제자매 사이나 다른 사람들과의 사이를 유전자가 마음대로 돌아다닌다면 어떻게 될까? 사람과 침팬지, 동물과 식물의 울타리마저 없어져버릴지도 모른다. 그렇지만 이렇게 큰 사건이 일어났다는 이야기는 들어본 적이 없기 때문에 어떤 생물에서 다른 생물로 유전자가 마음대로 돌아다는 일은 그렇게 간단하게 일어나지 않는다. 그러나 염색체(DNA)를 떠나 마음대로 돌아다니는 유전자가 실제로 있다.

그동안 압도적으로 남자들만 받아오던 의학 생물학상을 1983년에 수상한 카네기 연구소의 여성 연구자 바버라 매클린턱(Barbara McClintock)은 잎사귀에 얼룩이 지는 점박이 옥수수를 연구하여 세포마다 성질이 바뀌는 이유는 유전자가 염색체에서 나오거나 들어가기 때문이라는 대담한 가설을 1951년에 제출하였다. 매클린턱은 이 발견으로 노벨상을 받기까지 30년 이상이나 걸렸다. 누구도 이러한 이야기를 믿어주지 않았기 때문이다.

매클린턱은 점박이의 원인은 색소를 합성하는 유전자 중에 '움직이는 유전자'가 침입하여 유전자를 파괴해버리기 때문이라고 생각했다. 이러한 생각을 하게 된 것은 색소를 합성할 수 없게 되었던 세포가 다시 색소를 합성하게 되는 현상을 보았기 때문이다. 정상적인 기능을 하는 유전자 중에 움직이는 유전자가 들어옴으로써 유전자가 손상되고, 이것이 떨어져 나가서 유전자의 기능이 회복된다는 생각은 유전자 본체가 DNA인 것조차 아직 사실로 받아들이지 못했던 당시의 상식에서 보면 터무니없는 말이었다.

그러나 지금은 나팔꽃이나 벼라는 대부분의 점박이 식물 외에 대장균이나 초파리, 그리고 사람에게도 움직이는 유전자가 계속적으로 발견되고 있으며, '트랜스포존(transposon, 움직이는 유전자)'이라는 멋진 이름도 붙여졌다.

일반적으로 트랜스포존은 하나의 세포 속에서 나오지 않기 때문에 돌아다니는 유전자를 손상시키거나 회복시키는 장난(?)을 해도 그 세포에만 영향을 미친다. 그렇지만 이 트랜스포존이 세포 밖으로 나와 다른 세포 속으로 들어가는 경우도 있다.

에이즈의 원인 바이러스인 인간면역결핍 바이러스(HIV)는 인간 유전자 속에 바이러스 유전자를 침입시키는 것이다. HIV는 RNA를 유전자로 가지고 있지만, 인간 세포에 침입하면 특수한 효소를 사용하여 RNA를

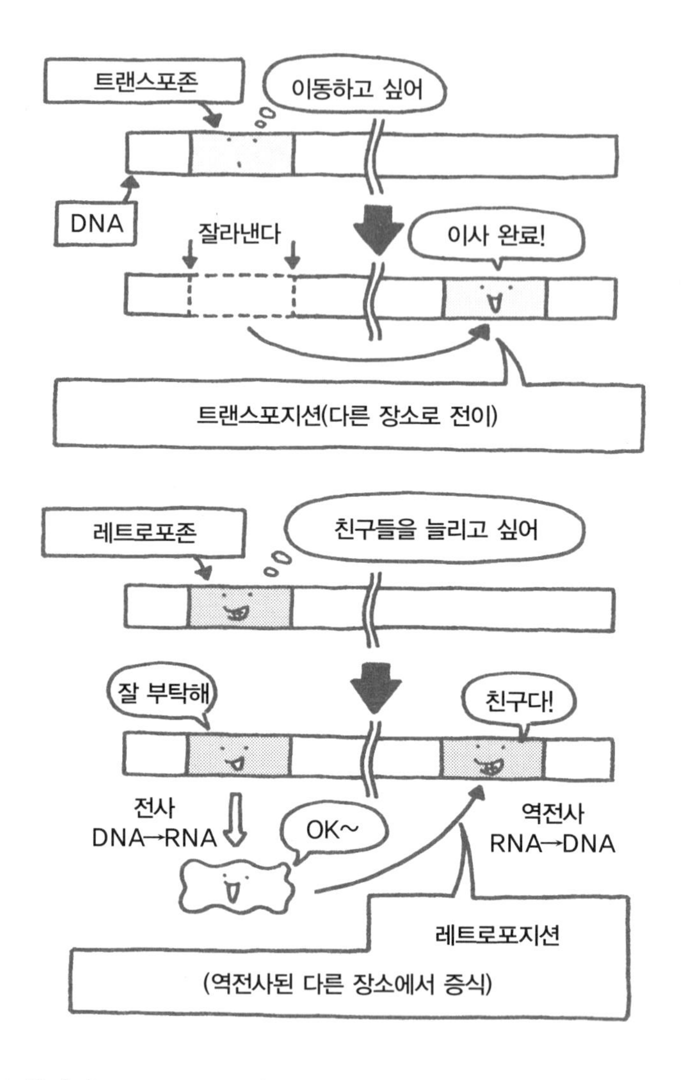

DNA로 역전사(逆轉寫, DNA의 유전 정보가 전령 RNA로 옮겨지는 과정의 반대 과정-옮긴이)한다. 이렇게 만들어진 바이러스 DNA는 인간 염색체 속으로 침입하여 처음에 있던 인간 유전자와 같이 전사되고 번역되어 새로운 바이러스의 부품인 유전 RNA나 단백질을 만든다.

이런 과정으로 대량 생산된 바이러스는 세포를 날아다니며 계속해서 새로운 세포를 감염시킨다. 이런 바이러스를 레트로바이러스(retrovirus)[1] 라고 부른다.

레트로포존이라고 불리는 세포 내 레트로바이러스와 같은 유전자도 발견되었다. 이것은 세포에서 밖으로는 나오지 않지만 DNA에서 많은 RNA를 만들고, 이 RNA가 DNA를 역전사하여 같은 세포핵 속에 있는 염색체 이곳저곳으로 들어가버린다. 레트로포존의 번식력은 상상 이상으로 강하며, 놀랍게도 인간 게놈 중 약 40%가 이렇게 복제된 유전자의 복사물이라고도 할 수 있다.[2]

염색체 위에 이렇게 많은 레트로포존이 증식함에도 불구하고, 유전자가 파괴되어 없어지는 것이 아니라 반대로 점점 진화가 진행되어 인간이 태어났다. 이것을 생각하면 레트로포존은 유전자의 파괴자가 아니라 진화의 추진자일지도 모른다.

도치나이 신

1 레트로바이러스(retrovirus)
레트로란 과거를 회고하는 레트로(retro)의 의미가 아니라 역전사 효소(reverse transcriptase)를 줄여서 부르는 명칭이다.

2 놀랍게도 인간 게놈 중……
'065 가짜 유전자와 쓰레기 유전자'에 나온 쓰레기 유전자 중에 많은 것이 레트로포존이다.

067 수억 년 전부터 이루어진 유전자공학

앞에서 돌아다니는 유전자 이야기를 읽고, 굉장해 보이는 유전자 조작이라든지 유전자공학이라는 것도 전부터 가지고 있던 바이러스를 이용하는 것뿐이라는 것임을 눈치 챘을지도 모르겠다. 사실 유전자공학에서 사용되는 기술 대부분은 이미 생물이 가지고 있는 성질을 유용하게 사용하는 것뿐이다. 그러면 대표적인 것을 살펴보도록 하자.

유전자를 자르는 가위와 같은 역할을 하는 제한효소(制限酵素, restriction enzyme)는 이 효소가 발견된, 세균에 침입한 바이러스 유전자를 잘라 죽이는 자기 방위를 위한 무기라고도 생각할 수 있다.

또한 시험관 중에서 DNA를 증식시키는 PCR[1]이 가능하게 된 것은 온천에서 생활하는 세균이 가진 열에 강한 DNA 폴리머라아제 덕분이다. 그리고 특정한 유전자를 바꿀 때는 유성 생식에서 생식 세포를 만들어낼 때 이루어지는 상동 유전자의 재조합[2]을 이용하고 있다. 이 기술을 이용해서 정상인 유전자를 손상된 유전자와 교환하여 손상된 유전자를 치료하는 것도 가능하다.[3]

이렇게 최신 유전자 조작 기술이라고 말하지만, 이 기술은 사실 모든 생물이 처음부터 사용하던 기술을 이용하는 것에 불과하다. 아직 우리가 모르는 유전자공학을 생물들은 수억 년이나 전부터 당연한 것처럼 사용하고 있었던 것이다. 이러한 것 중 하나는 면역 유전자를 이용하는 기술이다.

항원[4]을 인식하기 때문에 항체 단백질[5]이나 T세포의 수용체 단백질[6]은 100만 종류, 1000만 종류가 있다고 할 수 있다. 모든 단백질은 유전자에 의해서 만들어진다. 그래서 설사 단백질 수가 100만 종류라고 해도 인간 게놈 프로젝트에서 밝혀진 인간 유전자 수는 겨우 3만 종류이기 때문에, 모든 유전자를 총출동해도 모든 면역 단백질을 만드는 것은 불가능하다. 그러면 어떻게 해서 유전자의 수보다 많은 단백질을 만들 수 있을까?

연골어류 이상의 척추동물 면역 유전자는 단백질을 만드는 유전자를 몇 개의 조각으로 나누어 갖고 있다. 그래서 실제로 사용할 때는 나누어져 있는 이러한 조각들을 이어붙임으로써 목적으로 하는 단백질에 대응하는 유전자를 만든다는 기발한 작용이 이루어지고 있는 것이다.

예를 들어 항체를 만드는 두 종류의 단백질 중 한 단백질 유전자는 4개의 조각으로 나누어져 있는데 이 가운데 맨 마지막 부품만이 모든 항체 단백질을 만들 때 사용되도록 되어 있다. 이 부품은 '항체답도록' 만드는 부분이기 때문에 모두 같아도 상관 없다. 그러나 이외에 남은 부분들은

항체 유전자의 재편성 구조
항체 유전자가 하는 일은 옷을 조금 가지고 있어도 여러 옷을 조합하면 여러 스타일의 옷을 입을 수 있는 것과 비슷할 것이다.

항원을 구별하기 위해 사용되는 부분이기 때문에 각각의 항원에 대해 다른 구조로 되어 있어야만 한다.

이 세 부품 중 첫 부품을 500종류, 다음 부품을 15종류, 세 번째 부품을 4종류 준비해둔다. 그리고 이 세 유전자의 조합으로 다른 항원을 구별하기 위한 단백질을 만드는 유전자를 만들려면, 부품의 조합으로 인해 겨우 500+15+4+1=520개의 유전자 조각을 만들 수 있다. 그리고 이 520개의 유전자 조각으로 500×15×4×1=3만 종류의 단백질을 만들 수 있는 것이다(그림 참조).

그리고 남은 또 하나의 단백질 유전자로도 이와 같이 만들 수 있어서 205개의 유전자 조각에서 800종류의 단백질을 만들 수 있다. 최종적으로 항원을 구별할 때는 이 두 개의 단백질을 조합하여 사용하기 때문에 520+205=725개의 유전자 조각에서 3만×800=2400만 개의 단백질을 만들 수 있다는 유전자공학의 마술이 완성된다.

1 PCR

'079 DNA 증식 방법 2-PCR법' 을 참조하기 바란다.

2 상동 유전자의 재조합

'018 유성 생식의 개요-감수분열과 수정' 을 참조하기 바란다.

3 정상인 유전자를……

'091 녹인, 녹아웃, 녹다운' 을 참조하기 바란다.

4 항원

항체 단백질이나 T세포의 수용체 단백질이 결합하여 면역 반응을 일으키는 성질이다.

5 항체 단백질

B세포라고 불리는 림프구가 만드는 항원과 결합하는 단백질이다.

6 T세포의 수용체 단백질

T세포라고 불리는 림프구가 만드는 항원과 결합하는 단백질이다.

이러한 사실을 발견하는 데 큰 공헌을 한 일본인 도네가와 스스무(利根川進)가 1987년에 노벨 의학 생리학상을 받았지만, 연골어류가 진화해 이러한 방식으로 유전자를 사용하기 시작한 것은 4억 년도 전의 일이다.

도치나이 신

068 바이러스는 생물이다

'066 돌아다니는 유전자'에서 돌아다니는 유전자인 트랜스포존이 나왔다. 그리고 이 유전자를 가지고 있어서 세포 밖으로 나가는 레트로바이러스도 등장했다. 유전자는 생물의 부품이기 때문에 유전자 자체가 생물인지 아닌지 생각할 필요는 없다. 세포 속에는 유전자를 가진 미토콘드리아나 엽록체라는 세포 소기관도 있지만, 이러한 기관들은 세포에서 나가거나 다른 세포로 들어가지는 않기 때문에 역시 세포의 부품이라고 생각할 수 있다. 이와 같이 설사 돌아다니는 유전자라고 해도 세포에서 나오지 않는다면 이것은 세포의 부품이라고 생각해도 좋을 것이다.

그런데 문제는 바이러스다. 바이러스는 세포 밖으로 나와서 다른 세포로 침입하고, 그 세포 속에서 돌아다니는 유전자와 같이 행동한다. 또한 증식해서 세포에서 나오고 다른 세포로 침입하기를 반복한다. 그리고 증식을 반복하는 사이에 바이러스 유전자도 조금씩 변화한다. 유전자의 변화는 진화의 원동력이므로 바이러스도 같이 진화하게 된다. 게다가 바이러스 유전자의 증폭 속도는 상당히 빠르기 때문에 바이러스는 다른 어떤 생물보다도 빠른 속도로 진화할 수 있다.

매년 조금씩 모습을 바꾸는 조류독감이 등장하여 전년도 조류독감 백신이 올해는 도움이 안 되는 이유는 조류독감이 진화한다는 사실을 증명하는 것이다. 인간의 세포를 이용하여 증식하며 진화해가는 바이러스는 어떻게 보아도 생물과 같다고 생각할 수 있다.

그런데 여러 생물학 책들을 살펴보면 바이러스는 생물이 아니라고 쓰여 있는 책이 꽤 있다. 왜 그럴까? 그 이유는 고전적인(또는 정통적인) 생물학에서의 생물 정의를 따랐기 때문이다. 뛰어난 생물책인 드 로스네이(Joel de Rosnay)의 《생명이란 무엇일까?》를 보면 '생물이란 개체가 독립해서 살아 있는 것이며, 영양을 섭취하고 체내에서 화학반응을 하며, 자식을 낳고 진화하며 죽는 것이다' 라고 정의하고 있다. 인간이나 지렁이, 민들레 등은 틀림없이 이 정의에 해당하기 때문에 확실히 생물이라고 말할 수 있다.

그런데 문제는 바이러스다. 독립해서 행동하고, 자손을 낳고, 진화하며 죽는다는 것까지는 괜찮지만, 화학반응을 포함한 대부분의 활동은 바이러스가 침입한 세포에게 맡기지 바이러스 자신이 하지는 않기 때문이다. 이러한 점 때문에 옛날부터 많은 생물학자들은 바이러스를 생물로 인정하지 않았다. '바이러스는 생물학적인 특징은 가지고 있지만, 생물은 아니다' 라고 정의하는 경우가 대부분이었다.

또한 담배 바이러스병의 원인으로 유명한 담배 모자이크 바이러스

(tobacco mosaic virus)는 구조가 간단하기 때문에, 많이 모아서 정제하면 결정(結晶)이 되어버리는 성질도 생물답지 않은 성질로 자주 인용되곤 한다. 이 연구에는 1946년에 노벨상이 수여됐다. 이 연구로 결정(結晶)이 되는 것은 단순한 물질임이 증명되었다. 그 시대에는 생물은 그렇게 단순한 것이 아니라고 생각했기 때문에 결정이 되는 바이러스는 생물이 아니라는 결정적인 증거였다고도 할 수 있다.

그러나 결정이 된 담배모자이크바이러스의 조각을 담뱃잎에 문질러서 바르면 바이러스는 갑자기 증식하기 시작해서 담배를 병들게 한다. 같은 결정이라고 해도 소금이나 수정결정(水晶結晶)과는 전혀 다른 성질을 가지고 있는 것이다.

고등 동물이라도 기생을 하게 되면 먹이를 먹거나 운동을 하는 기관이 퇴화되어버린다는 사실은 잘 알려져 있다. 바이러스가 여러 생물의 세포 속에서 기생하며 살아간다고 생각하면, 처음에는 가지고 있던 화학반응의 능력이나 생물로서의 복잡한 구조를 진화 과정에서 없애버린 것일지도 모른다.

이것은 단순한 퇴화가 아니라 쓸모없는 것을 버리고 새로운 생활 방법에 적응하는 '진화'라고 생각할 수도 있다. 세포 속에서 기생한다는 특수한 방법으로 사는 것을 생각하면, 바이러스를 하나의 생물로 받아들이는 것이 크게 무리될 만한 사항은 아닐 것이라고 생각한다. 유전되고 진화하는 바이러스는 역시 생물의 하나일 것이다.

도치나이 신

069 유전자가 없는 프리온은 생물일까

가스 중독이나 식중독, 약물 중독이나 알코올 중독 등 어떤 중독이든 물질이 소량일 경우에는 대부분 증세를 보이지 않다가 어느 정도 수준의 양을 넘으면 그 증세가 나타난다는 특징이 있다. 이에 비해 감염증은 병원체가 체내에서 증식하면 증세가 나타나기 때문에 처음에 체내로 들어간 병원체는 아무리 적은 양이라도 증세가 나타난다.

병원체가 증식하는 것은 이것이 생물이기 때문이다. 병원체가 미생물이나 세균일 경우에는 세포 자체가 증식하지만, 생물인지 아닌지 불분명한 바이러스는 바이러스 유전자가 세포 속에서 증식한다.[1] 아무튼 늘어나는 이유는 유전자가 있기 때문이다.

광우병[2]이라는 이름으로 유명해진 '수수께끼 병원체 프리온'[3]은 유전자의 본체인 RNA나 DNA를 가지고 있지 않고 단백질로만 이루어져 있어서 '감염성을 가진 단백질 입자' 라는 의미의 이름이 붙여졌다. 광우병도 전염병이기 때문에 병원체인 프리온이 늘어나서 병이 퍼진다.

그렇다면 유전자를 가지고 있지 않은데 어떻게 늘어나는 것일까? 단백질인 프리온 자신은 증식하지 않는다. 프리온 자신은 증식하지 않지만, 병에 걸린 소에서는 프리온이 늘어난다. 이것이 풀기 어려운 수수께끼였다.

어떤 단백질이든지 유전자에 있는 설계도에 의해 만들어진다. 프리온도 단백질이기 때문에 어딘가에 그 유전자가 있을 것이다. 조사해보니 그 유전자는 소가 원래 가진 유전자 속에 있었다. 사람이 걸리는 프리온병이라고 할 수 있는 크로이츠펠트야곱병(Creutzfeldt-Jakob disease)의 프리온도 그 유전자는 사람의 세포핵 속에 있다.[4] 즉 건강한 소나 인간도 프리온 단백질을 만들고 있는 것이다. 그렇다면 평상시에는 왜 병에 걸리지 않는 것일까?

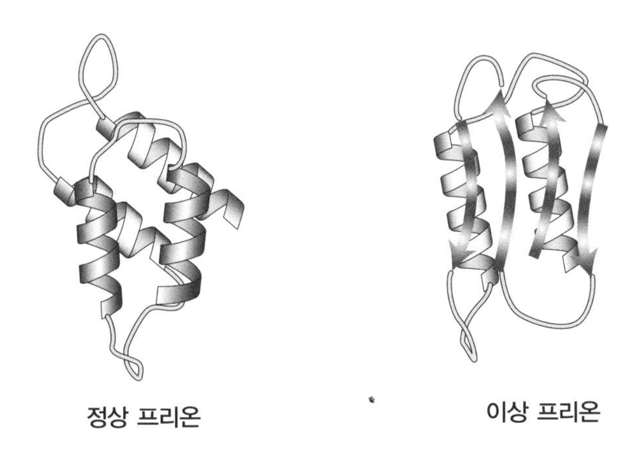

나선 모양을 하는 정상 프리온의 몇 곳이 쭉 뻗은 판과 같은 구조가 되어 이상 프리온이 되어버린다.

단백질의 형태를 자세히 연구한 결과, 병을 일으키는 '이상 프리온'과 건강한 사람이 가지고 있는 '정상 프리온'은 조금 다른 형태를 하고 있다는 것을 알게 되었다. 이상 프리온도 정상 프리온과 똑같은 유전자에서 만들어진다. 유전자가 같다는 것은 단백질이 가진 아미노산 서열이 완전히 같다는 얘기다. 단백질은 아미노산의 긴 사슬로 이루어져 있는데, 이 긴 사슬은 복잡하게 말려서 접혀 있다. 지금까지의 생물학 상식으로는, 아미노산 사슬은 어떤 정해진 방법으로 말려서 접힐 수밖에 없기 때문에, 같은 유전자에서 만들어진 단백질은 같은 형태를 하고 있다고 생각했다. 그러나 프리온의 연구는 이 상식도 깨뜨려버렸다.

프리온 병에 걸리면 정상 프리온이 감소하고 이상 프리온이 늘어난다는 것을 알았다. 그러면 어떻게 해서 이상 프리온이 늘어나는 것일까?

유전자가 만든 프리온은 모두 정상인 프리온이다. 그러나 정상 프리온에 이상 프리온이 접촉하면, 정상 프리온이 말려서 접히는 방법을 바꾸어서 대부분 이상 프리온으로 변화해버린다는 것을 확인할 수 있었다. 즉 수술이나 주사, 음식 등의 형태로 이상 프리온이 체내에 들어가서 정상 프리온과 접촉하면, 원래 있던 정상 프리온이 연쇄적으로 반응하여 이상 프리온으로 변해버리는 것이다.

또한 이 연쇄 반응은 동물의 종을 넘어서 전해진다는 것을 알게 되었다. 처음에는 스크레피(scrapie)라는 이름의 프리온 병에 걸린 양으로 만든 먹이(뼈와 살로 만든 먹이)를 먹은 소가 광우병에 걸린다고 알려졌다. 양의 이상 프리온이 소의 정상 프리온을 이상하게 변화시키는 것이었다. 그런데 1996년 영국 정부는 인간도 광우병에 걸린 소의 이상 프리온으로 인해 크로이츠펠트야곱병에 걸릴 수 있다고 발표했다. 소가 걸린 병이 사람에게 전염된다는 것이다.

프리온은 생물이 아니기 때문에 죽을 수 없다. 그런데 전염성을 가진 병의 원인이 되기 때문에 사람들이 충격을 받을 수밖에 없는 것이다.[5]

도치나이 신

1 생물인지 아닌지 불분명한……
'068 바이러스는 생물이다'를 참조하기 바란다.

2 광우병
정확하게는 BSE(소 해면상뇌증(海綿狀腦症))라고 한다.

3 프리온
단백질(프로테인)과 바이러스 입자(비리온)의 합성어다.

4 그 유전자는 사람의……
프리온은 포유류의 뇌 등에 많은 단백질이지만, 아직 어떠한 기능을 하는지 모른다. 그러나 최근 들어 효모에서도 프리온 단백질이 발견되었기 때문에 대부분의 생물이 기본적으로 필요로 하는 중요한 기능을 하는 것으로 추측된다.

5 그런데 전염성을……
일본의 동물위생연구소와 메이지 제과의 공동 연구팀이 이상 프리온 단백질을 강력하게 분해하여 불활성화하는 새로운 효소를 발견했다는 뉴스가 있었다(마이니치 신문, 2002년 11월 20일).

070 도롱뇽의 등은 새우의 배-등과 배가 뒤바뀐 진화

지구에 있는 다세포 동물[1]을 크게 나눈다면 대략 두 개의 그룹으로 나눌 수 있다. 등뼈가 있는 척추동물과 이에 해당하지 않는 무척추동물로 나눌 수 있다. (물론 이 경계 근처에는 어디에도 해당하지 않는 동물도 있기 때문에 이야기가 그렇게 간단하지 않지만, 앞으로 진행할 이야기를 위해 이 점은 감안해주길 바란다.)

척추동물의 특징은 등뼈가 있다는 것이다. 등뼈 속에는 척수라고 불리는 신경의 굵은 관이 있고, 뇌로 이어지는 중추 신경계를 만들고 있다.

척추동물의 대표로 도롱뇽과 무척추동물의 대표로 새우를 비교해보자. 새우의 몸은 딱딱한 껍질로 덮여 있고, 몸속에는 뼈가 없다. 새우의 껍질은 몸을 지탱하는 역할을 하여 외골격이라고 부른다. 한편 도롱뇽의 뼈는 몸속에 있기 때문에 내골격이라고 부른다.

새우는 요리하기 전에 등 쪽에 있는 검은 내장을 제거한다. 새우의 소화관에 해당하는 장이 등 가운데를 차지하고 있는 것이다. 도롱뇽의 장은 물론 배 쪽에 있다. 또한 새우 머리에도 뇌가 있지만, 척수에 해당하는 굵은 신경은 껍질의 안쪽을 따라서 배 쪽에 있다.

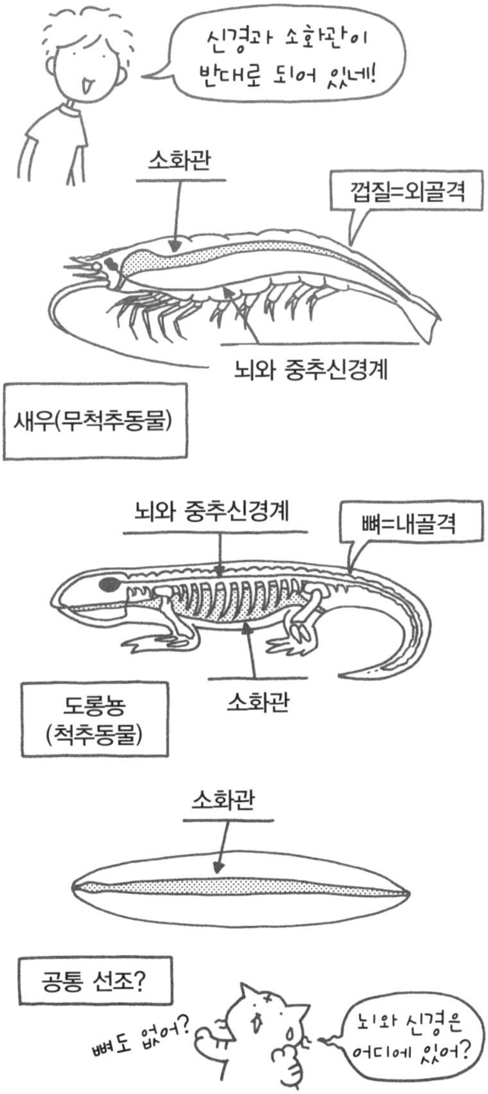

즉 도롱뇽과 새우는 등과 배가 바뀌어 있는 것처럼 보인다. 그러면 모든 생물은 진화 과정에서 공통된 선조에게서 태어났는데, 무척추동물과 척추동물이 나누어질 때 등과 배가 반대로 바뀌듯이 변화가 일어난 것은 아닌가 하는 생각이 든다.

사실 학자들 사이에서는 상당히 옛날부터 상상해왔던 것이다. 그러나 대부분 증거다운 증거가 없었기 때문에 이러한 생각은 오랫동안 단순히 흥미로운 이야기 정도로 취급당해왔다.

그런데 최근 들어 동물의 발생과 관계된 여러 유전자의 연구가 이루어진 결과, 그 증거가 될 만한 것을 발견하였다.

척추동물의 발생 초기에는 등을 만드는 코딘(chordin)이라는 유전자와 반대로 배를 만드는 BMP-4라는 유전자가 작용을 한다. 이 두 유전자 모두 균형을 맞추어서 제대로 된 등과 배를 가진 동물을 완성한다.

무척추동물도 초파리를 비롯하여 곤충의 발생과 관련된 유전자가 많이 밝혀졌다. 그중에서 곤충의 배를 만드는 유전자 소그(sog)가 척추동물의 등을 만드는 코딘과 상동한 유전자[2]임을 알게 되었다. 이와 마찬가지로 등을 만드는 기능을 하는 dpp라는 유전자가 도롱뇽의 배를 만드는 BMP-4와 상동한 유전자인 것도 밝혀졌다. 이러한 발견은 진화에서 척추동물의 등이 무척추동물의 배와 상동한 부위이고, 배는 등과 상동하다는 강력한 증거가 되었다.

6억 년 정도 전에 바다에 있었던, 머리와 꼬리만 있고 등과 배를 가지고 있지 않았던 공통의 선조. 이들이 우리의 척수에 해당하는 굵은 신경

1 다세포 동물
생물에는 한 세포로 살아가는 단세포 생물과 많은 세포로 구성된 다세포 생물이 있다.

2 상동한 유전자
유전자의 염기서열이 비슷하여 진화가 일어나기 전에는 동일한 것이었다고 추측된다.

관을 진화시키는 과정에서, 신경이 있는 쪽을 아래로 하게 하여 죽은 것들과, 이와는 반대로 신경이 없는 쪽을 해저로 향하게 하여 죽은 것들이 있었다고 생각된다. 그후 전자는 몸의 바깥쪽에 껍질을 발달시켜 무척추동물이, 후자는 몸 가운데에 뼈를 발달시켜 척추동물이 된 것이 분명하다.

도치나이 신

071 쥐 눈을 만드는 유전자는 파리 눈도 만들 수 있다

지금으로부터 6억 년도 훨씬 전으로 진화의 역사를 거슬러 올라가면, 쥐와 파리는 공통의 선조에 도달한다. 물론 이 공통의 선조는 현재의 쥐나 파리와 닮지 않은 지렁이나 갯지렁이와 같은 모습을 한 동물이었을 것이다. 그후 쥐와 파리의 선조로 나뉘어 6억 년 이전에 각각 진화해온 것이기 때문에 각각의 혈통 속에서 유전자는 별도로 계속 변화해왔다. 그러나 그 정도로 오랜 시간이 흘렀는데도 불구하고 지금도 같은 기능을 하는 유전자가 있다.

쥐(생쥐)에게는 스몰 아이(small eye)라고 불리는 유전병이 있다. 교배 실험 결과, 이것은 두 번째 염색체 위에 있는 세이(Sey)라는 유전자가 돌연변이를 일으킨 것이라고 밝혀졌다. 돌연변이를 일으킨 유전자 하나를 갖게 되면 눈이 작아지고, 두 개를 갖게 되면 눈이 전혀 만들어지지 않는다. 한편 유전자 DNA의 연구에서 발견된 팍스 식스(Pax 6)라고 불리는 유전자가 후에 세이와 같은 것임을 알게 되었다. 사람에게도 쥐의 팍스 식스와 상동한 유전자가 있고, 이 유전자가 작용을 하지 않으면 눈의 홍채를 만들 수 없다(무홍채).

한편 초파리도 눈을 만들 수 없게 하는 돌연변이의 원인이 되는 아일레스(eyeless)라고 하는 유전자가 오래전부터 알려져 있었는데, 그 DNA를 조사해보니 쥐의 팍스 식스와 아주 유사한 유전자임을 알게 되었다.

그래서 스위스 바젤 대학의 게링(Walter J. Gehring)은 쥐의 팍스 식스 유전자를 초파리에 넣어 그 움직임을 관찰했다. 그랬더니 눈이 없는 초파리에 야생형[1]과 같은 눈이 만들어졌다. 초파리 등 곤충의 눈은 겹눈(compound eye)이라고 불리는 눈이고, 쥐나 인간의 눈은 카메라와 같은 구조로 기능하는 카메라 눈[2]이라고 불리는 눈이다.

빛을 느끼는 것은 본다는 의미에서는 같은 기능이지만, 새의 날개나 나비의 날개처럼 진화적으로 보면 같은 것이 아니다(상동이 아니다). 그런데 쥐의 유전자를 넣어서 만들어진 초파리의 눈은 카메라 눈이 아니라 겹눈이었다. 이 실험 결과가 만일 초파리에 카메라 눈이 생겼다면 무서운 이야기가 되었겠지만, 조금은 안심할 수 있는 결과가 나온 것이다.

게링은 이 실험을 더욱 발전시켜 더듬이나 날개가 만들어지게 하는 곳에 팍스 식스를 강제적으로 작용하게 해보니, 놀랍게도 더듬이나 날개 끝에 겹눈이 만들어지는 것도 발견했다. 즉 아일레스(팍스 식스)가 작용하면 더듬이나 날개가 되어야 하는 세포의 운명도 바뀌어버린다는 것이다. 이렇게 강한 기능을 가진 유전자를 '마스터 유전자'라고 부른다.

쥐의 팍스 식스는 앞으로 렌즈와 각막을 만들 세포로 기능한다. 하지

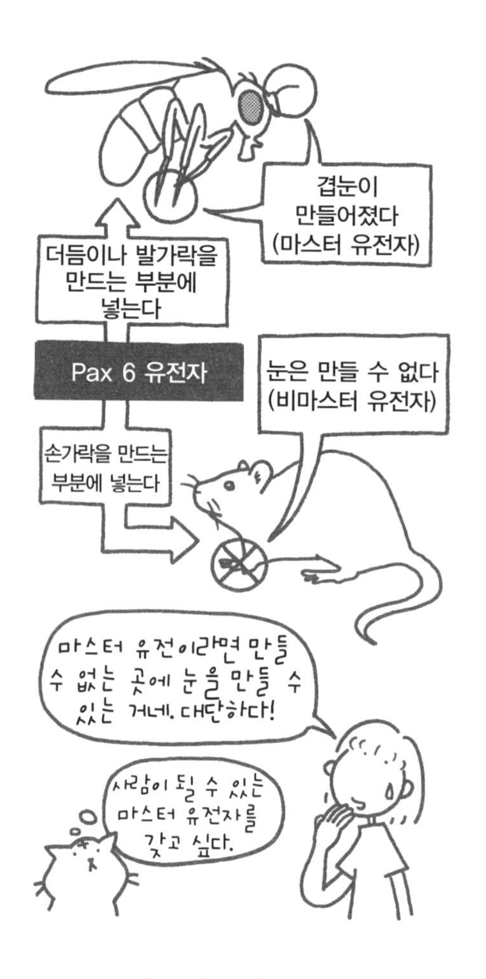

만 강제적으로 팍스 식스를 손에서 작용하게 해도 그곳에 눈이 생기지는 않는다. 즉 팍스 식스는 쥐의 눈을 만들 수 있는 마스터 유전자가 아니다.

팍스 식스와 아일레스가 가끔은 눈이라는 같은 기능을 하는 기관으로 작용하며, 쥐의 유전자를 초파리의 유전자와 바꾸는 것이 가능하다는 것은 세계에 충격을 준 연구 결과지만, 자세히 조사해보면 같은 유전자의 자손(상동 유전자)이 쥐와 초파리에서 다른 기능을 했다고 이해하는 것이 올바를 것이다.

1999년에 초파리에 날개를 만드는 마스터 유전자로 알려진 베스티지얼(vg)이라는 유전자와 상동인 것이 사람에게서도 발견되었다. 톤두(TONDU)라고 불리며 기능은 확실치 않은 단백질을 만드는 유전자지만, 이 유전자를 vg 돌연변이로 인해 날개가 없어진 파리에 넣으면 날개가 만들어졌다. 물론 인간에게는 날개 같은 것이 없기 때문에 우리의 몸속에서는 전혀 다른 기능을 하고 있는 것으로 생각된다.

수억 년이나 흘렀는데 서로 바꿀 수 있을 정도로 닮은 기능이 표출되는 유전자라도, 잘 조사해보면 각 개체 속에서 전혀 다른 목적으로 사용되는 것도 많은 것 같다.

도치나이 신

1 야생형
돌연변이를 일으키지 않은 생물이다.

2 카메라 눈
'073 사람의 눈과 오징어의 눈-수렴이라는 수수께끼'를 참조하기 바란다.

▶세이(sey)와 팍스 식스(Pax 6)
유전자는 교배 실험으로 그 존재가 확실해진 경우와, DNA를 조사하여 유전자임이 확실해진 경우에 이름이 붙여진다. 그렇기 때문에 같은 유전자가 두 개의 이름을 가지고 있는 것이 많다. 한 마리의 개를 어떤 집에서는 멍멍이라고 부르는데, 다른 집에서는 몽이라고 부르는 것과 같은 이치다.

072 찹쌀떡이 목에 걸리는 이유

음식을 먹으면서 숨을 쉴 수 있을까? 식사할 때 음식을 입에 넣고 말을 하지 말라고 하는 것은 매너뿐 아니라 식사 중에 일어날 수 있는 사고를 방지하려는 중요한 의미가 있다.

사람은 공기를 코나 입으로 들이마시고 내쉬는 호흡을 한다. 코나 입, 어떤 것을 통해서 공기를 들이마셔도 이 공기는 인두라고 불리는 목구멍 안쪽을 통과한다. 그러고 나서 후두(목젖이 있는 부분)를 경유하여 기도를 지나 폐에 도달한다. 인두는 공기가 나가고 들어올 때는 후두로 연결시키지만, 음식물을 먹을 때는 식도로 연결시켜 교통정리를 하고 있다. 물론 이것은 무의식중에 이루어지며, 음식물을 먹을 때는 음식물이 들어가지 않도록 기도의 덮개(후두 덮개)가 반사적으로 닫힌다.

그런데 나이가 들면 이 반응이 둔해져서 노인들이 찹쌀떡을 먹다 목에 걸리는 사고가 종종 일어난다. 정교하게 만들어졌다고 생각되는 인간의 몸이지만, 이런 사고가 일어나면 기도와 식도가 후두를 공유하는 구조는 진화의 설계에 실수가 있었던 것은 아닌가 하는 생각마저 든다. 인체공학적으로는 호흡기계와 소화기계가 각각 다른 곳에 있는 것이 좋을 것이다.

그러나 진화의 과정에서 무엇인가 새로운 것을 만들 때는 이미 가지고 있는 것을 변화시켜서 만들 수밖에 없다는 제약이 있다. 완전히 새로운 유전자를 백지에서 만들 수 없는 것처럼,[1] 새로운 기관도 처음에 있던 어떠한 기관을 사용하여 만드는 것이 진화의 규칙이다.

폐를 가진 최초의 척추동물(폐어(肺魚)의 한 무리)이 어류에서 진화될 때 소화관의 일부가 부풀어서 폐가 만들어졌다. 그 결과 폐에 들어가는 입구를 식도와 공유하게 된 것이다. 또한 입 이외에 공기를 내쉬고 들이마시는 입구인 코도 기도로 연결되었다. 수중 생활을 하면서 공기를 받아들이기 위해서는 입보다 수면에 가까운 코를 사용하면 더 효율적이었을 것이라고 생각된다. 그러나 물 밖으로 나온 사람에게는 목 주변에 공기를 들여보내는 구멍이 있고, 식도와 기도가 각각 밖으로 열리는 것이 이상적이라고 생각할 수 있지만, 코나 입 이외에서 공기를 받아들이는 입구를 진화시킬 수는 없었다. 한편 수중 생활에 적응한 돌고래나 고래는 코가 계속 등으로까지 이동했기 때문에 수영을 하면서 호흡하기 쉽게 되어 있다.

아기가 우유를 먹는 것을 관찰해보면, 우유를 먹는 동시에 코로 호흡도 하는 것을 볼 수 있다. 그러나 기도로 우유가 들어가서 목에 걸리는 경우가 없다. 아기는 공기가 들어가는 입구인 후두가 목에서 상당히 높

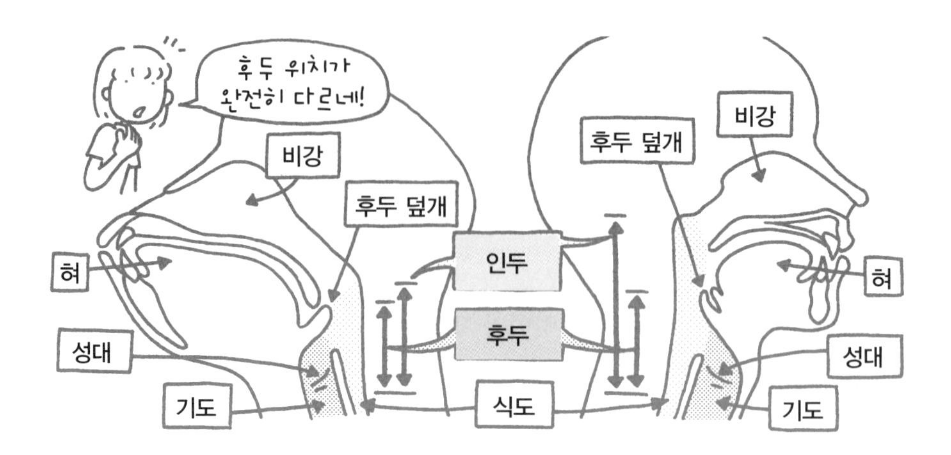

은 위치에 있다.[2] 그래서 숨을 쉬기 위해 후두 덮개가 열려도 우유는 입체적으로 교차되는 것처럼 후두의 양 옆을 지나 식도로 들어간다.

그런데 생후 6개월 정도 되면 후두의 위치가 내려가기 시작한다. 이렇게 되면 긴 후두가 내려가서, 우유는 후두 덮개가 열려 있으면 기도 쪽으로도 들어가버린다. 즉 교통정리가 필요해진 것이다. 덧붙여서 침팬지의 후두 위치는 사람의 아기와 같기 때문에 숨을 쉬면서 우유를 마실 수 있다.

후두는 왜 인간만이 내려가는 것일까? 이것은 말을 하기 위해서라고 생각된다. 후두가 내려가면 입 안쪽의 공기가 퍼지기 때문에 소리를 울리게 하거나 혀를 움직이는 등 복잡한 발음도 할 수 있다. 그래서 말을 할 수 있는 것이다. 즉 찹쌀떡이 목구멍에 막힐 위험성은 말을 얻은 대가라고도 할 수 있다.

진화와 관련된 타협이나 거래의 예는 이외에도 많이 있다. 예를 들면 인간은 두 발로 걸어다니게 되었기 때문에 여러 가지 불합리한 것들이 생겼다. 우선 내장을 지탱하는 그릇으로 골반을 확실히 닫고 있어야만 하기 때문에 유인원에 비해 출산을 할 때 상당히 힘들어졌다. 또한 문명병의 하나라고 말할 수 있는 요통도 두 발로 걷는 부자연스러움으로 인해 허리에 부담을 주기 때문에 생겨난 것이다. 그렇지만 두 발로 걸음으로써 얻은 것이 셀 수 없을 정도로 많다.

진화를 통해 만들어진 새로운 기능이라는 것은 결국 타협의 산물일지도 모른다.

도치나이 신

1 완전히 새로운 유전자를……

'062 단 하나의 유전자에서'를 참조하기 바란다.

2 아기는 공기가 들어가는……

후두 덮개가 열린 그대로 음식물이 기도로 들어가지 않는 것은, 아직 입과 기도가 확실히 연결되지 않았기 때문이다. 그래서 후두 덮개가 열려 있든지 닫혀 있든지 입으로 들어간 음식물이 기도로 들어가지 않는다. 반대로 말하면 생후 6개월 정도까지의 아기는 입으로 호흡하는 것이 어렵다. 그리고 후두(후두 덮개)가 점점 내려가면서 음식을 먹을 때 덮개가 열리면 기도로 음식물이 들어가게 된다.

073 사람의 눈과 오징어의 눈-수렴이라는 수수께끼

지구상의 생물에게 빛을 느낀다는 것은 아주 중요한 기능이다. 단세포 생물, 식물, 동물을 불문하고 모든 생물이 빛에 반응한다. 빛에 반응하기 위해서 식물은 엽록소(클로로필, Chlorophyll) 등의 색소 분자를 가지고 있으며, 동물이나 박테리아는 옵신(Opsin)이라는 그룹의 단백질을 가지고 있다.

옵신의 유전자는 지구상에 아직 세균과 같은 원핵 생물[1]밖에 없었을 때 출현했고, 중복이나 변이[2]를 하면서 모든 동물에게 전해진 것으로 생각된다. 고등 동물이 되면 빛을 받기 위한 특별한 기관으로 눈이 발달해 왔지만, 같은 눈이라고 불리는 기관이라도 동물에 따라서 다른 구조를 갖는 것이 많다. 마치 빛을 받기 위한 기관의 발명 전시회와 같이 다양하다.

사람의 눈은 셔터 혹은 렌즈 커버의 역할을 하는 눈꺼풀, 밖에서 들어오는 빛의 양을 조절하는 홍채, 빛을 모으는 렌즈, 그리고 신경 세포가 빈틈없이 세워진 스크린의 역할을 하는 망막으로 구성되어 있으며, 카메라와 같다고 말할 수 있을 만큼 똑같은 구조를 하고 있다(그래서 카메라 눈이라고도 부른다). 여기에 조금 더 추가하면 같은 척추동물이라도 인간의 눈은 렌즈의 두께를 조절하여 초점을 조절하지만, 어류나 양서류 등은 렌즈를 앞뒤로 움직인다.

곤충이나 새우 등의 절지동물은 겹눈이라는 고도로 발달된 눈을 가지고 있지만, 겹눈으로 볼 수 있는 상은 모자이크 상이어서 작은 것을 볼 수 없을 것으로 생각된다.

연체동물은 종마다 여러 가지 특징이 나타나는 눈이 발달했다. 달팽이의 긴 더듬이 끝에 있는 한 쌍의 눈이나 가리비의 가장자리 바로 안쪽에 있는 수십 개나 되는 눈[3]에는 렌즈가 있다. 그러나 시세포가 렌즈에 대부분 접촉하고 있어서 망막 위에 상이 맺히는 사물의 형태를 볼 수 없을 것이다.

한편 오징어나 문어와 비슷하지만 고둥과 같은 껍질을 가진 산화석의 하나인 앵무조개라는 신기한 생물이 있다. 이 동물의 눈에는 렌즈 없이 바늘구멍과 같은 구멍으로 들어간 빛이 망막에 상을 맺는다.

그중에서도 신기한 것은 오징어와 문어가 카메라 눈을 갖고 있다는 것이다. 오징어의 눈과 사람의 눈은 얼핏 보더라도 아주 닮았지만, 카메라 눈을 가진 인간과 오징어의 공통 선조는 없기 때문에 진화 과정에서 각각의 카메라 눈이 생긴 것이다. 이렇게 진화적으로 볼 때 독립적인 동물에게 같아 보이는 기능을 하는 비슷한 형태의 기관이 진화해온 것을 '수렴(收斂, convergence)' 이라고 한다.

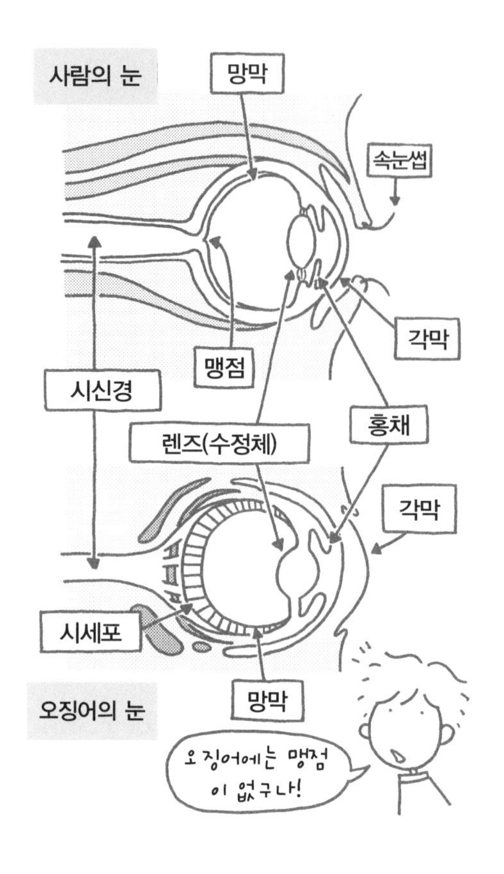

수렴에 의해 아주 비슷한 것이 생겼다고 할 수 있지만, 자세히 보면 다른 점을 발견할 수 있다. 예를 들어 오징어의 망막은 시세포가 앞쪽을 향하고 시신경은 눈의 바깥쪽을 향하기 때문에 맹점(맹구)이 없다. 그러나 인간의 망막에는 시신경 다발이 눈 밖으로 나가는 부분에 시세포가 없는 부분이 생겨서 시세포가 없는 부분에 맹점이 생긴다(그림 참조). 맹점이 없다는 점만 생각하면, 오징어의 눈이 사람의 눈보다 더 뛰어나다고 말할 수 있다.

척추동물과 무척추동물은 약 6억 년 전, 눈이라는 것이 생겨나기 전 단계에서 나뉜 것으로 추측된다. 이때부터 각각의 길을 걸으며 진화한 오징어와 문어, 사람이 놀라울 정도로 닮은 카메라 눈을 가지고 있다는 것은 단순한 우연으로 정리할 수 없다.

렌즈를 만들기 위한 투명한 단백질인 크리스탈린[4]은 동물마다 다른 여러 가지 효소 유전자를 사용하여 진화해왔다는 것이 알려져 있다. 이러한 것들은 유전자 수준에서 이루어진 수렴 진화다.

하나의 유전자에서 많은 기능을 가진 유전자가 생겨나거나, 반대로 각각의 유전자가 같은 기능을 갖도록 변화해버리는 등 자연의 힘은 상상 이상으로 복잡하다.

도치나이 신

1 원핵 생물
'057 공생으로 생겨난 세포의 진화' 의 각주 4를 참조하기 바란다.

2 중복이나 변이
'062 단 하나의 유전자에서' 를 참조하기 바란다.

3 가리비의 가장자리 바로 안쪽 눈
많이 보이는 검은 점들 하나하나가 눈이다.

4 크리스탈린
'062 단 하나의 유전자에서' 를 참조하기 바란다.

074 진화가 진행되면 재생을 못 할까

재생 의료[1]에 대해 다룬 '089 재생 의료란 무엇일까 1-현실적인 면'에는 플라나리아라는 동물이 등장한다. 칼과 같은 것으로는 죽일 수 없을 정도로 강한 재생력이 없었다면, 대부분의 사람들은 그 이름조차 들을 수 없을 정도로 눈에 띄지 않는 생물이다. 강한 재생력을 나타내는 동물로는 플라나리아 외에 해파리나 말미잘과 같은 히드라나 성게와 해삼 같은 불가사리류가 비교적 유명하다.

이러한 동물들이 재생력이 강한 이유는 몸 구성이 단순하고 복잡한 기관도 발달되어 있지 않기 때문이라고 생각할지 모르지만, 사실 그렇지 않다.

분명히 히드라나 플라나리아는 원시적이고 단순한 몸을 갖고 있지만, 히드라는 상당히 진화한 척추동물에 가까운 존재다. 척추동물에 가장 가까운 원삭동물(原索動物, Protochordata)이라고 불리는 군체멍게도 조직의 조각에서 전신을 재생할 능력을 가지고 있기 때문에, 원시적으로 단순해서 재생할 수 있고 고등한 몸이기 때문에 재생할 수 없는 것은 아닌 것 같다. 재생 능력이 거의 없다고 생각되는 사람도 간은 그 70%를 잘라버려도 재생할 수 있다.

또한 피부나 혈액 세포, 장의 상피 세포, 게다가 뼈 등도 매일 재생을 반복하여 새로운 세포로 바꾸고 있다. 가벼운 상처라면 상처 자국도 남지 않게 치유되고, 골절이 치유되는 것도 재생력 덕분이다. 그러나 지뢰로 인해 잃어버린 다리가 생겨나는 큰 재생은 물론 일어나지 않는다.

그런데 사람과 같은 척추동물이어도 도롱뇽은 옛날부터 재생력이 강한 동물로 유명하다. 손과 발은 물론, 눈의 렌즈나 턱, 꼬리, 간 등의 모든 기관을 재생할 수 있다. 그렇다면 도롱뇽은 특수한 존재일까?

척추동물을 원시적인 것부터 순서대로 나열하면 상어나 가오리 등의 연골어류, 보통의 물고기인 경골어류, 양서류, 파충류, 조류, 포유류 식으로 우선 나열할 수 있다. 양서류에는 도롱뇽과 같이 꼬리를 가진 유미류(有尾類)와 개구리와 같이 성장하면 꼬리가 없어지는 무미류(無尾類)가 있으며, 꼬리가 없는 무미류가 더 진화되었다고 볼 수 있다. 사실 손과 발이 없는 무족류(無足類)인 뱀과 같이 몸이 양서류인 것도 있지만, 희귀하기 때문에 별로 연구되지 않는다.

이렇게 나열한 동물들의 대뇌 재생 능력을 비교하면 흥미로운 점을 발견할 수 있다. 대뇌의 일부를 잘라도 경골어류나 도롱뇽은 비교적 빨리 재생한다. 그러나 포유류나 조류(아마 파충류도)의 뇌는 전혀 재생되지 않는다.

도롱뇽과 같은 양서류로 조금 더 진화가 이루어진 아프리카손톱개구리로 재생 실험을 하였지만 재생되지 않았다. 다 성장한 개구리 뇌는 포유류와 같이 재생하지 않지만, 올챙이 때는 어류나 도롱뇽과 같이 완전히 재생된다. 즉 뇌의 재생은 꼬리가 없는 양서류를 경계로 이보다 원시적인 동물에서 일어나며, 더욱 진화되면 재생되지 않는다고 말할 수 있다.

그렇지만 아프리카손톱개구리는 발생 도중에 변태기(變態期)가 있어서, 재생이 일어나는 상태에서 일어나지 않는 상태로 변하는 것이다. 같은 동물이라도 발생이 어느 정도 진행되지 않았을 때는 재생력이 있고 발생이 진행되면 재생력이 없어진다는 것은, 동물의 진화가 진행되면 재생할 수 없게 된다는 것과 어떤 관계가 있는 것이다.

재생할 수 없는 동물이라도 발생할 때는 뇌를 만들기 때문에 뇌를 만드는 유전자를 분명히 가지고 있다. 재생할 수 있는지 없는지는 어쩌면 뇌를 만드는 유전자를 다시 이용하기 때문에 스위치가 있는지 없는지의 차이일지도 모른다. 올챙이일 때는 작용을 하고 개구리가 되면 작용을 하지 않는 '재생 스위치 유전자'가 발견되어, 이것을 이용해 인간 재생 스위치를 켤 수 있게 된다면 참 좋을 것 같다.

도치나이 신

1 재생 의료
'089 재생 의료란 무엇일까 1-현실적인 면'을 참조하기 바란다.

075 실존하는 빨간 여왕의 세계

"여기에서는 같은 장소에 머물러 있으려면 가능한 속도로 계속 달려야만 해. 어딘가에 가고 싶다고 생각하면 그 배의 속도를 내야 해. 그러지 않으면 어디에도 갈 수 없어." 루이스 캐럴의 《거울 나라의 앨리스》 중 빨간 여왕의 대사다. 앨리스는 빨간 여왕에게 이렇게 말했다. "그렇다면 나는 아무 데도 안 가면 되겠네요."

생물은 왜 지구상에서 진화를 계속해온 것일까? 지구상에서 생활하는 모든 생물은 먹고 먹히며, 기생하고 기생되며, 장소를 빼앗고 빼앗긴다는 상호 관계의 상태에 놓여 있다. 주위 생물이 계속 진화할 때 자신만이 진화를 하지 않겠다며 진화 경쟁에서 뒤처지면 그 종은 멸종되어버린다. 이것이 유명한 '빨간 여왕 가설' 이다.

최초에 동물 행동학자 베렌이 말했을 때는 '생물을 둘러싼 환경은 끊임없이 변화하며, 그 종도 지속적으로 진화하지 않으면 멸종에 이른다'는 가설이었지만, 후에 해밀턴에 의해 '빠른 속도로 변화(진화)하는 바이러스 등의 병원체에 저항하기 위해, 유성 생식이 진화하여 부모와 유전자 조합이 다른 자식을 만들어내어 변화(진화)의 속도를 높이는 것'이라는 식으로 확장되었다.

이것이 가설에 그치지 않는다는 것을 증명한 사실로, 사람의 면역계와 사이토메갈로(거대 세포) 바이러스(Cytomegalovirus, CMV)의 진화 경쟁[1]을 소개하겠다.

CMV는 헤르페스(Herpes)[2]의 일종으로, 사람의 면역 시스템은 이 바이러스를 완전히 배제할 수 없기 때문에 대부분의 사람은 이 바이러스에 감염되어 있다고 말할 수 있다. 감염되었어도 보통은 아무런 증세도 나타나지 않으므로 심각한 것은 아니지만, 이식이나 에이즈, 항암제 치료 등으로 면역 기능이 떨어질 경우에는 증세가 나타나서 매우 심각해진다.

고도로 발달된 면역계가 왜 CMV를 인간의 몸 밖으로 몰아낼 수 없는 것일까? 우리 몸속에 있는 세포는 바이러스에 감염되면 '바이러스가 내 몸에 침입한다'는 것을 알린다. 이런 사인을 내보내는 것은 MHC[3]라고 부르는 단백질이다. 이 단백질이 세포 표면으로 나와서 림프구(킬러 T세포)에 바이러스의 존재를 알리면 림프구가 그 세포마다에 있는 바이러스를 죽인다. 그런데 CMV는 사인이 내보내지면 단백질이 세포의 표면으로 나오는 것을 방해하는 구조를 가지고 있다.

그러나 면역계도 이에 지지는 않는다. 바이러스에 감염되어 있지 않아도 나올 MHC 분자가 나오지 않는 세포는 이상한 것으로 간주하여 내추

럴 킬러(Natural Killer, NK)라고 불리는 세포가 MHC가 없는 세포를 죽여 버린다. 그런데 CMV는 사람의 MHC 유전자와 아주 닮은 유전자(아주 옛날 어떤 사람에게서 뺏은 유전자를 조금 변화시킨 것 같다)를 가지고 있어서, 이 유전자에서 '미끼(decoy) 단백질'을 만들어 NK 세포의 감시를 피한다는 것을 알게 되었다.

이로써 CMV가 완전히 승리하는가 싶었지만 그렇지 않다. NK 세포는 다른 방법으로 진짜 MHC 단백질의 감소를 검출하는 모니터 시스템을 가지고 있다는 것이 발견되었다. 이번에야말로 면역계의 승리인가 했는데, 사실 CMV가 이 모니터 시스템을 속이기 위한 수단도 개발했다는 것이 2000년에 발견되었다.

앞으로 CMV와 인간 면역계의 기생과 배제라는 경쟁에 관한 새로운 사실이 발견될 가능성은 있지만, 아직까지는 CMV가 진화 경쟁에서 한 발 앞서고 있는 것으로 생각된다.

그렇기 때문에 빨간 여왕의 세계에서는 예측을 허용하지 않는다. 바이러스도, 인간의 면역 체계도 진화의 경쟁 한가운데에서 계속 달려야만 한다.

도치나이 신

1 진화 경쟁
실제로 관찰된 바이러스와 인간의 싸움은 새로운 종을 만들 듯이 큰 변화를 일으키지는 않기 때문에 정확하게는 '변이 경쟁'이라고 말해야 할지도 모르겠다.

2 헤르페스(Herpes)
바이러스의 한 명칭이다. 사람에게는 수포나 피부염 또는 대상포진을 일으키는 것으로 잘 알려져 있다.

3 MHC
정식 명칭은 'MHC 항원 단백질'이며, 한 사람 한 사람이 조금씩 다른 형태의 것을 가지고 있어서 사람의 다양성을 만든다. 모든 세포의 표면에 나오는 '자기'를 나타내는 표지가 된다.

076 인간 유전자 자원과 '의료'

의료란 병을 치료하는 행위를 말하는 것으로, 본격적인 의료 행위를 하는 동물은 사람밖에 없다.

그러나 상처가 난 동물이 상처를 입고 나서 바로 먹이를 먹기보다는 그늘에 숨어서 편히 쉬거나, 고양이가 풀을 먹고 뭉친 털을 뱉어내는 등의 행동은 어떤 의미에서 보면 '의료 행위' 라고도 할 수 있다. 또한 최근 들어 침팬지가 소화가 잘 되게 하는 성분이 함유된 식물 잎을 먹는 것도 발견되었다.

이러한 행위와 인간이 하는 의료 행위는 자신이 자신에게 하는 행위인가, 아니면 전문 의사가 다른 사람에게 하는 행위인가 정도의 차이밖에 없을 것이다.

어느 쪽이든지 '의료 행위' 를 하지 않으면 죽음이 빨라지고, 그 개체가 자손을 남기는 확률은 떨어진다. 생물은 자손을 남기는 성질에서 비롯된 것이므로 종(種)의 전체 의미에서 볼 때 적어도 자손을 남기기 전에는 죽지 않도록 하는 성질을 가지고 있다. 이러한 의미에서 '의료 행위'는 진화의 산물이라고도 말할 수 있다.

진화는 많은 속설이 퍼져 있다. 예를 들어 동물의 세계에서는 강한 자만이 살아남는다는 약육강식과 같은 설이다.

다윈이 말한 진화의 추진력인 자연 선택(자연 도태)이라는 말도 마치 자연이 환경 적응력이 약한 생물을 점점 도태시켜(죽여서) 없애가는 이미지로 사용되기도 했다. 그러나 '056 다양성은 진화의 원동력'에서 살펴본 것과 같이 진화가 일어나기 위해서는 종 내에서 각각의 개체가 다양해야 하는 것, 다시 말해 여러 가지 변이를 가진 개체가 많이 있는 것이 중요한 전제다.

즉 자연 선택이 있다고 해도 더 뛰어난 성질을 갖는 생물만이 살아남는 것은 결코 아니다. '뛰어난' 성질을 갖는 생물은 '뛰어난' 유전자를 가지고 있기 때문이라고 해보자. 만일 뛰어난 생물만 살아남는다면 그 생물에게서 태어난 자식들은 그 '뛰어난' 성질을 계속 이어갈지도 모르지만, 유전자에 다양성이 없기 때문에 변화하는 것이 어려워진다.

환경은 느리든지 빠르든지 변화하기 때문에 뛰어난 성질이 어떤 때는 불리한 성질이 되어버릴 가능성도 높다. 그렇기 때문에 어떤 생물이라도 집단으로 보면, 약한 것이나 생존에 불리하다고 생각되는 성질을 가진 것도 많은 자손을 남기게 되어 있다.

때로는 강한 개체가 약한 개체를 보호하는 일도 있다. 이러한 것은 어떻게 사용될지 모르는 다양한 유전자를 보존하는 데 큰 도움이 되며, 장기적인 안목으로 보면 그렇게 사는 것이 살아남는 데 유리하다.

어떤 생물이라도 진화를 계속하지 않고는 앞에서 서술했듯이 '빨간 여왕'이 지배하는 환경에서 종으로 살아남을 수 없다. 이러한 의미에서 볼 때 어떤 시점에서 병이 든다든지, 특정한 유전자의 원인으로 상태가 좋지 않게 된 개체도 자손에게 유전자를 전해주어야 하는 유전자의 공동관리로서 아주 중요하다.[1] 즉 내버려두면 죽어버릴지도 모르는 개체를 '의료 행위'로 자손을 남기게 하는 것은 그 유전자 자원을 지키는 일이기도 하다.

여기에서 상황과 함께 유전자의 의미가 변하는 것을 나타내는 이야기를 몇 가지 소개해보겠다.

당을 효율적으로 지방으로 바꾸어 축적하는 유전자는 원시 시대에는 많은 인간이 굶어 죽는 상황에서 인간을 구하는 유전자였지만, 잘 먹을 수 있는 현재에는 비만이나 당뇨병을 유발하는 '유해' 유전자가 되어버렸다.

또한 면역 부전 상태를 일으키는 원인이 되는 일부가 결손되어 기능을 하지 못하게 된 케모카인 리셉터(chemokine receptor)[2] 유전자를 갖는 사람은 HIV[3]에 감염되어도 에이즈의 증세가 진행되지 않거나, 설사 진행되더라도 아주 천천히 진행된다는 것을 알게 되었다. 이와 같이 손상된 유전자 그 자체가 사람을 말라리아에서 지키는 낫형적혈구증[4]은 유명하다.

이러한 사례를 보면 특정한 유전자를 우수하다거나 열등하다고 판단하는 것은 어려운 일이다.

인류의 한 사람 한 사람이 가지고 있는, 무한대에 이를 정도의 수많은 유전자는 그 모두가 합쳐져서 하나의 막대한 유전자 자원을 구성한다고 말할 수 있다. 그러면 이 자원을 어떻게 지킬 것인가는 모두가 생각해야 할 일이다.

도치나이 신

1 특정한 유전자의 원인으로……
손상된 유전자가 앞으로 도움이 되는 유전자로 변하는 것도 있다. '065 가짜 유전자와 쓰레기 유전자'를 참조하기 바란다.

2 케모카인 리셉터(chemokine receptor)
백혈구나 림프구를 불러 모으는 신호인 케모카인이라는 단백질의 수용체다.

3 HIV
인간면역결핍증후군(에이즈)을 일으키는 바이러스다.

4 낫형적혈구증
'045 낫형적혈구와 말라리아'를 참조하기 바란다.

077 다윈 의학-병의 진화

다윈 의학(진화 의학)[1]은 랜덜프 네스(Randolph M. Nesse)와 조지 윌리엄스(George C. Williams)가 1991년에 쓴 논문 〈다윈 의학〉과 함께 탄생한 새로운 학문 분야를 말한다. 인간의 병을 진화적으로 풀어서 읽는다고 하는 다윈 의학이란 대체 어떤 학문일까?

사람은 감기에 걸리면 열이 나고 콧물이 나며 기침을 하는 등 불쾌한 증세가 나타난다. 대부분의 감기는 바이러스에 감염된 것이 원인이다. 바이러스가 목이나 코의 점막 세포 속에서 증식한다. 또한 침입을 받은 세포나 면역 세포로부터 나온 단백질이 뇌에 있는 체온 조절 중추에 작용해서 열이 난다.

최근에는 항바이러스 작용이 있는 약도 개발되었지만, 지금까지는 바이러스에 직접적으로 효과가 있는 약은 없기 때문에 감기 치료는 대증요법(對症療法, symptomatic treatment)으로 열을 내리고 콧물이나 기침을 멈추게 하는 것이 대부분이었다. 이렇게 증상을 억누르면서 자기 자신의 면역계가 작용하여 바이러스를 쫓아내는 것이 일반적인 감기 치료 과정이다.

다윈 의학은 발열과 기침, 콧물이 나는 소위 감기의 불쾌 증상은 사람이 진화에 의해 얻은 유리한 성질이라고 생각한다. 즉 콧물이나 기침은 몸속에서 바이러스를 내보내기 위한 몸의 반응이라고 생각한다. 다만 콧물이나 기침은 다른 사람에게 전염되기 때문에 바이러스에게 이용될 약점은 있다.

한편 열이 나는 것은 사람에게 아주 중요한 항바이러스 반응이다. 열이 나면 대식세포(Macrophage)[2]를 비롯해서 면역계가 활성화될 뿐 아니라 바이러스의 증식이 억제된다. 감기에 걸린 사람들을 대상으로 한 실험에서 감기에 걸린 초기에 해열제를 사용한 그룹은 해열제를 사용하지 않은 그룹에 비해 몸에서 바이러스가 없어지는 것이 확실히 늦어진다는 결과도 나왔다. 즉 열이 난다는 성질은 바이러스의 감염과 면역계의 방어 싸움에서 생긴 것으로, 그 결과 사람은 바이러스에 죽지 않고 지금까지 진화해올 수 있었다고 설명할 수 있다.

이와 같이 통증이나 설사, 구토 등도 체내에서 알리는 감염증이나 중독 증세에 대한 경고 신호임과 동시에 원인이 되는 병원체나 독물을 없애려고 하는 몸의 정상적인 반응이라고 설명한다. 즉 생명에 위험을 미칠 정도로 심한 증세가 아닌 한 열이나 기침, 콧물, 통증, 설사, 구토 등을 억제하는 대증요법은 무조건 해야 하는 것이 아니라는 얘기다.

다만 생명에 위험을 줄 정도인지 아닌지의 판단은 전문가인 의사에게 맡겨야 한다. 자연 치유력을 너무 믿어버리면 인간이 걸리는 병을 진화적으로 이해하려는 노력마저도 소용없는 것이 되어버리니 주의가 필요하다.

또한 마지 프로핏(Margie Profet)이라는 여성 연구자에 의하면, 임신 초기에 여성들을 힘들게 하여 부정적인 이미지를 가지고 있는 '입덧'은, 다윈 의학적으로 생각해볼 때 태아에게 해가 되는 물질을 어머니가 먹지 않도록 돕는 것으로, 진화에서 온 유익한 반응이라고 설명했다.

이 설에는 다른 이론도 많지만, 입덧이라는 불쾌한 현상에 긍정적인 의미를 주고 입덧 시기에는 어머니의 몸과 태아 모두 건강을 생각해서 입덧이 생기지 않는 식생활을 하도록 제안해 미국 전역의 임산부에게 지지를 받았다고 한다.

이렇게 다윈 의학이란 병이라고 생각되는 대부분의 증세를 생물이 진화 과정에서 얻어온 유리한 성질이라는 관점으로 봄으로써 치료법에 대한 새로운 생각을 제안하는 것이다.

불쾌하다고 느껴지는 대부분의 증세가 몸의 정상적인 반응이며, 몸이 제대로 기능을 하고 있다는 증거라고도 생각할 수 있다. 따라서 무조건 약으로 그 증상을 억제하려 하기 전에 그 불쾌감을 긍정적으로 받아들이고 몸속에서 일어나는 것에 귀를 기울여보자. 이것이 지구 환경 시대에 맞춘 새로운 의철학(醫哲學)[3]의 탄생이라고 말할 수 있지 않을까?

도치나이 신

칼럼_공포심을 갖는 것이 생존에 유리한가

흥미로운 실험이 있다. 바스라는 사나운 물고기와 함께 놓았을 때 도망쳐서 숨을 정도로 공포심을 갖는 구피와, 헤엄을 쳐서 멀리 가는 보통의 구피, 아무렇지 않게 헤엄을 치며 돌아다니는 대담한 구피, 3마리가 있다. 이 구피들을 바스와 함께 수조에 넣어보니, 60시간이 지난 뒤 대담한 구피는 한 마리도 살아남지 못한 데 비해 보통의 구피는 15%, 공포심을 느끼는 구피는 놀랍게도 40%나 살아남았다.

---

1 다윈 의학

다윈 의학 창시자인 랜덜프 네스와 조지 윌리엄스가 쓴 《인간은 왜 병에 걸리는가-다윈 의학의 새로운 세계》는 《이기적인 유전자》의 저자인 도킨스가 꼭 두 권을 사서 한 권은 당신의 주치의에게 주라며 절찬을 한 책이다.

2 대식세포(Macrophage)

생체 방어 속에서 최초로 기능하며 먹는 작용을 하는 세포다.

3 지구 환경 시대에 맞춘 새로운 의철학(醫哲學)

병을 치료하는 것이 아니라 병을 이해하는 학문이라고도 할 수 있다.

6장

바이오테크놀로지 – 유전자를 조작하는 시대

078 DNA 증식 방법 1-대장균을 사용하는 방법

생명과학 연구에서 연구 대상인 DNA를 증식시키는 일은 빠뜨릴 수 없는 중요한 작업이다. 여러 분석을 하기 위해서는 그만큼 많은 DNA가 필요하기 때문이다. 예를 들어 혈액 검사를 할 경우 검사 항목이 늘어나면 늘어날수록 혈액이 필요해지는 것과 같은 이치다.

또한 중요한 샘플(시료)을 다룰 경우 DNA를 증식시켜서 일부를 냉동 보존해두면, 실험이 실패했을 때 증식해놓은 DNA를 꺼내 다시 실험을 할 수도 있다.

그런데 DNA를 증식시키는 일은 어쨌든 양만 늘려놓으면 되는 일이 아니다. DNA 중에 '연구 대상이 되는 부분(조각)만을 증식시키는 것'이 필요하다.

현재 자주 이용되는 DNA 증식 방법(증폭법)은 '대장균을 사용하는 방법' 과 'PCR법' 이다. 여기에서는 우선 대장균을 사용하는 방법을 소개하겠다.

대장균은 길이가 2마이크로미터(500분의 1밀리미터) 정도 되는 미생물이고, 약 캡슐과 같은 모양을 하고 있다. 문자 그대로 사람의 대장 등에서 살고 있으며, 일부의 병원성 대장균을 제외하면 인간에게 해롭지 않다.

대장균은 자신의 염색체 이외에도 플라스미드(plasmid)[1]라는 고리 모양의 DNA를 꺼낼 수 있다. 플라스미드는 대장균의 내부에서 복제되어 수가 늘어나며, 자손에게도 전해진다. 이때 이것을 잘 이용하여 DNA를 증식할 수 있다.

우선은 연구 대상인 DNA 조각을 잘라내고 플라스미드도 틈을 만들어 둔다. 이때는 제한효소라는 '가위' 를 사용한다. 제한효소에는 많은 종류가 있는데, 이것은 각각 염기가 나열된 특정한 곳의 DNA를 절단한다. 예를 들어 EcoRI라는 제한효소는 염기가 GAATTC로 배열되어 있는 것을 발견해서 절단한다.[2]

그리고 절단한 DNA 조각과 틈을 만들어놓은 플라스미드를 합치고, 리가아제라는 '풀' 의 역할을 하는 효소를 추가하여 반응시키면 플라스미드에 DNA 조각을 넣는 것이 완료된다.

이렇게 DNA를 잘라 붙이는 기술을 '유전자(DNA) 재조합 기술' 이라고 한다.

그 다음에는 DNA 조각을 넣은 플라스미드와 특별 처리를 한 대장균을 합쳐서 열을 가하면, 플라스미드가 대장균으로 들어간다. 평균적으로 대장균 1개체당 1분자의 플라스미드가 들어간다. 대장균으로 들어간 플라스미드는 대장균 내부에서 복제하여 수를 늘려서 대장균 1개체당 수십

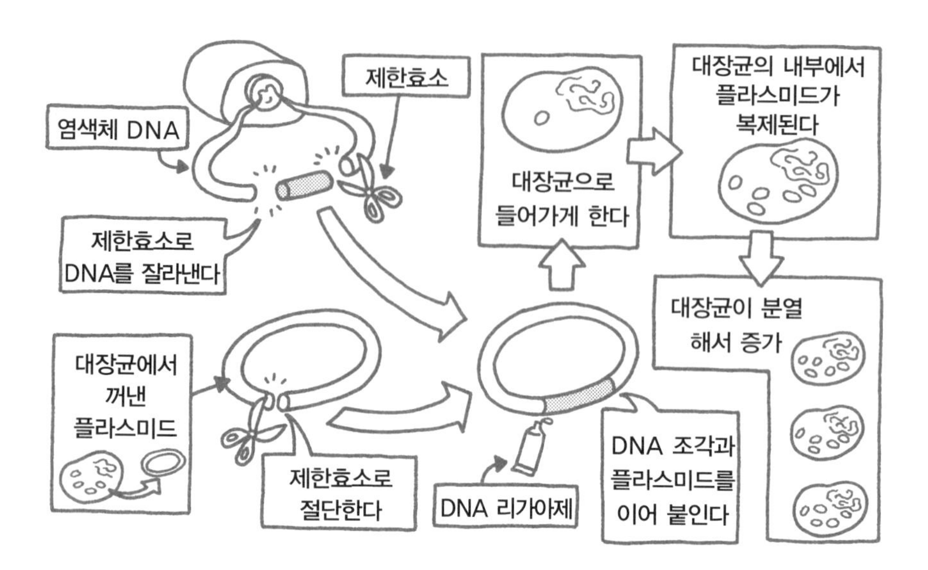

분자가 된다.

대장균에 배양액(영양액)을 주고 공기를 넣어주면서 37℃에서 기르면 거의 20분마다 분열해서 2배로 늘어난다. 이것을 계산해보면 1개체의 대장균이 24시간 동안 2의 72승 개체(약 2억 4000만의 1조 배)까지 늘어난다.

DNA 조각을 넣은 플라스미드에는 사전에 항생물질 내성 유전자라는 것을 넣는다. 사실 모든 대장균이 플라스미드를 들여보내지는 않는다. 대장균에 주는 배양액에 항생물질을 넣어 플라스미드가 든 항생물질 내성 유전자를 갖는 대장균만 증식할 수 있다.

플라스미드의 입장에서는 그냥 먹이로 먹히지 않겠다는 의미와 대장균의 입장에서는 잡균이 혼입된 경우에는 잡균을 증식시키지 못하게 한다는 두 가지 의미가 있다.

그리고 대장균을 터트려서[3] 플라스미드를 꺼내 잘 정제하여 실험에 사용하면 된다.

아구이 마사오

1 플라스미드(plasmid)
DNA 증폭용 플라스미드를 'DNA 운반체'라는 의미에서 벡터라고 부르기도 한다. 영문은 vector로, 수학에서 쓰는 벡터와 같다. 이와 함께 '운반하는 것'을 의미한다.

2 EcoRI라는 제한효소는……
DNA에는 방향성이 있고, 5′ 쪽과 3′ 쪽으로 구별된다(5′와 3′라는 숫자는 DNA 분자 내 당의 탄소 번호에서 유래되었다).
EcoRI는 5′ 쪽에서 3′ 쪽으로 향하여 GAATTC로 배열되어 있는 곳의 G와 A 사이의 공유 결합과 A와 T 사이의 수소 결합('079 DNA 증식 방법 2-PCR법'의 각주 참조)을 절단한다.

5′…GAATTC…3′
3′…CTTAAG…5′

(절단) ⬇

5′…G　　　　AATTC…3′
3′…CTTAA　　　　G…5

3 대장균을 터트려서
대장균에 있는 세포벽(식물과는 성분이 다르다)은 리소자임(lysozyme)이라는 효소로 분해할 수 있다. 세포벽을 분해한 뒤에, 농도가 옅은 액체에 담그면(침투압을 바꾼다) 세포막이 손상되어 대장균을 터트릴 수 있다.

079 DNA 증식 방법 2-PCR법

PCR법은 대장균 대신 자동으로 온도를 조절하는 서멀 사이클러(Thermal Cycler)라는 기계를 사용하여 미량의 DNA(이론상은 1분자)에서 필요한 부분만 수십만 배로 증폭(증량)할 수 있는 방법이다.

그렇기 때문에 범죄 조사나 병원체 판정 등을 할 때 사용된다. 그러나 PCR법에는 특허가 설정되어 있기 때문에 반응을 일으킬 때마다 특허 사용료를 지불해야 한다(순수한 기초 연구일 경우는 제외된다).

처음에 증폭하고 싶은 부분, 양 끝단의 한 사슬 DNA 조각(각각 수십 개의 염기)을 DNA 신시사이저라는 기계를 사용하여 합성한다. 이 한 사슬 DNA 조각을 '프라이머(primer)' 라고 부른다. 어원은 '최초의' 라는 의미의 프라임(prime)이다. 프라이머는 DNA를 합성할 때 시작 지점이 된다.

다음으로 주형 DNA(복사 원고에 해당한다)의 용액에 두 종류의 프라이

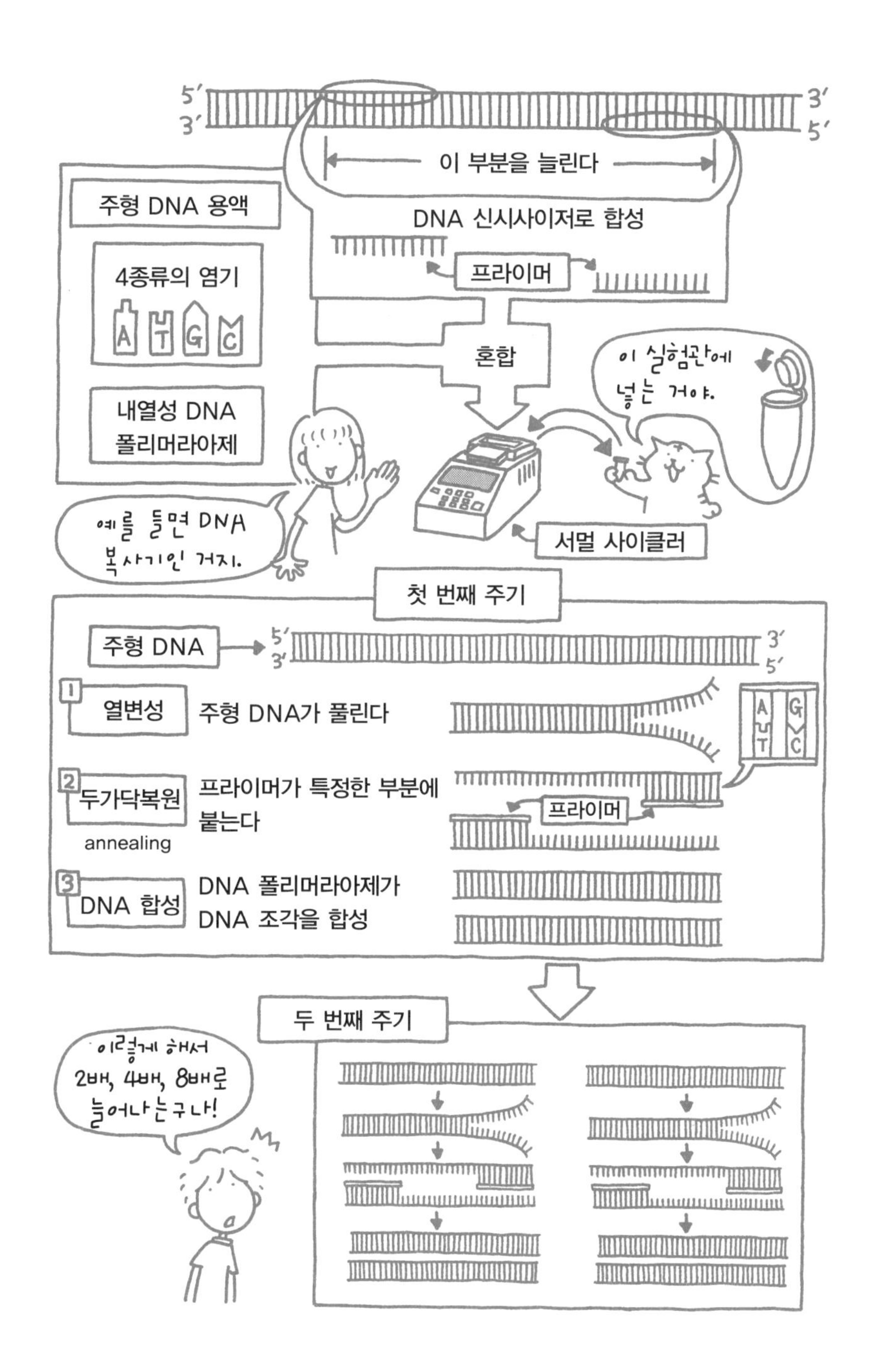
5′
3′
3′
5′
이 부분을 늘린다
주형 DNA 용액
4종류의 염기
A
T
G
C
내열성 DNA
폴리머라아제
DNA 신시사이저로 합성
프라이머
혼합
이 실험관에
넣는 거야.
예를 들면 DNA
복사기인 거지.
서멀 사이클러
첫 번째 주기
주형 DNA
5′
3′
3′
5′
1
열변성
주형 DNA가 풀린다
2
두가닥복원
annealing
프라이머가 특정한 부분에
붙는다
프라이머
3
DNA 합성
DNA 폴리머라아제가
DNA 조각을 합성
두 번째 주기
이렇게 해서
2배, 4배, 8배로
늘어나는구나!

며, 4종류의 염기(A, T, G, C)[1]와 내열성 DNA 폴리머라아제라는 효소를 첨가하여 혼합한다.

일반적인 효소는 50℃ 이상의 고온에서는 파괴되어(열변성으로) 작용할 수 없다. 그렇기 때문에 특별히 내열성 세균 유래의 내열성 DNA 폴리머라아제를 이용하는 것이다.

1. 열변성[2](30초)

주형 DNA, 프라이머, 염기, 효소의 혼합액을 95℃로 가열한다. 그러면 두 개의 사슬 주형 DNA가 풀려서 하나의 사슬이 된다.

1 4종류의 염기

A=아데닌, T=티민, G=구아닌, C=시토신

2 열변성

DNA는 수소 결합(약한 결합)과 공유 결합(강한 결합)으로 이루어진다. DNA의 수소 결합은 90℃ 전후에서 잘린다. 이것을 열변성이라고 한다.

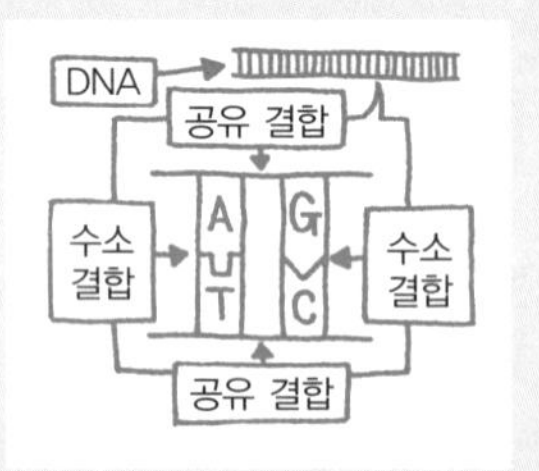

3 두가닥복원(annealing)

두가닥복원이란 온도를 내릴 때 만들어지는 DNA의 수소 결합이 부활하는 것을 말한다.

▶단백질의 열변성 온도

단백질도 수소 결합과 공유 결합으로 이루어져 있다. 단백질의 열변성 온도는 종류에 따라 다르지만 40~50℃ 정도다. 그러나 내열성 세균은 온천 등에서 살고 있기 때문에, 이 세균에서 유래된 효소(단백질)의 열변성 온도는 비교적 높은 편이다.

2. 두가닥복원(annealing)[3](30초)

그 다음에 50~72℃로 내리면, 수소 결합으로 주형 DNA의 특정한(염기서열) 부분에 프라이머가 달라붙는다. 이때 마주보는 A와 T, G와 C가 각각 한 쌍이 된다.

3. DNA 합성(1분)

이것을 72℃에서 보존하면, DNA 폴리머라아제가 주형 DNA를 복사하게 된 DNA 조각을 합성한다.

1~3이 하나의 주기다. 이것을 몇 주기 반복하면 두 개의 프라이머 사이에 있는 DNA 조각이 점점 증폭된다.

아구이 마사오

080 염기서열의 결정법

DNA는 A, T, G, C의 기호('079 DNA 증식 방법 2-PCR법' 각주 1 참조)로 나타내는 4종류의 염기로 이루어져 있다. 이 염기가 어떤 순서로 나열되어 있는지 조사하는 것을 염기서열 결정(시퀀싱, sequencing)이라고 부른다. 그렇다면 왜 이런 조사를 하는 것일까? 염기서열을 알게 되면 생명현상의 수수께끼를 풀 수 있는 유력한 단서를 가질 수 있기 때문이다.

여기에서는 염기서열의 결정법 중 사이클 시퀀스법에 대해 소개하겠다. '079 DNA 증식 방법 2-PCR법'을 참조하면서 읽기 바란다.

작업 제1단계에서는 PCR법('079' 참조)과 같이 서멀 사이클러를, 제2단계에서는 시퀀서라는 기계를 사용한다.

제1단계 : 사이클 시퀀스 반응

작업 제1단계는 PCR법의 반응과 조금 비슷하다. PCR법에서는 두 종류의 프라이머를 사용하지만, 여기에서는 한 종류만 사용한다. 그래서 두 개 사슬의 주형 DNA 중에서 한쪽의 염기서열만 읽어낼 수 있다(주형 DNA는 고리 모양의 플라스미드여도 상관없다).

또한 4종류에 '특수 처리한' 염기를 소량 4종류의 염기에 추가한다. 보통의 염기끼리라면 DNA 폴리머라아제에 의해 순차(공유 결합으로) 결합되지만, 한 번 특수 처리한 염기와 결합되면 이후에는 결합을 계속해 나갈 수 없다. 특수 처리한 염기에는 각각 다른 색깔의 형광 물질이 물들여진다. A에는 빨강, T에는 초록, G에는 노랑, C에는 파랑의 형광 물질이 물들여진다.

이 조건에서 PCR법의 1~3과 같은 주기('079' 참조)를 반복함으로써, 여러 가지 길이를 나타내는 하나의 사슬로 된 DNA 조각들이 완성된다.

각각의 조각에 레이저 빛을 비추면 어느 한 형광색의 빛이 나타난다. 그러나 이렇게 레이저 빛을 쏘면 빛이 섞여서 나타나기 때문에 각각의 DNA 조각을 길이에 따라 분리하는 것은 제2단계 작업에서 이루어진다.

제2단계 : 전기영동(電氣泳動, electrophoresis)

여기에서는 인간 게놈 계획에서 대활약한 모세관 전기영동(Capillary Electrophoresis)에 대해 소개하겠다. 모세관은 머리카락과 같이 얇고 가느다란 유리로 만들어진 빨대다. 이 안에 합성수지를 채운다. 합성수지는 수분을 포함한 젤리와 같은 것으로, 스펀지와 같은 3차원의 그물코 모양 구조를 하고 있다.

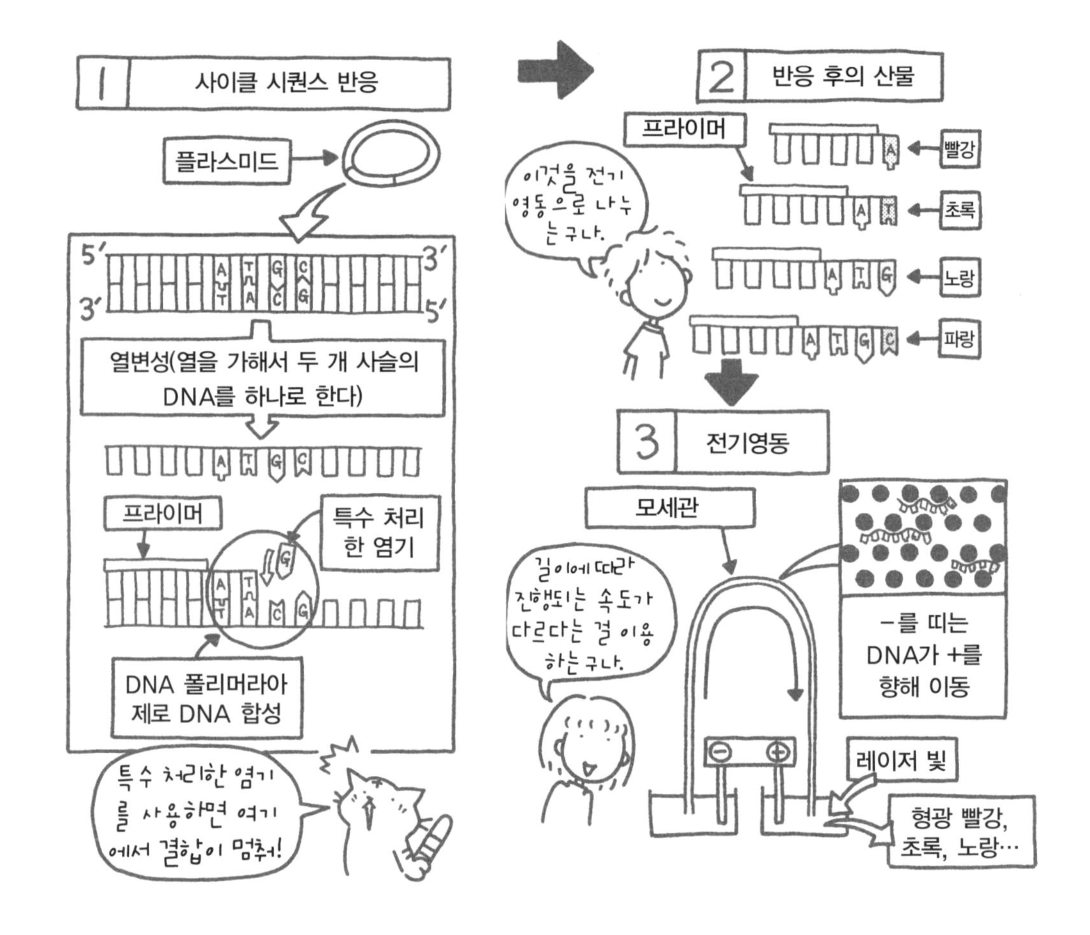

합성수지를 채운 모세관의 한쪽에 DNA를 보내고 이쪽을 −, 반대쪽을 +로 해서 전류를 흘려보낸다. 그러면 DNA는 −의 전기를 띠고 있기 때문에 반대쪽으로 이동해간다. 그래서 전기영동이라는 이름이 붙여진 것이다.

이 상황을 쉽게 설명하면, 합성수지로 이루어진 숲 속을 DNA라는 긴 뱀이 꿈틀꿈틀거리며 이동해간다는 얘기다. 그렇기 때문에 짧은 조각일

수록 '마찰 저항'이 적어서 빠르게 이동한다.

그래서 모세관의 출구에는 DNA 조각의 염기 한 개 길이가 길어질수록 조금씩 늦게 도착한다. 이때 레이저 빛을 비추면 형광색을 읽을 수 있으니 염기서열을 결정할 수 있다. 형광색이 빨강, 초록, 노랑, 파랑의 순서로 보일 경우, 이것을 읽는다면 ATGC가 된다.

아구이 마사오

▶염기서열을 읽는 기술의 진보와 인간 게놈 계획

인간 게놈 계획으로 염기서열을 읽기 시작한 것은 1991년이었다. 그 당시에는 형광 물질 대신 방사성 동위원소(radioisotope)를 사용하여 X선 필름에 감광시켜 검출했다. 연속되는 작업으로 며칠 걸려서 수천 염기를 읽어내는 속도였다. 그리고 1990년대 중반부터 형광 물질을 사용하는 시퀀서가 서서히 보급되기 시작했다. 1998년에는 모세관 전기영동으로 한 대에서 하루에 30만 염기를 읽는 시퀀서가 등장하여, 인간 게놈 계획을 강력하게 추진하는 계기가 되었다. 1998년 세레라 제노믹스사는 이 기계를 300대 도입하여 국제인간게놈기구의 국제 프로젝트 팀과 승부를 겨루었다('100 유전 정보와 특허' 참조).

081 염기서열과 데이터베이스

염기서열이 결정되면 연구자가 다음에 하는 일이 있다. 그것은 결정한 서열과 닮은 서열 또는 같은 서열이 이미 발견되지 않았는지 데이터베이스를 검색하는 일이다.

결정된 염기서열 중 공개가 가능한 것은 염기서열 데이터베이스에 등록되어 있다.[1] 세계에는 세 개의 염기서열 데이터베이스(뒤의 표 참조)가 있는데, 각 데이터베이스는 서로 데이터를 교환하여 매일 갱신된다. 이러한 것들은 공공성이 높은 데이터베이스이기 때문에 인터넷에 접속할 수 있다면 어느 나라 사람이라도 무료로 이용할 수 있다. 또한 DDBJ (DNA Data Base of Japan)에는 2007년 7월 현재 약 770억 염기의 데이터가 수록되어 있다.

검색 프로그램을 사용하면 데이터베이스 중에 비슷한 염기서열이 등록되어 있지 않은지 검색할 수 있다. 이것을 상동성(相同性) 검색이라고 한다. DNA 염기서열만이 아니라 단백질의 아미노산 서열이라도 상동성 검색은 가능하다.

상동성 검색 결과 비슷한 서열이 발견되면, 검색된 서열과 자신이 발견한 서열은 어느 정도 닮았는지, 또한 검색된 서열은 어느 생물의 연구에서 얻은 것인지 알 수 있다. 게다가 선행 연구가 완료된 경우에는 그 연구 결과가 게재된 논문명 등을 알 수 있다.

자신이 연구하여 발견한 서열과 비슷한 서열의 유전자나 단백질이 데이터베이스에서 발견되면, 자신의 연구를 계속 진행하는 데 중요한 힌트가 될 수 있다. 왜냐하면 비슷한 서열의 유전자나 단백질의 기능은 서로 비슷한 것이 많기 때문이다.

그러나 자신이 발견한 서열과 완전히 똑같은 서열이 발견되고, 생물마저 자신이 연구한 것과 같은 생물을 사용한 경우라면, 이미 누군가 연구를 해서 발견한 것이니 연구 경쟁에 뒤처졌다는 생각에 억울하다는 생각이 들 것이다. 연구의 세계에선 스포츠 세계와 달리 은메달은 존재하지 않는다.

의학과 생물학계의 논문 데이터베이스에 PubMed라는 것이 있다. 이 데이터베이스도 어느 나라 사람이든지 무료로 이용할 수 있다. PubMed라는 이름은 Public(공공의)과 Medicine(의학)에서 유래되었다. PubMed에는 1960년대 중반 이후의 중요한 의학과 생물학계 잡지에 게재된 논문 요약(일부는 제목만)이 수록되어 있다.

더 자세한 논문의 내용을 알고 싶으면 집필자에게 논문의 발췌 인쇄를 요청할 수 있다.

염기서열 데이터베이스

- 〈DDBJ(DNA Data Bank of Japan)〉 국립유전학연구소 (일본)
  http://www.ddbj.nig.ac.jp/index-j.html
- 〈GenBank〉 National Center for Biotechnology Information (미국)
- 〈EMBL〉 European Molecular Biology Laboratory (독일)

의학과 생물학계 논문 데이터베이스

- 〈PubMeb〉 National Center for Medicine (미국)
  http://www.ncbi.nlm.nih.gov/sites/entrez

최근 들어 생명과학이 급속하게 발전해온 이유는 많은 연구자들이 비교적 소수의 모델 생물 연구에 집중해왔기 때문이다. 바이러스, 대장균, 효모, 선충, 얼룩물고기(zebra fish), 아프리카손톱개구리, 쥐, 원숭이, 초파리, 벼, 밀, 애기장대(Arabidopsis thaliana) 등이 주된 모델 생물이다.

어떤 생물에서 발견된 유전자나 단백질의 기능은 다른 생물에서도 비슷하게 나타나는 경우가 많다. 물론 이것은 사람에게도 해당한다. 가벼운 유추는 피해야 하지만, 동물과 식물 사이에도 기능이 비슷한 점이 발견되는 경우가 많다. 그렇기 때문에 이러한 데이터베이스는 단순히 연구를 기록한 것이 아니라 새로운 연구를 추진해나가기 위한 강력한 도구이기도 하다.

임상실험 등을 제외하면 인체 그 자체를 사용해서 실험을 할 수 없다. 그렇기 때문에 인간이라는 '생물'을 알기 위해서도 모델 생물을 사용한 실험이나 연구가 필요하다.

아구이 마사오

시도_논문을 읽어보자

텔레비전이나 신문에서 다루었던 유전자나 단백질에 관한 논문을 PubMed에서 검색하여 읽어보자.

영문 번역 프로그램은 의학과 생물학계 용어 사전을 추가할 수 있는 것도 있으니 이것을 이용해도 좋을 것이다.

PubMed의 홈페이지(URL은 각주 참조)에 들어가면, Search [PubMed ▼] for [공란] [Go] [Clear]라는 부분이 나온다. 공란 부분에 유전자명이나 키워드를 영문으로 쓰고 [Go]를 클릭한다. 논문을 찾으면 일람표가 나온다. 파란 저자명 부분을 클릭하면 논문의 요지를 볼 수 있다(문서를 저장하면 오프라인에서도 읽을 수 있다). PubMed는 저자명으로 검색하는 것도 가능하다.

야마다 다로(山田太郎) 씨의 경우 공란 부분에 'Yamada T'라고 입력한다. 토머스 헌트 모건(Thomas Hunt Morgan) 씨는 'Morgan TH'라고 입력한다.

1 공개가 가능한 것은……

인간 게놈 계획에서 국제인간게놈기구의 국제 프로젝트 팀은 인간 게놈의 염기서열을 인류 공동의 재산이라고 생각해, 결정된 염기서열을 날마다 염기서열 데이터베이스에 등록하여 공개하기로 했다.

한편 세레라 제로믹스사는 영리 단체의 입장이어서 공개를 꺼려했지만, 최종적으로는 비영리 단체의 연구자에게는 무료로 공개하기로 결정했다('100 유전 정보와 특허' 참조).

082 바이오인포매틱스-생명과학과 정보과학의 융합

컴퓨터나 인터넷은 생명과학을 연구하는 데 중요한 도구다. 매일매일 가속도로 증가하는 연구 데이터를 사장시키는 것이 아니라 가치 있게 이용하기 위해서는 생명과학과 정보과학의 융합이 필요하다. 그래서 최근 새로운 학문 분야가 탄생했다. 이 학문 분야는 바이오인포매틱스(Bioinformatics, 생물정보학)라고 불린다.

바이오인포매틱스 연구자는 생명과학과 정보과학의 지식을 모두 가지고 있어야 할 뿐 아니라, 이것을 융합하여 더 고도의 지식을 이끌어내고 가치를 창조해내는 능력이 요구된다.

인간 게놈 계획('052 인간 게놈 계획 '완료'의 의미', '080 염기서열의 결정법' 참조)으로 얻은 염기서열 그 자체는 단지 문자 나열에 불과하다. 의외라고 생각할지도 모르지만, 염기서열을 보는 것만으로 이것이 유전자인지 아닌지 완전히 판정하는 방법은 아직 존재하지 않는다. 그렇기 때문에 염기서열 중에서 미지의 유전자를 찾아내거나 그 기능을 예측하기 위해서는 시뮬레이션을 포함한 고도의 정보기술이 필요하다. 예를 들면 마을의 지도를 입수했다 해도 지도 기호 읽는 방법을 모른다면 어디에 어떤 시설이 있는지 모르는 것과 마찬가지다.

인간 게놈 계획이 완료(2003년 4월)된 시점에서 인간 유전자 수는 약 3만 2000개라는 예측이 발표되었다(이 숫자는 다음 해 10월에는 약 2만 2000개로 수정되었다).

생명과학 연구에서는 시험관 내에서 하는 실험을 인 비트로(*in vitro*[1]) 실험, 살아 있는 몸인 생체 내에서 실험하는 것을 인 비보(*in vivo*) 실험이라고 불러서 둘을 구별한다. 이렇게 구별하는 이유는 인 비트로 실험 결과와 인 비보 실험 결과가 반드시 일치하는 경우는 한정되어 있기 때문이다.

최근에는 이런 말에 추가하여 인 실리코(*in silico*)라는 말을 사용하게 되었다. '실리코'란 실리콘(규소)을 말한다. 컴퓨터의 '두뇌'는 실리콘으로 이루어진 반도체다. 그렇기 때문에 인 실리코 실험은 컴퓨터 내에서 하는 시뮬레이션 실험을 말하는 것이다.

사람의 몸은 약 60조 개의 세포로 이루어졌다. 각각의 세포 내에서는 유전자(설계도)에 따라 다양하고 많은 양의 단백질을 만들어내고 있다. 이러한 단백질이 협조하며 작용해서 우리는 살고 있는 것이다. 그러나 작용하는 단백질의 종류나 수는 세포의 종류나 상태에 따라서 바뀐다. 이것을 수학적으로 표현하면, 인간은 막대한 변수를 가진 블랙박스(함수)라고 할 수 있다.

복잡한 생명 현상을 해명하기 위해서는 여러 조건(변수)을 조합한 일련의 실험이 필요하다. 그러나 인 비트로나 인 비보의 실험만으로는 모든 조합을 조사해낼 수 없다. 비용이나 시간적인 제한, 그리고 연구자의 체력, 정식적인 한계가 있기 때문이다. 그래서 새로운 실험 전략으로 인 실리코 실험을 생각하게 된 것이다.

현재 인 실리코로 신약 개발이 시작되고 있다. 이것은 컴퓨터 내에서 여러 약제 후보 화합물을 만들어내어, 이 화합물과 단백질 결합 방법이나 강점을 시뮬레이션하는 것이다.

인 실리코 실험을 같이 사용함으로써 신약 개발 기간과 연구비가 줄어들 수 있다면 다품종 의약품을 좀 더 싼 가격에 공급할 수 있게 될지도 모른다.

또한 인 비트로나 인 비보 실험 결과를 컴퓨터에 집약시킴으로써 인 실리코의 가상심장(Virtual Heart)이라는 것이 만들어졌다. 이것을 이용하

1 *in vitro*
이것을 알파벳으로 표기하는 경우는 이탤릭체(기울임체)로 한다. 또한 현미경 관찰용으로 자른 조각 등 조직 내에서 하는 실험은 인 시투(*in situ*) 실험이라고 한다.

2 발현 프로파일
발현 프로파일은 어떤 상태에 놓인 조직이나 세포에서 사용되고 있는 유전자를 보는 것이다. 발현 프로파일을 조사하는 방법은 cDNA 마이크로어레이(microarrays)(‘084 cDNA 마이크로어레이-사용하고 있는 유전자 검출법’ 참조)로 mRNA(messenger RNA)의 존재를 조사하는 전사체(transcriptome)와 2차원 전기영동이라는 방법으로 단백질의 존재를 조사하는 단백질체(proteome)(‘085 프로테옴 해석 -포스트게놈의 중요 과제’ 참조)로 나뉜다.

여 심박 리듬이 흐트러져 돌연사가 일어나는 구조를 해명했다.

인 비트로 실험에서 안전하다고 판단되는 의약품으로 인 비보 '임상 실험'을 하지만, 생각지도 못한 부작용을 일으킬 경우가 있다. 이럴 때 임상 실험 전에 인 실리코의 가상 장기로 실험을 하여 이러한 위험을 막을 수 있을 것이라고 기대하고 있다.

인 실리코의 실험이 주목받는 한편, DNA의 염기서열, 유전자의 발현 프로파일,[2] 단백질 아미노산 서열, 단백질 입체 구조, 질환 데이터, 치료 데이터, 문헌 등 여러 가지 데이터베이스의 '유기적인 통합'이 요구되고 있다. 사용하기 쉽고 좋은 취지의 데이터베이스를 개발하는 것도 바이오 인포매틱스의 중요한 임무다.

아구이 마사오

083 SNPs와 오더메이드 의료

두 사람을 임의로 선택하여 DNA 염기서열을 비교하면, 약 1000염기 당 1염기의 비율로 차이가 있다는 것을 알게 되었다. 이것을 'SNP(Single Nucleotide Polymorphism)' 또는 '단일염기 다형(多型)' 이라고 한다.

한 곳의 염기 변화점을 습관적으로 SNP로 쓰고, '스닙' 이라고 발음한다. 또한 복수의 염기 변화점을 정리하여 나타내는 경우는 복수형의 's' 를 붙여서 SNPs로 쓰며, '스닙스' 라고 발음한다.

다음 표에 나타낸 것과 같이 SNP 앞에 붙은 소문자는 SNP이 있는 장소나 아미노산 서열에 끼치는 영향을 나타내는 경우도 있다.

SNPs의 대부분은 gSNP이나 iSNP으로 표현형에 영향을 주지 않지만, 일부의 cSNP이나 rSNP은 큰 영향을 준다. 예를 들어 '045 '낫형적혈구와 말라리아' 에서 다룬 낫형적혈구빈혈증은 SNP이 표현형에 영향을 미치는 cSNP의 전형적인 예다.

cSNP이 존재하면 아미노산 서열이 변한다. 그래서 단백질의 입체 구조가 크게 바뀌거나 효소의 작용이 떨어지기도 한다. rSNP이 존재하면 필요한 효소가 만들어지지 않거나, 반대로 필요하지 않은 단백질이 대량으로 만들어지고 축적되어 병이 되는 경우도 있다.

그러나 cSNP이나 rSNP이 반드시 나쁜 영향을 주는 것은 아니다. 아무런 영향을 주지 않는 경우도 있고, 낫형적혈구의 항말라리아 특성과 같이 오히려 좋은 영향을 주는 경우도 있다.

| SNP의 종류 |

cSNP(coding SNP)

엑손 위에 존재하며, 아미노산 서열을 변화시키는 작용을 하는 SNP이다. 유전자 염기서열 중 아미노산 서열을 지시하는 부분을 엑손이라고 한다.

rSNP(regulatory SNP)

유전자의 전사 조절 영역에 존재하는 SNP이다. 전사 조절 영역에 전사인자라는 단백질이 결합하여 mSNP의 전사량이 조절된다. 이것은 유전자의 작용을 조절하는 스위치에 해당한다.

iSNP(intron SNP)

인트론 위에 존재하는 SNP이다. 인트론은 유전자 내에 있는 염기서열이지만 아미노산 서열의 지시에는 관여하지 않는다.

sSNP(silent SNP)

엑손 위에 존재하지만 아미노산 서열을 바꾸지 않는 SNP이다. 코돈(codon)과 같은 치환을 보인다.

gSNP(genome SNP)

유전자 이외 게놈 위에 존재하는 SNP이다.

현재 의약품과 SNPs의 관계가 주목받고 있다. 그 이유는 어떤 의약품은 A씨에게 효과가 좋고 부작용이 없지만, B씨에게는 효과가 거의 없고 부작용이 심한 경우가 있기 때문이다. 미국의 한 조사에서는 '의약품에 의한 부작용'이 사망 원인의 상위를 차지했다.

사전에 의약품 효과나 부작용, SNPs의 관계를 조사해두면, 환자의 SNPs와 비교하여 적절한 약을 투여할 수 있다. 이러한 것을 오더메이드(order made) 의료[1](또는 맞춤(tailor made) 의료)라고 부른다. 쉽게 설명하자면 기존 제품의 옷 중에서 각각의 손님마다 어울리는 옷을 골라주는 것이다.

이러한 식으로 앞으로는 각각의 환자에게 맞는 '완전 오더메이드'의

1 오더메이드(order made) 의료
기존 제품의 옷 중에서 손님마다 어울리는 옷을 고르는 것을 오더메이드라고 말하진 않지만, 기존 약 제품 중에서 각 환자에게 적절한 약을 고르는 것은 습관적으로 '오더메이드 의료'라고 부르고 있다.
즉 '오더메이드 의료'라는 말은, 원래 의미에서 '변이'된 말이 퍼진 것이다. 언어, 기능, 행동 양식, 사고 양식 등은 변이하거나 진화하는 비물질적인 '어떤 종의 유전자'라고도 할 수 있다. 리처드 도킨스('063 생물은 이기적인 유전자의 이동 수단인가' 참조)는 이 '어떤 종의 유전자'에 밈(meme)이라는 이름을 붙였다.

▶전사(傳寫)와 이어맞추기(Splicing)
DNA 염기서열 중 최종적으로 아미노산 서열로 번역되는 부분을 엑손이라고 한다. 엑손과 엑손 사이에 있는 부분이 인트론이다. mRNA는 DNA를 주형으로 해서 합성(전사)된 뒤, 인트론이 잘리는(스플라이싱이라고 한다) 등의 작업이 이루어져 완성된다. 완성품의 mRNA의 5′ 쪽에는 7-메틸 구아노신(캡)이, 3′ 쪽에는 수십~수백 염기의 아데닌(폴리 A)이 붙어 있다. 다만 히스톤(histone)의 mRNA에는 폴리 A가 붙어 있지 않다.

약품을 만들어낼 수 있게 될지도 모른다. 이러한 것은 고급 기성복을 주문 생산하는 것과 같은 것이다.

또한 SNPs를 조사함으로써 조사받은 사람이 걸리기 쉬운 병을 판정하고, 걸리지 않도록 예방을 하는 데 도움이 될 것이라고 생각된다.

일본에서는 2000년부터 2004년에 걸쳐 여러 가지 질환과 SNPs의 관계를 조사하는 연구 프로젝트를 실시했다. 또한 2003년부터 30만 명분의 혈액 샘플(시료)을 모아서 분석하고, 병의 종류마다 의약품과 SNPs의 관계를 조사하는 대규모 연구를 시작했다.

이러한 연구 프로젝트를 진정한 의미에서 성공시키기 위해서는 생물정보학이 더욱 발전해야 하며, 사적인 비밀은 확실히 보호받아야 한다.

아구이 마사오

084 cDNA 마이크로어레이-사용하고 있는 유전자 검출법

사람의 유전자 수는 약 2만 2000개가 있다고 예측된다('082 바이오인포매틱스-생명과학과 정보과학의 융합' 참조). 그러나 모든 유전자가 동시에 사용되지는(발현되지는) 않을 것이다.[1] 세포의 종류나 상태에 따라서 사용되는 유전자의 종류는 다르다. 예를 들면 발생이나 재생 과정에서 사용되는 유전자 종류가 시시각각 변한다.

각각의 조직이나 세포에서 어떤 유전자가 사용되고 있는지 알아보기 위해서 cDNA 마이크로어레이(microarray)법이라는 방법이 생겨났다.

유전자는 단백질의 설계도다. 유전자가 사용될 때는 DNA를 주형으로 하여 mRNA라는 복사물이 합성된다. 그리고 단백질은 mRNA의 정보를 바탕으로 해서 합성된다. 즉 어떤 유전자의 mRNA가 있다면, 그 유전자가 사용된다는 증거다.

여기에서 cDNA 마이크로어레이법은 cDNA라는 특수한 DNA를 사용해 검사 대상이 되는 조직이나 세포에 어떤 mRNA가 있는지 조사한다.

역전사 효소[2]를 사용해, 한 사슬의 염기인 mRNA를 주형으로 하여 DNA를 합성할 수 있다. 이렇게 해서 합성된 DNA를 cDNA(complementary DNA, 상보적 DNA)라고 한다.

cDNA 마이크로어레이[3]란 cDNA를 슬라이드 유리 위에 스폿(spot, 점) 모양으로 수천~수만 종류를 붙인 것이다. 스폿 하나가 한 종류의 유전자에 해당한다. 슬라이드 유리에 붙여진 cDNA를 '프로브(probe, 탐침)' 라고 부른다.

사용될 유전자를 조사할 경우에는 조사 대상이 되는 조직이나 세포에서 mRNA를 꺼내고, 역전사 효소로 한 사슬의 DNA(mRNA 복사)를 합성한다. 검출할 때의 표시는 형광 물질을 들일 수 있는 염기를 사용한다. 이렇게 합성한 한 사슬 DNA를 '타깃(표적)' 이라고 한다.

cDNA 마이크로어레이를 타깃의 용액에 담그고 일정한 온도로 보온하면, 대응하는 염기서열을 갖는 타깃과 프로브가 결합한다. 여기에 레이저 빛을 비추면 결합한 스폿이 형광색으로 보인다. 조사 대상의 조직이나 세포는 형광색을 내는 스폿 부분에 대응하는 유전자가 사용된다는 것을 알 수 있다. 또한 형광색의 강도가 높을수록 다량의 mRNA가 존재한다는 것도 알 수 있다. 또한 다량의 mRNA가 존재한다는 것은 그 mRNA에 대응하는 단백질이 활발하게 합성되고 있다는 것을 나타낸다.

이 원리를 응용하면, 두 종류의 세포나 조직 사이에서 사용되는 유전자의 차이를 비교할 수도 있다. A세포 유래의 타깃이 빨갛게 빛나는 것처럼 B세포 유래의 타깃이 초록색으로 빛날 경우, 빨간 스폿의 유전자는

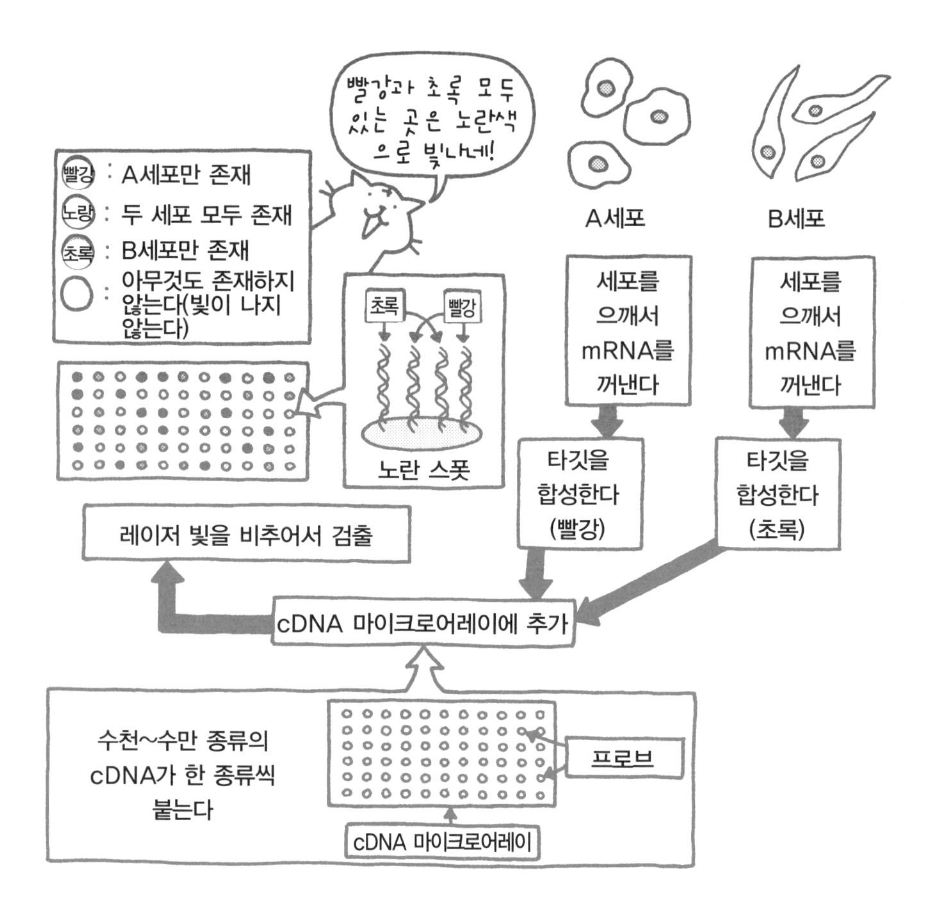

A세포만, 초록 스폿의 유전자는 B세포만 사용되었다는 것을 알 수 있다. 빨강과 초록의 빛이 합쳐지면 노란색이 된다. 그렇기 때문에 노란 스폿의 유전자는 이 두 세포가 모두 사용되었다는 것을 알 수 있다. 또한 빛나지 않는 스폿의 유전자는 두 세포 모두 사용되지 않았다는 것을 알 수 있다.

같은 종류의 세포라도 정상인 세포와 병에 걸린 세포에는 사용되고 있는 유전자 조합, 즉 발현 프로파일('082' 참조)이 다르다는 것을 알게 되었다. 그리고 병의 진행도에 따라서 변할 수 있다는 것도 알게 되었다.

cDNA 마이크로어레이를 사용하여 병을 진단하고 치료 방법을 결정하며, 또한 의약품 개발에도 도움이 되는 정보를 얻을 수 있게 되었다.

아구이 마사오

1 모든 유전자가……

일부의 유전자가 모든 세포에서 사용되는 유전자를 '하우스키핑 유전자(housekeeping gene)' 라고 부른다. 이것은 세포로서 살아가기 위해 최소한으로 필요한 유전자의 한 군이다.

2 역전사 효소

대부분의 생물에서 유전 정보는 'DNA→mRNA→단백질' 이라는 일방통행의 흐름으로 전해진다. 그런데 레트로바이러스라는 한 군의 바이러스는 역전사 효소라는 효소를 가지고 있어서 숙주 세포를 감염시킨 자신이 가진 RNA에서 DNA를 합성할 수 있다. 이것은 'DNA→mRNA→단백질' 의 흐름을 역행하는 것이다.

3 cDNA 마이크로어레이

cDNA 마이크로어레이와 비슷한 것으로 DNA 칩이 있다. DNA 칩이란 기판 위에 두고 여러 가지 염기서열의 한 사슬 DNA(프로브)를 합성한 것이다. 이때 광리소그래피(optical lithography)라는 반도체 칩의 작성 기술을 사용하기 때문에 DNA 칩이라고 부른다. 이 두 가지는 기본적인 사용법이 같지만 DNA 칩은 SNPs('083 SNPs와 오더메이드 의료' 참조)의 검출에도 사용된다.

085 프로테옴 해석-포스트게놈의 중요 과제

단백질은 20종류의 아미노산으로 이루어지는 고분자이며, 여러 가지 기능을 가진 중요한 물질이다. 예를 들어 손톱이나 머리카락은 대부분 단백질 그 자체이며, 모든 효소는 단백질로 만들어진다. 단백질은 생물이 살아가기 위한 대부분의 장면에서 활약하고 있다. 현재 인간의 몸속에서 작용하는 단백질은 약 10만 종류로 예측되고 있다.

몸속에 존재하는 단백질을 통틀어 프로테옴(proteome)[1]이라고 말한다. 이것은 단백질을 말하는 프로테인(protein)과 게놈(genome)[2]을 합쳐서 만들어진 말이다. 즉 'prote+ome=proteome' 이라는 것이다.

현재 프로테옴 해석(분석)이 포스트게놈 해석의 중요 과제로 주목받고 있다. 다나카 고이치(田中耕一) 씨가 수상한 2002년의 노벨상은 같이 수상한 2명을 포함하여 3명이 프로테옴의 분석 기술에 관한 연구를 하여 받은 상이다.

한마디로 프로테옴 해석이라고 말해도, 그 내용은 여러 방면에 걸쳐 있다. 그중 현시점에서 가장 중요한 과제는 단백질의 입체 구조 해석을 가능한 한 빨리 하는 것이다.

일본에서는 2002년 4월 '단백질 3000 프로젝트'❸라는 대규모 연구 계획을 시작했다. 단백질의 입체 구조는 어림잡아 1만 종류 정도의 기본 구조 조합으로 이루어져 있다. 여기에 2002년부터 5년 동안 일본 전체에서 1만 종류의 약 3분의 1에 해당하는 3000종류 이상의 단백질 입체 구조와 기능을 결정하겠다는 목표로 연구하였다.

DNA의 이중나선 구조('010 DNA 구조-이중나선 발견 이야기' 참조)는 X선 결정(結晶) 해석이라는 방법을 이용하여 정해졌다. 이 방법은 단백질의 입체 구조 해석에 관해서도 가능성이 높은 방법 중 하나다.

X선 결정을 해석하기 위해서는 단백질의 결정이 필요하다. 그런데 결정을 만들어내기 위해서는 결정화의 조건을 정하기 위한 시행착오(트라이얼 & 에러)를 반복하는 것이 필요하다. 기존의 시행착오 기간은 수개월~수십 년은 당연하고, 반 세기나 걸린 경우도 있었다. 그러나 이러한 속도로는 프로테옴 해석을 추진할 수 없다.

일본의 효고(兵庫)현 남서부에 있는 JR 아이오이(相生) 역에서 버스로 30분 정도 이동하는 위치의 산 위에 하리마(播磨) 과학공원 도시가 있다. 이곳의 상징적 존재인 스프링-8(SPring-8)의 일정 지역 내에는 '이화학연구소 하리마연구소 하이 스루풋 팩토리'라는 연구 시설이 있다. 스루풋(throughput)이란 생산량이나 효율을 나타내는 말이다. 그렇기 때문에 하이 스루풋 팩토리는 '일을 척척 해내는 공장'이란 의미다.

이곳에서 세계 최초로 자동 결정화 관찰 로봇 시스템 'TERA'가 개발되었다. 이 장치는 컴퓨터 제어 로봇을 사용함으로써 더 많은 결정화 조건을 동시에 시도하여 시간을 대폭 단축하는 것을 목표로 하고 있다. 이 장치 단 한 대에서 18만 번의 결정화 조건 검토(시행착오)가 가능하다고 한다.

스프링-8은 지름이 500미터(작은 산 하나 정도)이며, 링 모양의 X선 발생 장치다. TERA에서 만든 단백질의 결정을 스프링-8을 이용하여 흐름 작업으로 분석하는 것을 목표로 하고 있다.

한편 일본 요코하마의 임해부에 있는 '이화학연구소 요코하마연구소 게놈 과학 종합연구센터'에서는 NMR(핵자기 공명) 장치를 이용하여 단백질의 입체 구조 해석을 진행하고 있다.

NMR의 원리는 의료 현장에서 화상 진단에 사용되고 있는 MRI(핵자기

1 프로테옴(proteome)

넓은 의미의 프로테옴은 체내에 존재하는 단백질을 통틀어 일컫는 의미지만, 좁은 의미의 프로테옴은 어떤 상태에 놓인 조직이나 세포에 존재하는 단백질의 일람(一覽)을 의미한다.

2 게놈(genome)

게놈은 체내에 존재하는 모든 유전 정보를 의미한다('016 DNA, 염색체, 유전자, 게놈…… 헷갈리기 쉽다' 참조).

3 단백질 3000 프로젝트

이 프로젝트는 2007년 3월에 완료되었다. 그 결과는 다음의 홈페이지(영문판 있음)에 정리되어 있다.
http://p3krs.protein.osaka-u.ac.jp/p3kdb/v_menu.php

공명 화상 장치)와 같다. 예를 들면 NMR 장치는 소형판의 MRI 장치이며, 인체 대신 단백질 용액을 넣은 시험관을 넣고 해석하는 것이다. 하지만 이 방법은 단백질의 결정화에는 필요가 없으며, 분자량이 큰 단백질은 해석할 수 없다.

이렇게 단백질의 입체 구조 해석을 서두르는 이유는, 단백질의 대부분의 기능이 그 입체 구조에 의존하고 있기 때문이다. 열쇠와 열쇠 구멍은 서로 맞을 때만 제 기능을 할 수 있다. 이와 마찬가지로 단백질로 이루어진 효소, 호르몬, 의약품 등은 상대방의 분자와 잘 맞는 입체 구조일 때만 제대로 기능을 할 수 있다.

입체 구조와 기능 관계를 아는 것은 인공 효소나 '완전 오더메이드' 의약품을 만들어내기 위해 꼭 필요한 작업이다.

아구이 마사오

086 복제 동물은 어떻게 만들어졌을까

1996년 한 마리의 복제 양이 탄생했다. 이 양에 돌리라는 이름이 붙여졌다. 돌리에게는 ① 선세포(腺細胞, glandular cell)(핵) 제공자, ② 미수정란(세포질) 제공자, ③ 자궁 제공자(대리모), 모두 세 마리의 엄마가 존재한다. 그러나 아빠는 존재하지 않는다.

돌리는 복제 양이라고 불리는데, 그 이유는 돌리의 유전자가 젖샘 세포를 제공한 엄마의 유전자와 완전히 똑같기 때문이다(다만 미토콘드리아의 유전자는 미수정란 제공자의 것이다).

복제를 뜻하는 클론(clone)이라는 단어는 그리스어로 잔가지를 뜻한다. 한 나무에서 자라는 작은 가지의 유전자는 모두 같기 때문에 식물이나 동물 모두 유전자가 완전히 똑같은 것을 복제(클론)라고 부른다.

그런데 일란성 쌍둥이[1]도 복제다. 일란성 쌍둥이란 하나의 수정란이 어떠한 이유로 두 개로 나뉘어 성장한 쌍둥이다. 완전히 같은 유전자를 가지고 있기 때문에 그냥 봐서는 구별할 수 없다. 일란성 쌍둥이와 같은 복제를 '배(胚)분할 복제' 라고 하며, 이는 돌리의 '체세포[2] 복제' 와는 다르다.

여기에서는 어떻게 해서 돌리가 탄생했는지, 그 방법을 소개하도록 하겠다.

한 마리의 암양에게서 젖샘 세포를 채취하여 5일간 샬레 속에서 기른다. 이때 사용하는 배양액(영양액)으로는 일반적으로 10% 정도의 혈청을 추가한다. 그러나 돌리의 경우에는 0.5%만 추가했다. 혈청이란 혈액의 액체 성분으로, 세포의 분열을 촉진하는 성분이 포함되어 있다. 그런데 사실 혈청의 양을 최소한으로 줄이는 것이 체세포 복제를 성공시키는 열쇠였다. 즉 세포를 기아 상태로 둠으로써 젖샘 세포라는 상태를 일단 초

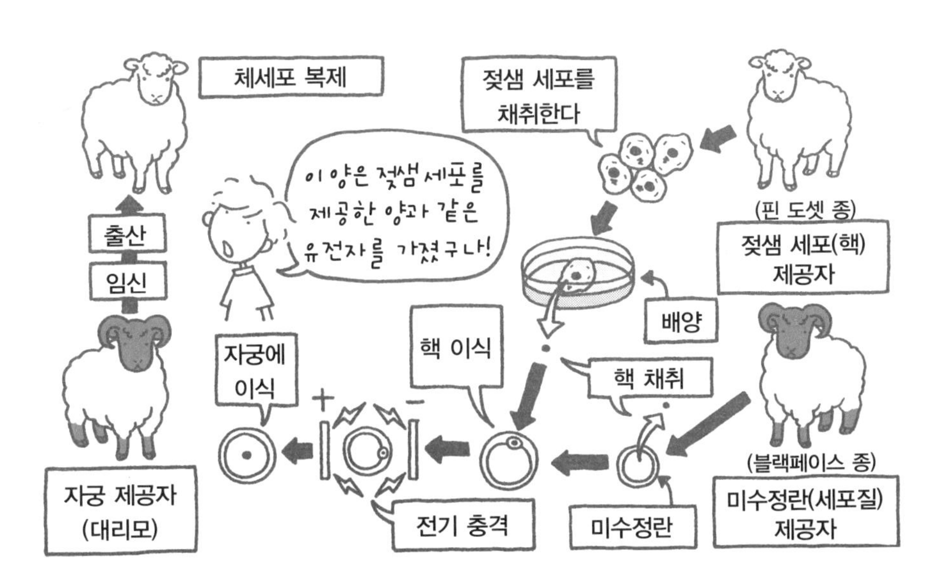

기화하여 새롭게 재출발할 수 있도록 하는 것이다.

그 다음에는 두 번째 암양에게서 미수정란을 채취하고, 이 미수정란에 얇고 긴 유리관을 찔러 넣어 핵을 뽑아낸다. 그 뒤에 젖샘 세포의 핵을 이식하고 전기 충격을 준다. 이렇게 하면 세포질과 핵이 융합하여 한 개의 세포가 된다. 이 세포를 5일 정도 샬레에서 기른 뒤, 가임신 상태로 하여 세 번째 암양의 자궁에 이식한다.

이렇게 해서 1996년 돌리는 '일반적인 임신' 으로 출산됐다. 이것으로 체세포 복제에도 유성 생식 능력이 있다는 것이 확인되었다.

사실 돌리 이전에도 복제 양은 탄생했었다. 그러나 그 양은 '수정란 복

1 일란성 쌍둥이

사람의 염색체는 22쌍의 44개 상염색체와 두 개의 성염색체(XX 또는 XY), 모두 합쳐서 46개다. 정자와 난자가 만들어질 때는 46개 염색체에서 절반인 23개가 정해진다. 이때 결정되는 방법은 2의 23승(약 840만)의 경우의 수가 된다. 같은 부모에게서 유전자 조합이 같은 수정란이 만들어질 확률은 2의 46승의 역수(약 70조분의 1)가 된다(교차는 고려하지 않는다).

일란성 쌍둥이의 유전자 조합은 같지만 지문은 다르다(수사를 할 때도 구별할 수 있다). 즉 이 우주와 역사 속에서 모든 인간은 단 하나뿐인 존재라고 말할 수 있다.

2 체세포

난자나 정자를 생식 세포라고 부르고, 그외에 몸 형태를 만드는 세포를 체세포라고 한다.

3 일반적인 유성 생식의……

'수정란 복제' 는 '배(胚)분할 복제' 의 응용이다. 즉 일란성의 자손을 인위적으로 만들어내는 것이다.

제' 라는 것으로, 분열하여 16개 세포가 된 수정란의 핵을 뽑아내어 미수정란에 이식한 것이었다. 그렇기 때문에 '일반적인 유성 생식의 범위' 를 크게 넘지 않은 것이었다.[3] 수정란 복제는 만들어낼 수 있는 마리 수가 한정된다. 왜냐하면 같은 부모에게서 만들어진 수정란이더라도 유전자 조합은 각각 다르기 때문이다.

이에 비해 체세포 복제는 수정란 복제보다 훨씬 많은 수의 양을 만들어낼 수 있다. 이론상은 같은 조합의 유전자를 대대로 가질 수 있다. 또한 유성 생식을 하기 어려운 멸종 직전의 동물을 번식하게 하기 위해서는 체세포 복제밖에 없다.

돌리가 탄생한 후로 소, 돼지, 염소, 고양이, 토끼, 쥐 등의 체세포 복제가 이루어지고 있다. 다만 각각 사용되는 체세포의 종류는 다르다.

아구이 마사오

087 복제 동물은 어떻게 사용할 수 있을까

1. 의약품 분야

돌리[1]가 탄생한 다음 해(1997년)에는 인간 유전자를 넣은 체세포 복제 양이 탄생하여 폴리라는 이름이 붙여졌다. 돌리의 탄생은 폴리가 태어나기 위해 이루어진 예행연습이라는 의미가 있었던 것이다. 그러면 폴리의 탄생에는 어떤 의미가 있을까?

사실 폴리에게는 인간의 혈청 응고 제9인자라는 단백질 유전자(설계도)가 들어 있다. 이 단백질은 모유 속에서 분비되도록 조작되는 것이다. 모유에서 혈액 응고 인자를 추출해서 정제(精製)하여 혈우병 치료약을 제조할 수 있다. 즉 체세포 복제 동물을 '살아 있는 제약 공장'으로 사용하는 것이다.

2. 축산 분야

육질이 좋은 육우, 우유를 많이 생산해내는 젖소 등이 태어나면, 그 좋은 형질(성질)을 가진 자손을 더 많이 얻어내고 싶을 것이다. 그러나 일반적인 유성 생식으로는 유전자 조합이 바뀌기 때문에 반드시 좋은 형질이 나온다고 단정지을 수 없다. 그래서 체세포 복제 기술 이용을 검토하게 된 것이다(수정란 복제를 하여 세대가 거듭되면 유성 생식과 마찬가지로 유전자 조합이 바뀐다).

일본에서는 부가가치가 높은 축산물로 특히 복제 소의 연구에 중점을 두고 있다. 1990년에는 일본 최초로 수정란 복제 소가 탄생하였고, 2007년 3월 31일까지 43기관에서 714마리가 태어났다. 또한 1998년에는 세계 최초로 체세포 복제 소가 일본에서 탄생하였고, 2007년 3월 31일까지 42기관에서 528마리가 탄생했다.

1993년에는 수정란 복제 젖소가 식용으로 출하되었고, 1995년에는 수정란 복제 소의 우유가 출하되기 시작했다.

2007년 3월 현재 체세포 복제 소는 출하되지 않고 있다. 그러나 일본 후생노동성의 연구진은 체세포 복제 소의 안전성을 인정한다는 내용의 보고서를 정리하고 있다.

3. 복제 기술은 완벽한가

복제 동물이 출산에 이르기까지의 성공률은 동물의 종류에 따라 다르지만, 현재는 체세포 복제가 몇 %, 수정란 복제가 수십 %에서 절반 정도다.

그러나 체세포 복제 쥐는 출산에 이르기까지 성공률이 낮지만, 출산

후 생존율은 90%를 넘는다. 또한 체세포 복제 쥐의 체세포에서 또 체세포 복제를 만들어내는 것도 적어도 '6세대'에 걸쳐서 성공한다. 다만 '세대'를 거듭할 때마다 출산에 이르는 성공률은 떨어진다(여기에서 '세대'는 일반적인 세대와는 의미가 다르다).

그런데 쥐 이외의 다른 체세포 복제 동물에게도 어떠한 변이가 존재하는 것 같다. 체세포 복제 쥐의 경우는 폐렴, 간 부전, 비만 등의 이상을 나타낸다. 또한 태반이 일반적인 쥐보다 4배까지 커지는 경우도 있었다.

태반에서의 유전자 작용(발현)을 조사하면, 25개에서 하나의 비율로 이상이 있다고 판명되었다. 이 이상이란 유전자가 필요 이상으로 작용한다거나, 반대로 필요한 유전자가 전혀 작용하지 않는 경우를 말한다.

이외의 복제 동물에서도 몸이 아주 커지거나, 심장의 결함, 발육 이상, 폐의 결함, 면역계 부전 등의 이상이 보고되고 있다. 또한 일반 쥐의 수명이 800일 이상인 데 반해, 체세포 복제 쥐는 500일 전후였다.

1 돌리

돌리는 1996년 7월에 탄생하여 2003년 2월 14일에 안락사했다. 6살 7개월 때였다(보통 양의 수명은 11~12살). 안락사를 한 뒤 해부를 해보니, 폐에 생긴 바이러스성 폐선종증(肺腺腫症, 폐의 상피 세포가 스펀지 상태처럼 비대해져 호흡을 하기가 어려워진다)이 원인이었던 것으로 판명되었다. 이 병과 복제 기술 사이에는 직접적인 인과 관계가 없다. 그러나 돌리에게는 5살 반이라는 비교적 어린 나이에 관절염이 생기는 등 노화가 빨리 찾아온 경향이 있었다.

돌리의 텔로미어('035 노화와 관련된 유전자가 있을까' 참조)는 태어났을 때 보통의 양보다 20%가 짧았다. 그러나 이것이 조기 노화 경향을 보이는 현상의 직접적인 원인이 된 것인지는 아직 모른다.

텔로미어의 단축뿐 아니라 변이 축적이나 중요한 복제 양이라는 이유 때문에 특별히 과잉 보호로 길러진 것도 관계가 있을지 모른다.

체세포 복제 동물에게 생기는 몸의 이상, 유전자 기능 이상, 수명 단축 등의 이유는 연구자들 사이에서도 의견이 분분하며, 확실한 것은 아직 모른다. 어쨌든 복제 기술은 연구를 해나가는 과정 속의 기술이다.

4. 복제 기술을 인간에게도 적용할까

복제 기술의 연구에서 얻은 지식이 불임 개선을 위한 치료로 쓰이는 것은 어느 정도 저항 없이 받아들일 수 있을지도 모른다. 그러나 '체세포 복제 인간'을 만들어내는 것은 윤리적인 면에서나 기술적인 한계로 받아들일 수 없다.

아구이 마사오

088 대장균을 사용하여 제조하는 의약품

여기에서는 바이오테크놀로지(생명공학)의 발전을 당뇨병의 치료약인 인슐린 제조에 초점을 두고 살펴볼 것이다. 인슐린[1]은 단백질로 이루어진 호르몬의 한 종류다.

1880년대 말경 개의 이자를 인위적으로 자르면 당뇨병에 걸린다는 걸 발견함으로써 이자와 당뇨병의 관계가 알려졌다. 그리고 1920년대에는 이자의 추출액 중에서 혈당을 낮추는 작용을 하는 물질인 인슐린이 발견되었고, 당뇨병 치료약으로 이용되기 시작했다. 또한 인슐린의 결정화(結晶化)에도 성공했다.

1950년대에는 인슐린의 아미노산 서열이 결정되었다. 1977년 대장균을 사용한 인간 인슐린 유전자 제조법이 특허 출원되었고, 1979년 인간 인슐린 유전자가 해독되었다. 그리고 1982년에는 바이오테크놀로지로 만들어진 최초의 의약품으로 '대장균을 사용하여 만들어낸 인간 인슐린'이 시장에 등장했다.

그때까지 당뇨병 치료용 인슐린은 소나 돼지의 이자에서 추출한 인슐린을 사용했다. 그러나 이러한 인슐린은 비교적 값이 비싸고, 인간 인슐린에 비해 일부의 아미노산 서열이 다르기 때문에 피하주사를 할 경우 흡수가 조금 느리며, 인슐린의 기능을 방해하는 '항인슐린 항체'가 만들어지기 쉬운 문제점도 있었다.

그러면 대장균을 사용하여 만든 인슐린은 어떠한 것일까?

기본적으로는 '078 DNA 증식 방법 1－대장균을 사용하는 방법'에서 소개한 방법과 같지만, 다음의 두 가지가 변경되었다.

- 변경된 점 1 : 'DNA 증폭용 플라스미드(벡터)' 대신 인간 인슐린 유전자를 넣어 '발현 벡터'라는 것을 넣는다.
- 변경된 점 2 : 발현 벡터에게 단백질을 합성하기 시작하라는 지시를 내리는 유도물질(inducer)을 대장균의 배양액(영양액)에 추가한다.

그러면 대장균의 세포 내에서 인슐린(단백질)이 만들어진다. 그리고 이 대장균을 터트려서 인슐린을 꺼내 정제(精製)한다. 그러나 이대로는 호르몬으로 기능하는 인슐린이 되지 않는다.

인슐린은 인간, 소, 돼지 등의 이자에서 ① 맨 처음 하나의 사슬 모양 단백질로 합성되고, ② 다음으로 시스테인(cysteine)이라는 아미노산끼리 디설파이드(disulfide, 이황화물) 결합이라는 결합을 한다. ③ 마지막으로 사슬 중앙에 남은 부분이 잘려나가면서 완성된다. 그 뒤 혈액으로 분비

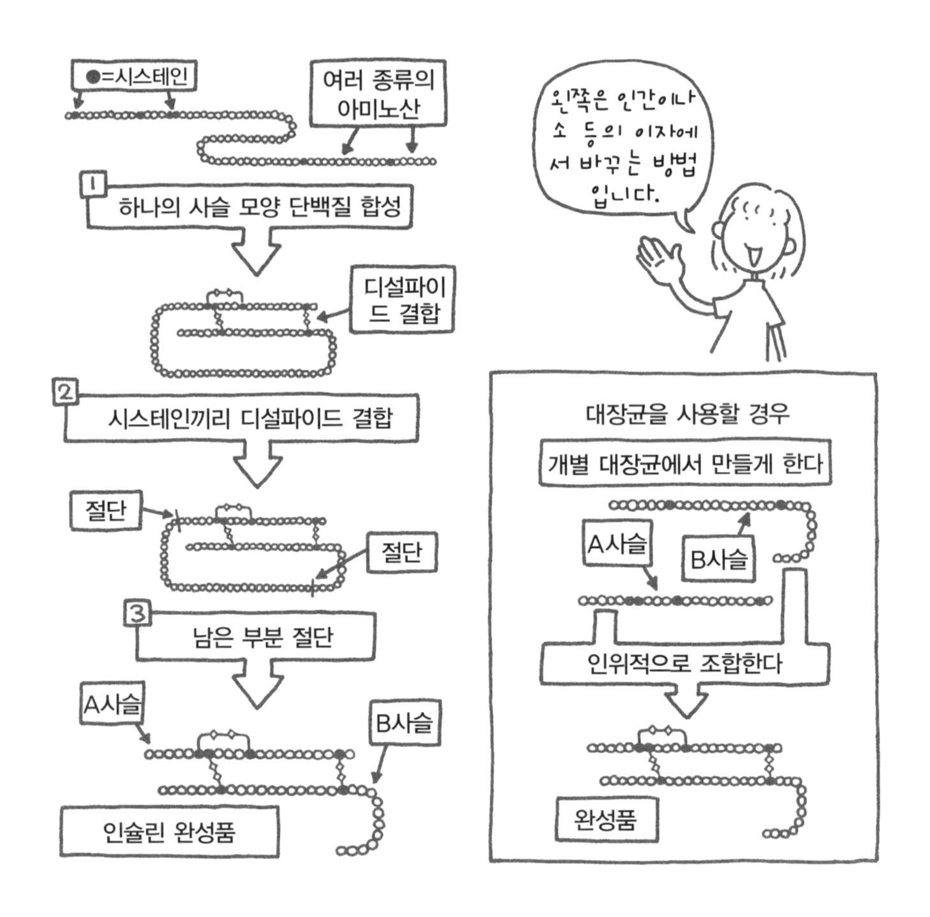

되면 호르몬으로 기능한다.

그러나 대장균 체내에서는 ① 단계까지밖에 진행되지 않는다. 그래서 인슐린의 A사슬과 B사슬을 각각의 대장균에서 만들어 정제한 뒤 인위적인 후처리로 디설파이드 결합을 시켜 호르몬으로 기능하는 인간 인슐린을 만들어내는 것이다.

그런데 만일 대장균 대신 고등 동물의 배양 세포나 체세포 복제 동물을 사용한다면, 인간 체내(인슐린의 경우 이자)에서 단백질 합성과 같은 것이 재현될 수 있기 때문에 이러한 인위적인 후처리 작업을 줄일 수 있을 것이다. 사실 체세포 복제 양 '폴리'가 만들어진 배경에는 이러한 이유도 있었다('087 복제 동물은 어떻게 사용할 수 있을까' 참조).

아구이 마사오

1 인슐린
최근에는 인간 인슐린의 아미노산 서열을 '의도적으로' 바꾸어 '효과가 빠른 인슐린 정제'도 만들어지고 있다. 기존의 인슐린 정제는 식사를 하기 30분 전에 주사를 맞아야 했다. 그래서 주사를 맞은 뒤 어쩔 수 없는 상황으로 인해 식사를 못 하게 되면 약의 영향으로 혈당치가 너무 떨어져서 위험한 상태에 빠지는 경우가 있었다. 하지만 효과가 빠른 인슐린 정제는 식사 직전에 주사를 맞으면 되기 때문에 위험한 사태에 빠지는 것을 피할 수 있다.
이와는 반대로 '효과가 느린 형태의 인슐린 정제'나 작용 시간이 다른 인슐린을 합친 '혼합 정제'도 만들어지고 있다. 그래서 환자의 병 상태나 생활 방식에 맞춰서 투약할 수 있게 되었다.

089 재생 의료란 무엇일까 1-현실적인 면

우리는 '074 진화가 진행되면 재생을 못 할까' 에서 잠깐 플라나리아의 재생력에 대해 생각해보았다. 그럼 플라나리아는 어떤 생물일까?

플라나리아는 물이 깨끗한 작은 하천의 돌 아래에서 주로 살고 있으며, 갈색 빛을 띠고, 몸길이는 몇 센티미터 정도 되는 생물이다. 플라나리아는 뇌를 가진 아주 오래된 생물이다.

플라나리아를 10개로 자르면 어떤 일이 벌어질까?

며칠에서 몇 주일이 지나면 10마리의 완전한 플라나리아가 살아 움직일 것이다. 잘린 몸이 완전한 형태나 기능을 되찾는 것, 이것을 재생이라고 한다. 플라나리아는 심지어 뇌도 재생된다.

인간의 몸도 플라나리아와 같이 재생된다면 참으로 편리할 것이다. 그렇지만 아쉽게도 인간의 몸에서 자연히 재생되는 부분은 간, 피부, 혈액 등으로, 아주 일부분에 불과하다. 더욱이 이러한 조직들의 경우 재생이라기보다 신진대사라는 생각이 강하게 든다.

그렇기 때문에 사고나 병으로 장기나 조직을 잃어버리거나 회복할 수 없을 정도로 상처가 생기면, 이것을 꺼내고 인공이나 다른 사람의 것으로 이식해서 치료할 수밖에 없다.

그러나 인공의 것은 플라스틱이나 금속으로 만들어지기 때문에 몸에서는 이물질로 인식하여, 몸에서 이것을 쫓아내려고 하다가 정상인 조직까지 상처를 내거나, 혈액을 응고시켜서 혈전을 만들어버리기도 하는 등 문제가 발생한다.

또한 장기 이식을 해도 거부 반응을 줄이기 위해서는 면역 억제제라는 약을 평생 먹어야 하고, 이식할 장기가 부족하다는 근본적인 문제도 남아 있다.

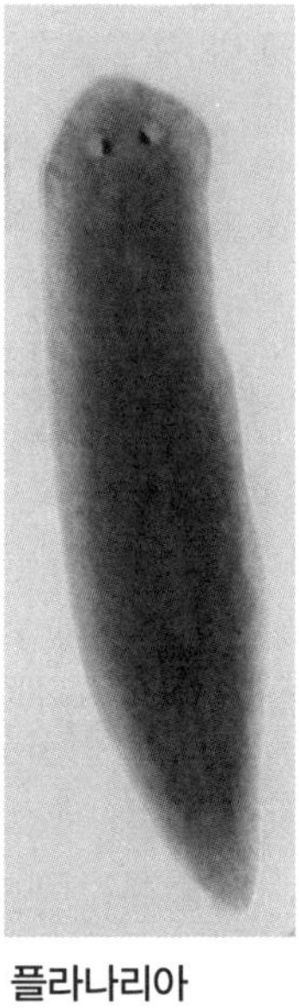

그래서 현재 연구가 진행되고 있는 것이 재생 의료다. 재생 의료는 세포를 재료로 하여 이식용의 새로운 장기나 조직을 만들어내는 것이다. 환자 본인의 세포를 이용하면 면역 억제제가 필요 없으며, 그 장기나 조직을 오랫동안 사용할 수 있다. 또한 이식 장기의 부족 문제도 해소할 수 있다.

2000년 일본 정부는 새로운 천년(밀레니엄)에 인류가 직면할 것으로 생각되는 과제에 맞추어 새로운 산업을 만들어내는 대담한 기술 혁신을 이룰 것이라는 방침을 세웠다. 그리고 첫 5년간 중점적으로 연구할 것을 '밀레니엄 프로젝트' 라고 이름 붙여서 산

플라나리아 (학명 Dugesia japonica).

업체와 학교, 기관이 공동 프로젝트를 시작했다. 이 프로젝트에서 중요한 하나의 기둥이 재생 의료였다.

현재 일본에서는 전국 대학이나 연구 기관에서 재생 의료 연구가 이루어지고 있으며, 관서 지방에는 재생 의료의 선구자 또는 상징적 존재인 연구소가 두 곳 있다. 이 두 연구소는 '교토(京都) 대학 재생 의과학연구소(1998년~)' 와 고베(神戸) 항구 도시에 있는 '이화학연구소 발생, 재생과학 종합연구센터(2000년~, 건물은 2002년~)' 다.

재생 의과학연구소의 전신은 '흉부질환연구소' 로, 더욱 뿌리를 거슬러 올라가면 1941년에 개설된 '결핵연구소' 에 도달한다.

발생, 재생센터는 기초 연구가 중심이지만, 근접한 고베 시 첨단의료센터에서는 임상 응용이 예정되어 있다. 이 주변에는 의료와 바이오계 벤처 창업을 지원하는 시설들이 있다.

발생, 재생센터를 포함한 고베 의료산업 도시 구상은 재생 의료의 실현화를 다음의 3단계로 나누어 계획하고 있다(2002년 현재).

- 제1단계 : 바로 실시 가능 또는 임상 연구 직전⇨혈액, 뼈, 연골, 혈관 재생 의료
- 제2단계 : 3년 후에 시작, 기존의 연구 성과를 이용⇨신경계(파킨슨병 등), 혈관계(심근경색 등), 내분비계(당뇨병 등)의 재생 의료
- 제3단계 : 몇 년~10년 뒤에 시작, 앞으로의 기초 연구 성과를 이용⇨복잡한 장기 형성(간, 신장 등), 복잡한 신경 네트워크(뇌경색, 척수손상 등), 그외 재생 의료

이것은 어디까지나 계획이기 때문에 기초 연구나 임상 응용이 그대로 진행되지 않을지도 모른다. 그러나 이 계획은 '현재 어느 지점에 있고, 앞으로는 어디를 목표로 해서 가야 할지' 연구자들의 인식을 나타내는 것이고, 이와 함께 치료의 난이도나 치료법이 확립될 때 의료비의 가격 수준을 나타낼 수도 있을 것이다.

아구이 마사오

090 재생 의료란 무엇일까 2-기술적인 면

이제는 재생 의료의 기술적인 면에 대해 생각해보도록 하겠다.

새로운 조직이나 장기를 만들어내기 위해 연구자들이 주목하는 세포가 있다. 그것은 ES 세포(배아줄기 세포)다. ES 세포는 발생 초기, 배(胚, 동물이나 식물과 같은 다세포 생물의 발생 과정 중 초반에 해당하는 단계-옮긴이)의 일부(내부 세포 덩어리)에 조작을 가한 세포로, 시험관이나 샬레에서 기를 수 있다. 쥐의 ES 세포는 1981년에, 인간의 ES 세포[1]는 1998년에 개발되었다.

ES 세포가 주목받는 이유는 이 세포에 특정한 단백질이나 약품을 추가하여 여러 종류의 세포나 조직을 만들어낼 수 있기 때문이다. 예를 들면 ES 세포에 C-kit와 Epo라는 물질을 추가하여 기르면 혈액 세포가 생기고, 레티노산(retinoic acid)과 dibutyric cAMP라는 물질을 추가하여 기르면 혈관 민무늬 근육 세포가 만들어진다.

동물 실험을 이용한 기초 연구 수준에서는 ES 세포에 5-아자시티딘(5-azacitidine)이라는 물질을 추가하여 박동하는 심근 세포를 만들어내는 데 성공했다. 또한 이 심장 근육을 다른 심장에 이식하여 안착시키는 것도 성공했다. 현재의 기술로는 새로운 심장 전체를 만들어내는 것은 어렵지만, 심근경색 등으로 죽은 심장 근육을 ES 세포로 만들어낸 심장 근육과 바꾸는 치료법은 가까운 시일 내에 실용화될 것으로 생각된다.

그런데 텔레비전이나 신문에서 ES 세포를 '만능 세포' 라고 부르는 경우가 많은데, 현재 ES 세포에서 만들어낼 수 있는 세포나 조직은 혈구, 혈관 민무늬 근육, 심장 근육, 색소 세포, 연골 세포, 인슐린 분비 세포, 도파민 분비 세포 등 일부 종류에 한정되어 있다. 그러나 만들어낼수 있는 세포나 조직의 종류는 계속해서 늘어가고 있다.

많은 기대가 걸려 있는 ES 세포지만, 해결해야 할 문제점도 많다. 우선 '복잡한 장기를 만드는 것이 어렵다' 는 것과 '기형 종양이 생길 수 있다' 는 것이다.

앞에서도 심장 전체를 만들어내는 것은 어렵다고 서술했지만, 그 이유는 심장이 복잡한 3차원 구조를 하고 있기 때문이다. 그러나 해결책이 아예 없는 것은 아니다. 건물을 세울 때 기반을 만들 듯이, 세포가 분열하여 증식할 때도 세포 외 기질이라는 단백질이나 당으로 이루어진 '기반' 이 필요하다. 그래서 먼저 3차원 구조 기반을 만들고, 여기에 세포를 추가하여 3차원 구조의 조직을 만드는 것이다.

그러나 이것으로 모든 문제가 해결되지는 않는다. 심장은 여러 종류의 세포와 조직으로 이루어져 있기 때문이다. 즉 형태와 관계없이 기능상으로도 적절한 3차원 구조의 재현이 필요하다. 그렇게 하기 위해서는 세포에게 분화해야 하는 것은 어디에, 어떤 형태로, 어떤 성격(기능)을 가진 세포라고 '지시'를 내려줄 필요가 있다. 그런데 샬레 속에 약품을 넣으면 한 번에 여러 세포에게 지시를 주게 된다. 그래서 이 지시를 소집단의 세포마다 주기가 어려운 것이다.

이 지시를 바르고 확실하게 주지 않으면, ES 세포는 기형 종양이 되어버린다. 기형 종양이란 여러 세포나 조직의 조각이 무질서하게 섞이거나 뭉치는 종양으로, 때로는 암이 되기도 하고 인체에 나쁜 영향을 미칠 우려도 있다.

플라나리아[2]에도 ES 세포와 같은 신생 세포라는 만능 세포(줄기세포)가 존재한다. 그러나 '정상인 재생'은 기형 종양 같은 문제가 일어나지 않고, 뇌도 간단히 재생된다.

인간의 재생 의료를 성공시키기 위해서는 플라나리아 등의 재생에서 배울 것이 아직도 많이 남아 있다.

아구이 마사오

칼럼_머리가 먼저인가, 뇌가 먼저인가?

플라나리아는 전신에 분포되어 있는 신생 세포를 자유자재로 조작하여 높은 재생 능력을 발휘한다. 그런데 머리 부분에서 기능하는 유전자의 기능을 인위적으로 멈추고(RNAi 사용, '091 녹인, 녹아웃, 녹다운' 참조) 칼로 잘라 재생시켜보니 머리만이 아니라 몸속에까지 뇌가 생겼다. 그래서 이 유전자에는 nou-darake(뇌투성이)라는 이름이 붙여졌다.

이 유전자에서 만들어진 단백질의 기능을 조사하니 '뇌로 분화하도록 지시하는 물질'을 포착해서 신생 세포에게 건네는 역할을 하는 단백질이라는 것을 알았다. 즉 머리 부분에 있는 신생 세포에게만 뇌가 되도록 '권유'하는 것이다.

---

1 인간의 ES 세포

2003년 5월 27일에 일본의 교토 대학 재생 의과학연구소는 일본에서 처음으로 ES 세포가 완성되었다고 발표했다. 이 세포는 일본 전국의 연구 기관에 무상으로 배포될 예정이다.

2 플라나리아

일반적인 경향으로 하등한 동물일수록 재생력이 높고, 같은 동물이라면 어린 시기일수록 재생 능력이 높다. 또한 재생 능력이 높은 동물일수록 암에 걸리기 어렵고 치유력도 높다.

▶급속한 연구 발전

ES 세포는 초기 배(胚)에서 인위적으로 만들어낸 세포지만, 인간의 체내에는 처음부터 내재성이 있는 여러 줄기세포가 존재한다. 최근 들어 골수 중에 있는 줄기세포가 ES 세포에 가까운 능력을 가지고 있다는 것을 알게 되어 '제2의 만능 세포'로 주목받고 있다.
일본에서는 94세 여성의 골수에서 채취한 줄기세포를 조작해보니 50번 이상 분열하고 세포가 젊어지는 것을 확인했다. 또한 이 세포를 증식시켜보니 2일 뒤에 근육과 같은 세포가 되고, 7일 뒤에는 박동을 시작했다. 그리고 쥐의 심장에 이식해보니 심장 근육으로 작용했다.
미국에서는 2003년 2월, 전동 드릴에 심장을 다친 16세 소년을 치료하기 위해 긴급 응급 치료로 본인의 혈액에서 꺼낸 줄기세포(ES 세포가 아니다)를 이식했다. 그 결과 놀랄 만한 치료 효과가 나타났다.
2003년 5월 29일 일본의 나라(奈良) 첨단과학기술대학원 연구팀은 쥐의 ES 세포에서 종양 형성의 원인이 된 유전자(ERas)를 제거하는 데 성공했다고 발표했다. 이것으로 기형 종양 형성의 위험을 줄이게 되었다.

091 녹인, 녹아웃, 녹다운

생명과학의 연구 방법은 크게 시험관 내(인 비트로) 실험과 생체 내(인 비보) 실험으로 나눌 수 있다('082 바이오인포매틱스-생명과학과 정보과학의 융합' 참조).

시험관 내의 실험이라고 해도 순수한 생화학인 것에서부터 배양 세포나 조직을 사용한 세포 생물학적인 것까지 여러 종류의 차원이 있다. 일반적으로 시험관 내 실험은 생체 내 실험에 비해 조건이 갖추어지기 쉬우며, 걸리는 시간이나 수고를 줄일 수 있다.

그러나 생물의 반응은 복잡하고, 시험관 내 실험 결과 그대로가 생체 내에서도 성립되지는 않는다. 그렇기 때문에 시험관 내의 실험 결과를 응용할 경우에는 반드시 생체 내 실험에서 확인하는 것이 필요하다. 일반적으로 의약품의 개발 과정은 '시험관 내 실험→동물을 사용한 생체

내 실험→ 인체를 사용한 임상 실험'의 단계로 이어진다.

유전자가 표현형으로 주는 영향을 생체 내 실험으로 조사하기 위해 트랜스제닉(transgenic) 생물, 녹인(knockin) 생물, 녹아웃(knockout) 생물, 녹다운(knockdown) 생물[1] 등으로 불리는 것이 만들어졌다.

1. 트랜스제닉(transgenic) 생물

트랜스제닉 생물(유전자 전이 생물)은 수정란이나 종자 등의 생식 세포에 외래성이 있는 유전자를 넣어 발생시키는 생물이다. 수정란이나 종자에 외래성 유전자를 포함한 DNA 조각을 넣으면 확률(효율)은 낮지만, 그 조각을 염색체 속에 넣으면 기능을 발휘하는 경우가 있다.

트랜스제닉 생물은 ① 미지의 유전자 기능을 찾기 위해, ② 기존에 알고 있는 유전자에 조작을 할 때의 영향을 알기 위해, ③ 기존에 알고 있는 유전자의 기능을 응용하기 위해 만들어지고 있다. 체세포 복제 양 폴리('087 복제 동물은 어떻게 사용할 수 있을까', '088 대장균을 사용하여 제조하는 의약품' 참조)나 유전자 재조합 작물('097 당신도 먹고 있는 유전자 재조합 작물', '098 유전자 재조합 식품, 무엇이 문제일까' 참조)은 ③의 목적으로 만들어진 트랜스제닉 생물이다.

이외에 트랜스제닉 생물은 쥐, 얼룩물고기, 초파리, 애기장대 등에서 만들어지고 있다. 또한 현대에 이루어지고 있는 인간 유전자 치료는 생식 세포에는 조작을 가하지 않기 때문에 트랜스제닉 생물의 정의에는 해당하지 않는다.

2. 녹인(knockin) 생물

녹인 생물이란 좁은 의미의 트랜스제닉 생물이다. 외래성 유전자를 염색체의 '특정 위치'에 넣을 경우를 말한다.

DNA 조각을 염색체에 넣을 때 그 위치는 무작위로 결정된다. 그러나 '상동 재조합'❷이라는 방법을 이용하여 DNA 조각을 특정 위치에 넣을 수 있다. 다만 그 확률은 아주 낮기 때문에 언어로도 구별해서 부르는 것이다. 상동 재조합은 인간의 유전자 치료에도 사용되고 있다. 그런데 확률이 낮아서 치료에 어려움이 있다. 그러나 확률은 여러 가지 연구로 계속 향상되고 있다.

3. 녹아웃(knockout) 생물

녹아웃 생물이란 특정 내재성 유전자를 파괴한 생물이다. 유전자를 파괴한다고 해도 실제로는 녹인 생물일 때와 같이 상동 재조합으로 '정상인 내재성 유전자'가 있는 곳에 '그 내재성 유전자의 모조품(dummy)'을 넣어 기능을 파괴한다.

의약품 개발을 위해서 '병의 상태 모델 생물'로 여러 종류의 녹아웃 쥐나 녹인 쥐가 만들어지고 있다. 그러나 이것을 만들어내기 위해서는 상동 재조합의 확률이 낮기 때문에 많은 시간과 노력이 필요하다.

4. 녹다운(knockdown) 생물

녹다운 생물이란 녹아웃과 같이 유전자를 손상시키는 것이 아니라 RNAi(RNA interference, RNA 방해법)❸라는 방법을 사용하여 특정의 내재성 유전자 '작용을 일시적으로 멈춘 생물'이다.

RNAi라는 방법을 사용하면 비교적 간단하게 내재성 유전자의 기능을 멈출 수 있다. 특정한 내재성 유전자로 이루어진 mRNA의 한 부분과 같

1 녹인(knockin) 생물, 녹아웃(knockout) 생물, 녹다운(knockdown) 생물

생명과학의 세계에서는 때때로 '언어의 유희'를 볼 수 있다. 최초에 유전자를 파괴하는 것을 권투 용어를 따라서 '녹아웃'이라고 부르게 되었다. 그리고 이 다음에는 반대로 정상적인 유전자를 도입하는 것을 '녹인'이라고 부르게 되었다. 또 그 다음 새로운 기술로서 RNAi가 등장했을 때는 일시적으로 유전자의 기능을 저하시킨다는 의미에서 '녹다운'이라고 부르게 된 것이다.

2 상동 재조합

DNA 사슬 사이에 재조합이 일어날 때, 그 재조합 지점 앞뒤의 염기서열이 서로 비슷할 경우를 상동 재조합이라고 한다. 반대로 별로 닮지 않은 경우는 비상동 재조합이라고 부른다.

3 RNAi

RNAi가 어떻게 기능을 발휘할지는 아직 명확하지 않은 부분이 많지만, 바이러스나 트랜스포존('066 돌아다니는 유전자' 참조)에 대해 생물이 갖는 자기 방어 기능이 관계되어 있다고 생각된다. 이것은 생물의 외부에서 공격해오는 적이 활동을 할 때 두 개 사슬의 RNA가 생기는 경우가 있기 때문이다. RNAi가 폭넓게 생물종에서 적응할 수 있기 때문에 자기 방어 기능은 비교적 빠른 진화 단계에서 얻은 것으로 추측된다.

▶유전자 표적화(gene targeting)

이외에도 유전자 표적화(gene targeting)라는 말이 있다. 이것은 염색체 위의 임의의 서열을 다른 임의의 서열로 바꾸는 것을 의미한다. 타깃(target)은 과녁이나 표적을 뜻하는 것으로, 다트와 같이 화살촉으로 겨냥하여 쏘는 것을 의미한다. 이 방법을 통하여 유전자 표적화가 쉽게 이루어지면, '궁극적인 유전자 치료'가 실현된다. 그렇지만 한편으로는 '디자이너 베이비'라고 부르는 태아의 인위적인 조작도 가능하게 될지도 모른다. 최근에는 식물의 벼를 상동 재조합으로 유전자 표적화가 쉽게 이루어질 수 있도록 하는 기술이 개발되었다.

은 염기서열을 갖는 '두 개의 사슬 RNA'를 합성하여 세포 내에 넣으면, 그 mRNA가 특이적으로 분해되기 때문에 유전자의 기능을 멈출 수 있게 된다. 다만 이 효과는 두 개의 사슬 RNA를 넣은 세포에 한정되며, 두 개의 사슬 RNA가 분해되면 효과는 없어진다.

아구이 마사오

092 세포 하나 수준의 바이올로지

생명과학의 진보로 체내 각각의 세포 상태를 '모두' 조사하는 것도 가능해졌다. 인간의 세포는 약 60조 개이기 때문에 이것을 모두 조사하는 것은 어렵지만, 세포 수가 적은 모델 생물은 가까운 시일 내에 가능해질지도 모른다.

예쁜꼬마선충(Caenorhabditis elegans)은 몸의 길이가 1밀리미터 정도이며, 성충의 체세포 수는 자웅동체가 959개, 수컷이 1031개로 정해져 있다. 세포 수는 적지만 신경, 근육, 장, 생식기관 등은 존재한다. 또한 암컷은 존재하지 않는다.

예쁜꼬마선충은 발생 생물학의 모델 생물로 사용되고 있다. 그 이유는 '수정 후에 어떤 세포가 얼마만큼의 시간으로 분열하고, 최종적으로 몸의 어느 곳의 세포가 될 것인가'를 세포 운명 시각표(세포 계보라고 한다)

가 모든 세포에 관해 명확히 밝혀주기 때문이다. 예쁜꼬마선충의 1세대는 약 3일이다.

1998년에는 예쁜꼬마선충의 모든 게놈 서열이 결정되었다. 유전자는 1만 8891개가 발견되었다. 선충 한 마리를 통째로 RNAi('091 녹인, 녹아웃, 녹다운' 참조)용 용액에 담가서 각각의 유전자를 녹다운시킨다. 그리고 녹다운시킨 영향을 조사할 수 있다.

예쁜꼬마선충의 몸은 투명하기 때문에 각각의 세포를 나누거나 조작하기가 쉽다. 예를 들어 어떤 장소의 한 신경 세포를 레이저 빛으로 손상시킬 때 행동이 어떻게 변하는지 조사할 수 있다. 또한 자웅동체 성충의 신경 세포는 302개로 정해져 있다.

최근에 세포를 한 개 단위로 다루는 기술이 급격히 발전했다. 세포의 표면에는 여러 단백질이 존재하고 있다. 세포 덩어리를 각각의 세포 낱개로 하여 특정한 단백질과 결합하는 '형광 항체'라는 것을 섞으면 특정한 세포만 표시할 수 있다.

다음으로 FACS(Fluorescence-Activated Cell Sorter, 형광 활성 세포 분리기)라는 기계를 사용하여 특정한 단백질을 발현하는 세포만 선별할 수도 있다.

또한 싱글 셀(단일 세포) RT-PCR법이라는 방법을 사용하면 단일 세포에 포함된 mRNA에서 cDNA를 합성할 수 있다. RT-PCR법이란 역전사효소를 사용하는 PCR법이다.

그리고 cDNA 마이크로어레이('084 cDNA 마이크로어레이-사용하고 있는 유전자 검출법' 참조)를 이용하여 분석하면, '단일 세포마다'의 발현 프로파일('082 바이오인포매틱스-생명과학과 정보과학의 융합' 각주 2를 참조)

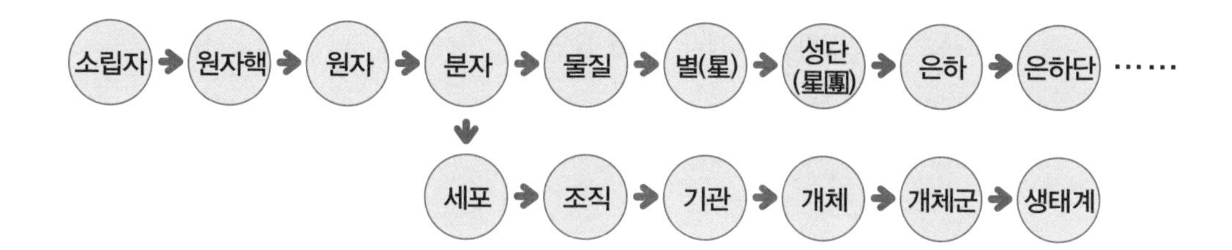

을 만들어낼 수 있다. 이러한 프로파일을 만드는 것은 시작된 지 얼마 안 되었지만, 이미 여러 실험 데이터가 계속 쌓이고 있다. 이 데이터를 활용하기 위해서는 바이오인포매틱스('082' 참조)가 더욱 발전해야 한다.

현재까지 밝혀진 것은 '지금까지 같은 종류로 분열되던 세포도 사실 한 세포마다 개성이 있다'는 것이다.

우리의 인생은 '수정란이라는 하나의 세포'에서 시작된다. 암이나 감염증도 한 세포에서 시작된다. 위의 그림과 같이 자연계에는 여러 계층이 존재한다. 그러나 '생명'이라고 부르는 것은 세포 이후의 계층뿐이다.

생명과학에서도 연구 대상이나 사용하는 연구 방법에 따라 여러 계층이 존재한다. 그러나 길을 방황할 때는 일단 세포라는 기준점으로 되돌아가서 앞으로 가기도 하고 되돌아오기도 하면서 진행해간다.

아구이 마사오

칼럼_유동세포 계측기와 FACS

유동세포 계측기(Flow Cytometer)란 세포의 부유액(浮遊液)이 흐르는 튜브에 레이저 빛을 비추어 각각의 세포 크기나 형태, 형광 항체의 유무를 고속으로 측정하는 기계다. 예를 들면 '세포 사회의 각 형편을 조사'하는 것과 같은 것이다.
FACS란 세포를 나누는 기능이 달린 유동세포 계측기다. FACS로 나뉜 세포는 배양해서 증식시킬 수 있다.

---

093 시뮬레이션-유전자 진단을 받는다

현재 친자 관계를 조사하는 DNA 검사는 간단하게 받을 수 있다. 머리카락 한 가닥만 있으면 되기 때문이다. 그리고 가까운 미래에 DNA 검사 기술은 더욱 간편해지고, 유전자 진단도 소위 '유전병' 뿐 아니라 당뇨병과 암 등 여러 '유전적 요인에 관계된 질병' 도 판단할 수 있게 될 것이다. 또한 사람들이 그 질병의 '원인 유전자' 를 가지고 있는지 여부, 그리고 성격이나 능력 등과 관련된 유전자까지도 조사할 수 있게 될 것으로 예상된다.

그러면 가까운 미래에 유전자 진단을 둘러싼 광경을 두 가지 정도 예상해보겠다.

영민 씨는 현재 취직 활동을 하고 있는 대학생이다. 대학교 졸업 후에는 대기업에 취직을 하려고 한다. 그래서 지금은 순조롭게 필기시험을 통과하고, 최종 면접시험을 보게 되었다. 이 면접에서 "당사는 입사해서 문제가 없는 건강한 사람만 뽑으려고 합니다. 그래서 사전에 유전자 검사를 합니다. 이 검사는 일반적인 건강 진단과 같습니다. 만일 이 검사를 거부하면 채용할 수 없습니다"라고 면접관이 말했다.

영민 씨는 부모님도 특별히 큰 병을 가지고 있지 않고, 자신도 건강만은 충분히 자신이 있었기 때문에 가벼운 마음으로 회사가 지정한 의료기관에서 유전자 진단을 받아 회사에 제출할 것에 동의했다. 유전자 진단 결과는 의료 기관에서 회사로 바로 전해졌다. 그리고 영민 씨는 회사로부터 유전자 진단에 의한 건강상 부적격의 이유로 불합격되었다는 통지를 받았다. 영민 씨는 미래에 '심근경색'이 될 위험이 다른 사람들보다 10배나 높다는 것이었다. 그렇기 때문에 돌연사로 회사에 피해를 줄 가능성이 있어서 채용이 거부되었다.

이와 같이 유전 정보를 바탕으로 하여 취직할 때 차별이 생길 수 있다. 혹은 생명보험 계약 등을 거부당하는 사태가 생길지도 모른다. 생활습관병이라고 하는 고혈압, 당뇨병, 암 등의 질환은 복수의 유전자나 환경 사이에서 복잡한 상호작용에 의해 증세가 나타난다. 그래서 증세가 나타나는 데는 환경 인자가 작용한다. 그런데 환경 인자의 작용은 가볍게 여기고, '원인 유전자를 가지고 있는 사람=증세가 나타날 사람'을 의미한다고 잘못 생각하면, 본인이 생각지도 못한 이유로 불이익을 받을 수도 있다.

유전자 진단은 앞으로 병원이나 진단소 등에서 개개인에게 이루어지는 것뿐 아니라 입사할 때나 입학할 때 또는 어떤 면허를 신청할 때 등 집단 건강 진단의 일환으로서 일반적으로 이루어지게 될 가능성이 있다.

그렇다면 다음의 예는 어떨까?

세미 씨에게는 결혼을 전제로 사귀는 일성 씨라는 남자친구가 있다. 그런데 한 가지 마음에 걸리는 점은 일성 씨의 집에는 대장암으로 사망한 사람이 많다는 것이다. 결혼을 했는데 일성 씨가 빨리 사망한다면 아이나 자신은 어떻게 될지, 그리고 태어날 아이도 암으로 사망한다면 어떻게 하나 하는 불안감이 있다.

세미 씨의 오빠는 바이오와 관계된 연구실에서 연구를 하고 있다. 세미 씨는 오빠에게 유전자 검사가 가능한지 조언을 구했다. 오빠는 "간단해. 일성 씨의 머리카락을 몰래 가지고 오면 조사할 수 있어"라고 동생에게 조언을 해주었다.

이후 조사를 마친 오빠는 동생에게 'APC 유전자 변이', 즉 암 유전자를 가지고 있다고 말했다. 세미 씨는 이 결과를 일성 씨에게 전해야 할지, 아니면 모르는 척해야 할지 고민되었다. 그리고 결혼 자체에 대해서도 고민하게 되었다.

이 사례는 어떻게 느껴지는가? 이 경우는 참 많은 문제를 가지고 있다. 우선 당사자인 일성 씨가 검사를 받은 것을 모르는 상황이면, 검사에 대해 동의도 하지 않은 상태다. 그러나 현재 이것에 대해 다루는 법률이 없다. 유전 정보는 누구의 것인가? 만일 의료 기관에서 본인이 확실히 검사받기를 희망하는 경우에는 유전 카운슬링이 이루어지지만, 이 경우에는 그럴 수가 없다. 본인의 의사는 개의치 않았던 것이다. 또한 정보의 누설도 불안하다.

게다가 결혼에 관한 차별이 있다. 일성 씨는 결혼에 대해 상당히 불리한 입장에 있게 되는 것이다.

이렇게 유전 정보와 인권의 문제는 아직 법으로 정비되지 않았다. 우리는 유전 정보를 통한 고용이나 보험 가입, 결혼 등에 관한 차별에서 스스로의 권리를 지켜낼 수 있는 방법을 신중하게 생각해야만 한다.

다쓰미 준코

094 건강보험 데이터베이스 작성-아이슬란드의 시도

아이슬란드공화국은 대서양 북부에 있는 화산섬으로 이루어진 나라로, 면적은 대한민국 정도이며, 인구는 약 30만 명이다. 북쪽은 북극권에 근접해 있다. '아이슬란드' 라는 국가 명칭은 이민이 대량으로 유입되지 않도록 하기 위해 만들어진 것 같다.

이 나라에 공식적으로 사람이 살기 시작한 것은 874년으로, 930년에는 최초의 의회가 소집되었다.

1117년에는 노예 제도가 폐지되었고, 제2차 세계대전 전까지 아이슬란드로 가는 이민자는 없었다. 그렇기 때문에 대부분의 사람들의 조상은 최초의 바이킹까지 거슬러 올라갈 수 있다. 또한 1100년 시점의 인구는 약 7만 명이었지만 페스트, 천연두, 화산 분화, 기아 등으로 인구의 폭발적인 증가는 일어나지 않았다.

여기까지는 지리나 역사 수업 같지만, 사실 아이슬란드의 지리나 역사적 조건과 유전학은 깊은 관계가 있다. 유전학자는 아이슬란드에 특별한 관심을 가지고 있다. 그것은 다음과 같은 이유에서다.

① 1915년 이후 국민의 의료 데이터가 보존되어 있다.

② 격리된 섬나라로 혼혈이 적기 때문에 유전자 구조가 거의 비슷하고, 병에 걸리기 쉬운 변이를 찾기 쉽다.

③ 바이킹의 자손으로 자랑스러워하는 사람들이 가계도를 작성하여 남겼기 때문에 병의 혈연 관계를 찾아내기 쉽다.

병의 원인 유전자를 찾아내기 위해서는 이러한 조건이 맞아야 한다. 예를 들어 유방암에 관련된 BRCA1이라는 유전자는 찾는 데 20년 가까운 시간이 걸렸는데, 이와 같이 유방암에 관련된 유전자인 BRCA2는 아이슬란드의 어떤 가계도를 추적하여 2년 만에 찾아내는 데 성공했다.

1998년 12월 아이슬란드에서는 '건강보험 데이터베이스법' 이 성립되었다. 이 내용은 국민의 건강 진단 결과 병력, 통원 기록 등의 의료 기록을 데이터베이스화한다는 것이었다. 보건부의 설명은 '이것을 활용하여 면역 조사를 하면 국민의 건강 증진에 도움이 되어 의료비 절감으로도 이어진다' 는 것이었다.

자금이 부족했던 정부는 디코드 지네틱스사(deCODE genetics)라는 회사에 데이터베이스 작성을 의뢰했다. 이 회사는 자사의 비용으로 데이터베이스를 작성하는 대신, 등록된 국민의 의료 정보를 12년 동안 상업적으로 이용하는 권리를 얻었다.

그리고 이 회사는 가계도를 수집하여 데이터를 등록했다. 그 수는 일찍이 국민의 과반수를 넘었다. 또한 연구를 위해 수만 명의 혈액 샘플(시

관련 있는 병의 종류	연관분석 중	유전자 자리 결정	유전자 취득
자기 면역 질환	6종	3종	0종
심장 질환	7종	6종	5종
암	9종	2종	0종
뇌신경 질환	13종	8종	1종
눈병	5종	1종	0종
부인병	2종	1종	0종
대사, 그외	6종	5종	4종

병 이외의 유전자	연관분석 중	유전자 자리 결정	유전자 취득
수명 관련	1종	1종	0종

(2004년 5월 현재)

료)을 모아서 DNA를 추출했다. 이 회사가 건강보험 데이터베이스를 사용한 연구의 2004년 5월 현재 진행 상황은 위의 표와 같다.

병의 원인이 되는 미지의 유전자를 찾아내는 방법 중 하나로 '연관분석(linkage analysis)' 이 있다. 예를 들어 A라는 병의 원인 유전자를 찾는다고 하자. A병 환자 대부분은 B병도 같이 나타난다. 그런데 B병의 원인 유전자가 이미 발견되었을 경우라면, A병 유전자는 염색체 위에서 B병 유전자와 가까운 곳에 존재한다는 것을 알 수 있다(표의 '유전자 자리 결정' 은 연관분석 결과 대략적인 위치가 밝혀진 것을 나타낸 것이다).

'건강보험 데이터베이스' 는 연관분석을 위한 효과적인 정보를 제공한다는 의미에서 공공의 복지에 공헌한다.

그러나 한편으로 건강보험 데이터베이스법 성립 전후에 이 회사와 정부의 불투명한 관계나 '국민은 스스로 참가하지 않는다는 표시를 하지 않는 한 참가에 동의한다고 간주한다' 라는 것에 문제가 있다. 또한 이 회사의 주주인 거대 제약회사의 영향력 행사도 우려되고 있다.

일본에서도 2003년부터 30만 명분의 혈액 샘플을 모으는 연구가 시작되었다('083 SNPs와 오더메이드 의료' 참조). 이 연구가 진정한 의미에서 성공을 거두기 위해서는 사회적으로 공정한 방법을 통해 이루어져야 한다.

아구이 마사오

095 보험에 들지 못하는 사람도 나온다?

현재 병에 관련된 유전자가 계속해서 발견되고 있다('094 건강보험 데이터베이스 작성-아이슬란드의 시도' 참조). 이것이 치료법이나 의료품 개발에 도움이 된다면 참 기쁜 일일 것이다.

병의 종류에 따라서는 유전자 진단으로 병을 예측하거나 위험도를 평가하는 것이 가능할 수도 있다. 이것이 병을 예방하거나 조기 치료로 이어진다는 의미는 좋다. 그러나 이것이 여러 차별의 원인이 된다면 어떻게 될까?

현재도 의료보험이나 생명보험에서는 병력 등을 고지하도록 요구하는 경우가 대부분이지만, 만일 보험 가입 조건으로 유전자 진단이 요구된다면 어떻게 될까?

헌팅턴병(무도병)은 얼굴이나 손과 발이 춤을 추듯이 마음대로 움직이는 병이다. 신경 장해, 지적 장해가 일어나며, 발병 후 몇 년이 지나면 사망하게 된다. 대부분의 경우 30~50세에 증세가 나타나는 유전병으로, 우성 유전을 한다. 1993년에는 원인 유전자가 발견되어 헌팅턴 유전자라는 이름이 붙여졌다. 그러나 지금까지도 치료법이 없다.

이 유전자 중에 CAG라는 염기서열의 반복서열이 존재하고, 이 횟수가 증가하여 병에 걸린다는 것은 밝혀졌다. CAG 반복 횟수와 병에 걸리는 나이는 관련이 있고, 반복이 많아질수록 병에 걸리는 나이가 어려진다. 그래서 유전자 진단으로 발병 예측이 가능하다.

그런데 2000년 10월 13일 영국 보건부의 자문 기관인 유전자와 보험위원회(GAIC[1])는 '헌팅턴병의 유전자 진단 결과를 보험 가입 심사에 이용해도 좋지만, 보험 가입에 대한 유전자 진단을 강요하지 말 것' 이라는 답신을 보냈다.

이에 대해 영국 하원의 과학기술위원회는 2001년 봄, 〈유전학과 보험〉이라는 보고서에서 '보험 회사 스스로 유전자 정보의 이용에 대한 모라토리엄(잠정적인 실시 유예 기간)에 들어가야 한다', '보건부의 GAIC의 위원을 교체하여 재검토해야 한다', '헌팅턴병 다음으로 허가가 상정된 6종류의 질환이나 그외의 모든 질환에 대해서도 신중하게 검토해야 한다' 라고 제언했다.

이 보고서를 받고 독립된 정부 기관인 인류유전학협의회(HGC[2])는 보고서인 〈유전학과 보험〉의 내용에 대부분 동의하여 2001년 5월 1일 '모라토리엄 도입에 찬성하고, 고액의 보험 계약도 역선택(회사 측에서 가입자를 선택)하는 근거와 상한 금액의 근거를 제시해야 한다' 라고 발표하였다.

같은 날 보험 회사의 97%가 가입하는 영국보험자협회(ABI[3])는 '지금까지 지불액 10만 파운드 이하의 보험에 관해 검토한 모라토리엄을 30만 파운드 이하의 보험까지로 높인다' 라고 발표했다.

한편 보건부는 GAIC의 위원을 재선하여 다시 검토한 결과 2001년 10월 23일, '앞으로 5년간 전면적인 모라토리엄에 들어간다' 라고 선언했다. 이것은 정부로서의 결정이다. 다만 지불액이 50만 파운드 이상인 생명보험과 30만 파운드 이상의 그외 모든 보험은 대상에서 제외되었다. 상한 금액은 그날로부터 3년 뒤에 고쳐질 예정이었다.

그러나 여기에는 '정치적인 속임수' 가 숨어 있다. 즉 지불액이 낮은 보험에는 모라토리엄이 실시되지만, 지불액이 높은 보험은 '헌팅턴병의 유전자 진단 결과를 보험 가입의 심사에 이용해도 좋다' 는 것을 의미한다. 결국 GAIC의 2000년 10월 13일의 답신에 추가하여 인정한 것이다.

일본에서는 2001년 여름에 조사한 신생아 검사에서 페닐케톤뇨증으로 진단된 144명 중 생명보험이나 우정사업청(현 주식회사 칸포(簡保) 생명보험)의 간이보험에 가입이 거부된 경우가 40건에 이른다는 것이 밝혀졌다. 그런데 이 병은 신생아 시기에 발견되면 치료를 할 수 있다. 그런데도 가입이 거부된 것이다.

그후 선천성 병에 걸린 아이의 간이보험 가입의 판단 기준을 재검토하여 2003년 4월 페닐케톤뇨증 등 세 가지 병에 대해서 가입을 할 수 있게 되었다.

아구이 마사오

시도_생각해봅시다!

만일 자신이 보험 회사의 사원이라면, 어떤 보험 상품을 개발할지 생각해보자.
가입 조건, 보험료, 지불액, 광고 문구 등은 어떻게 하면 좋을까?
또한 모두가 행복해지기 위해서는 어떻게 하는 게 좋을까?

---

1 GAIC
Genetics and Insurance Committee의 약자.

2 HGC
Human Genetics Commission의 약자.

3 ABI
Association of British Insurers의 약자.

096 DNA 감정이란 무엇일까

인간의 DNA 염기서열에는 SNPs('083 SNPs와 오더메이드 의료' 참조)와 같이 여러 종류의 개인 차가 있다. 염기서열의 개인 차나 다양성(variety)을 '다형'이라고 한다.

SNPs가 존재하는 경우, 같은 종류의 제한효소('078 DNA 증식 방법 1 - 대장균을 사용하는 방법' 참조)를 사용해도 절단될 경우와 그러지 않을 경우가 있다(예를 들면 GATTG는 EcoRI로 잘리지 않는다). 그 결과 제한효소로 절단한 뒤의 DNA 조각 길이는 다형이 된다. 이것을 RFLP(Restriction Fragment Length Polymorphism, 제한효소 단편길이다형)이라고 표기하고 '리플립'이라고 발음한다.

RFLP의 분석에는 아가로즈 겔(agarose gel) 전기영동을 이용한다. 이 원리는 모세관 전기영동('080 염기서열의 결정법' 참조)과 같지만, 모세관에 넣는 폴리머(polymer, 중합체-옮긴이) 대신 블록 모양으로 굳은 아가로즈를 사용한다. 아가로즈는 한천을 정제한 것이다.

SNPs나 RFLP 외에도 DNA의 다형(개인 차)은 존재한다.

인간의 DNA 속에는 특정한 염기서열이 반복해서 연속되어 있는 부분이 있어서 반복서열(Repeat)이라고 부른다. 반복서열에는 다음과 같은 종류가 있다.

① VNTR(Variable Number of Tandem Repeat) : 5~30염기의 반복 단위가 수십 회 연속하는 것으로, 미니새틀라이트(Minisatellite)라고도 한다.

② STR(Short Tandem Repeat)[1] : 2~5염기의 반복 단위가 수회부터 수십 회 연속하는 것으로, 마이크로새틀라이트(Microsatelite)라고도 한다.

염기서열의 결정('080 염기서열의 결정법' 참조)으로 반복서열의 종류나 연속하는 횟수를 분석할 수 있다. 반복서열의 '연속하는 횟수'에는 다형이 존재한다.

SNPs, RFLP, VNTR, STR 등의 다형은 자손에 유전되기 때문에 이러한 것들을 분석하여 친자 감정이나 개체 식별을 할 수 있다. 이것을 'DNA 감정'이라고 한다.

DNA 감정은 1980년대 중반 영국의 알렉스 제프리스에 의해 발견되었다. 그는 반복서열을 이용한 DNA 감정을 범죄 조사에 이용할 것을 제안했다.

PCR법('079 DNA 증식 방법 2-PCR법' 참조)을 이용하면 볼 점막, 머리카락, 혈액, 정액 등 소량의 샘플(시료)이 있으면 DNA 감정을 할 수 있다.

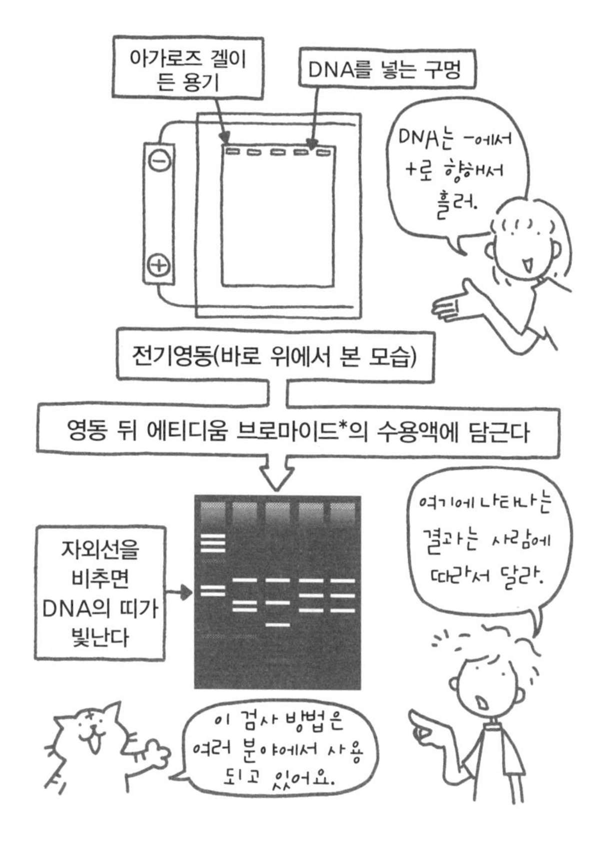

*에티디움 브로마이드(ethidium bromide)

친자 감정에 이용되는 DNA 다형은 분석 회사에 따라 다르며, SNPs, RFLP, VNTR, STR 중 하나, 또는 복수로 사용한다. 또한 아버지와 어머니를 개별로 판정할 경우 Y염색체는 아버지에게서만, 미토콘드리아 유전자는 어머니에게서만 전달된다는 원리를 이용한다.

일본 경찰은 DNA 감정을 범죄 수사에 이용할 경우 기준이 정해져 있다. 'MCT118' 이라는 VNTR, 'TH01' 이라는 STR, 'HLADQα' 라는 백혈구 항원의 염기서열의 다형, 그외 5곳의 염기서열 다형(SNPs 등)을 조사한다.

DNA 감정은 의도적으로 샘플을 몰래 바꾸지 않는 한 거의 100%의 정확도로 판정을 내릴 수 있다. 그렇기 때문에 누명을 쓰지 않게 하거나, 대규모 재해가 있었을 때 유체 감정 등의 좋은 의미로 사용될 수 있다.

그렇지만 사회 정의나 인도적인 차원의 관점에서는 모든 DNA 감정이 진짜 필요한 것인가 의문이 든다.

아구이 마사오

1 STR(Short Tandem Repeat)

STR 중에는 질환과 관계가 있는 것도 알려져 있다. 취약 X증후군은 CGG, 헌팅턴병은 CAG, 프리드라이히 실조증은 GAA, 근 긴장성 디스트로피는 CTG로, 세 염기가 반복된 서열(Triplet Repeat)의 횟수가 증가하여 생긴다.

이런 병들(Triplet Repeat병으로 총칭된다)은 반복서열 횟수가 많을수록 증세가 심해지고, 증세가 나타나는 나이도 어려진다는 특징을 가지고 있다. 이것을 이용하여 증세를 예측할 수 있지만, 현 시점에서는 근본적인 치료법이 발견되지 않았다.

097 당신도 먹고 있는 유전자 재조합 작물

1996년 9월 일본 후생성(현 후생노동성)은 처음으로 유전자 재조합된 작물을 일본으로 수입하는 것을 승인했다. 이것은 미국이나 캐나다 등 외국 기업으로부터 유전자 재조합 작물을 수입했으면 좋겠다는 요청이 있었기 때문이다.

그 해 일본으로 수입된 '유전자 재조합 작물'은 콩, 유채, 감자, 옥수수 4품목이었다. 그후 목화나 토마토 등 새롭게 신청한 작물들이 일본 후생성으로부터 안전하다는 승인을 얻어 '유전자 재조합 작물'이 대량으로 수입되기 시작했다.

일본인의 식생활에서 빠질 수 없는 낫토나 두부, 된장, 간장의 원재료는 모두 콩이다. 일본 곳곳의 가게 식품 매장에 가면 '유전자 재조합 콩은 사용하지 않습니다'라고 표시된 낫토나 두부가 눈에 들어온다. 일본에서 재배되는 '유전자 재조합 콩' 은 없지만, 일본 국내에서 소비되는 콩의 96%는 미국이나 캐나다에서 수입된 것이고, 수입 콩의 80%는 미국산이다. 미국 농업통계국(NASS)의 발표에 따르면, 2003년 6월 30일 현재 미국에서 유전자 재조합 콩의 농작 비율은 81%에 이른다고 한다. 그래서 일본의 경우 콩으로 만들어지는 식품의 60% 정도는 '유전자 재조합 콩' 이 섞이게 되는 것이다.

1998년 12월 16일 일본간장협회는 〈일본경제신문〉에 다음과 같은 글을 실었다. "미국 기업이 개발한 약제 내성을 가진 유전자 재조합 콩은 미국에서도 잘 알려져 있고, 일본용 수입 콩에 혼입될 가능성이 높다. 그러나 콩에 들어 있는 DNA가 만든 단백질은 간장 제조 과정에서 아미노산이나 펩티드로 분해되어버리기 때문에 간장의 품질에 문제가 생기지 않는다."

일본에서 간장이나 콩기름과 같이 가공 과정에서 단백질이나 DNA가 분해 혹은 제거되는 상품은 유전자 재조합이 되었는지 아닌지를 표시하는 것이 의무화되지 않았다. 그래서 간장이나 콩기름의 원재료 기입 부분에 '유전자 재조합이 아니다' 라는 표시가 없는 식품은 '유전자 재조합 콩' 을 사용했을 가능성이 높다. 예를 들면 튀김 기름, 샐러드 기름, 마가린, 드레싱, 마요네즈 등이 콩으로 만들어지는 식품이다. 다만 낫토의 원재료가 되는 콩은 미국이나 캐나다에서 수입된 콩이 있지만, 낫토 콩이라고 불리는 작은 입자의 품종이어서 유전자 재조합 콩은 아니다.

아이들이 좋아하는 콘 과자용 옥수수도 100% 미국에서 수입되고 있다. 콘 과자는 팝콘과 같이 가열 처리가 이루어져도, 들어 있는 DNA나 DNA로 인해 만들어진 단백질은 분해되지 않는다. 그래서 상품에는 반드시 '유전자 재조합 품종' 인지, 아닌지를 표시하도록 의무화되어 있다.

그러면 감자는 어떨까? 생감자로는 수입되지 않는다. 그러나 매년 30만 톤 가까이 냉동 감자가 미국에서 일본으로 들어온다. 맥도날드나 KFC에서 프렌치 프라이라고 팔고 있는 감자에는 이 냉동 감자가 사용된다. 냉동 감자에는 해충 저항성이 있는 유전자 재조합 감자가 혼입되어 있을 가능성이 높다고 한다. 그렇지만 최종적으로 상품이 완성될 때 DNA가 검출되지 않는다는 이유로 표시 대상에서 제외된다.

현재 일본의 유전자 재조합 작물 추정 수입량은 연간 500만 톤 이상 되는 것으로 보인다. 겨우 몇 년 사이에 일본은 '유전자 재조합 작물의 세계 최대 수입국' 이 된 것이다.

2003년 6월 일본의 기코만 주식회사는 홈페이지에 다음과 같은 글을 올렸다. "기코만은 간장 원료인 탈지 가공 콩을 비유전자 재조합 콩으로 바꾸어가겠습니다. 이렇게 바꾸는 것은 고객이 원하는 '안심' 에 대한 답변입니다."

2003년 7월 22일 유럽연합(EU)은 농상이사회에서 유전자 재조합(GM) 식품의 표시 의무를 강화하는 규칙을 선택했다. 새로운 규칙은 0.9% 이상의 GM 성분을 포함하는 모든 식품 및 사료에 '유전자 재조합' 표시를 의무화하도록 한 것이다. 이제는 유전자 재조합 식물을 쉽게 접할 수 있는 시대인 만큼 소비자가 무관심해서는 안 된다.

사마키 에미코

098 유전자 재조합 식품, 무엇이 문제일까

1996년에 영국 런던 대학과 과학박물관에 실시한 설문 조사 결과, 설문에 응한 대부분의 사람들이 '유전자 재조합 식품'에 불안을 품고 있다는 것이 여실히 드러났다. 노르웨이에서도 '유전자 재조합 식품'을 일반인들이 거부하고 있으며, 독일의 소비자도 95%가 '유전자 재조합 식품'에 반대하고 있다. 자연 식품을 먹고 싶다는 소비자를 만족시키기 위해 유럽 기업은 유전자 재조합 기술을 사용하지 않은 콩이나 옥수수로 관심을 돌리기 시작했다.

싸고 맛좋은 작물을 가질 수 있다면 어떤 문제도 없을 것이다. 그렇다면 '유전자 재조합 콩'에 대한 사례를 하나 들어보겠다. 이 콩은 미국의 농약 제조회사인 '몬산토사'가 개발한 작물이다. 이 회사에서 판매하고 있는 제초제인 '라운드업'을 사용해도 식물이 시들어 죽지 않는다. 그렇기 때문에 이 콩을 심고 콩이 성장해갈 때 제초제인 '라운드업' 을 뿌리면 며칠 만에 잡초는 죽어서 없어지고 '유전자 재조합 콩' 만 쑥쑥 잘 자라난다. 그리고 제초제를 뿌리는 횟수를 줄이기 때문에 콩의 가격은 싸진다. 가격이 다소 싸져도 맛이 없거나 모양이 좋지 않으면 아무런 의미가 없지만, 맛이나 모양도 좋은 것 같다. 이렇게 되면 최대의 문제점은 '안전성' 이 된다.

'유전자 재조합 콩' 에는 살모넬라균의 돌연변이종 유전자가 들어 있어서 이 유전자를 '제초제 라운드업 내성 유전자' 라고 부른다. 제초제인 라운드업은 식물이 성장할 때 필요한 아미노산의 생산을 방해하기 때문에 이 제초제가 살포된 식물은 모두 시들어 죽어버린다. 하지만 '유전자 재조합 콩' 만은 제초제가 살포되어도 시들어 죽지 않는다. 왜냐하면 그 콩에는 이 제초제의 영향을 받지 않는 유전자가 들어 있기 때문이다.

'유전자 재조합 콩' 과 보통 콩의 차이는 유전자 재조합 콩이 '제초제인 라운드업 내성 유전자' 를 가지고 있다는 것 하나뿐이다. 그래서 이 유전 및 이 유전자로 인해서 만들어지는 효소 단백질의 안전성이 확인될 수 있다면, 아무것도 문제될 게 없는 것이다. 그래서 몬산토사는 '유전자 재조합 단백질의 안전성은 충분히 인정되며, 지금까지 어떤 문제도 일어나지 않았다' 고 선전하고 있다. 그런데 왜 많은 사람들이 유전자 재조합 식물에 불안을 가지고 있는 것일까?

인간이 유전자를 조작하여 광우병과 같이 예측하지 못한 무서운 문제가 생기는 것은 아닐까 하는 불안감이 많은 사람들의 마음에 자리 잡게 된 것이라고 생각한다. 또한 몬산토사와 같은 거대 기업에게 식료품 공급을 지배당해버리는 것은 아닐까 하는 불안감도 무시할 수 없을 것이다.

라운드업이라는 약제에 내성을 가진 '유전자 재조합 콩'의 종자를 도입한 농민은 몬산토사의 '기술사용 계약'에 서명해야 한다. 그리고 이 계약을 체결하면 등록 회의에 출석하여 '종자를 보전하지 않겠다는 것'과 '재배용으로 판매하거나 제공하지 않겠다는 것'에 동의해야 한다. 또한 재배를 한 지 3년 후에는 몬산토사의 검찰관이 농장을 검찰하는 것에 동의해야 한다. 농민들은 매년 몬산토사로부터 종자와 제초제를 사야 하고, 몬산토사의 감시를 받아야 하는 곤란한 처지에 빠지게 되는 것이다.

또 하나 중요한 점은 유전자 재조합 작물이 환경에 주는 영향일 것이다. 유전자 재조합 식물의 꽃가루가 야생 식물의 암술에 닿아 여기에서 생긴 제초제 내성 잡초가 늘어난다면 어떻게 될까? 또한 해충성 호르몬을 저해하는 유전자를 넣은 식물의 꽃가루가 야생 식물의 암술에 닿아 여기에서 태어난 야생 식물을 곤충(해충이 아니다)이 먹게 된다면 생태계는 아주 불안정해질 것이다.

보통의 벚꽃 꽃가루가 민들레 암술에 닿아도 종자가 생기지 않는다. 벚꽃과 민들레는 종이 다르기 때문이다. 그렇지만 '유전자 재조합 작물'과 가까운 '야생 식물'이 존재할 가능성을 생각하지 않을 수 없다. 왜냐하면 '작물'이라는 것은 처음부터 '야생 식물'의 품종을 개량하여 만든 것이기 때문이다. 잡초(야생 식물)가 변이하여 농약에 대해 저항성을 얻은 사례도 많이 알려져 있다.

우리는 안전한 식료품을 확보하기 위해서 어떻게 하면 좋을지 신중하고 냉철하게 생각해야 하는 사태에 직면해 있다.

사마키 에미코

099 인간 게놈 연구

1985년 미국의 연구자에 의해서 인간의 게놈을 모두 해독하자는 제안이 있었다. 게놈이란 DNA의 모든 서열이다. 그 다음 해에는 이중나선 구조의 발견자 왓슨 박사를 중심으로 강력하게 준비가 이루어졌다. 인간 DNA에는 약 28억 6000만의 염기가 나열되어 있다. 신문지로 계산해본다면 20만 쪽의 정보에 해당한다. 이것을 모두 읽어낸다는 것이니 상당히 엄청난 얘기였다.

이것이 가능한 일인가 하는 부정적인 의견도 있었지만, 1989년에는 국제인간게놈기구가 설립되었고, 1991년에는 본격적으로 인간 게놈 해독 계획이 시작되었다. 2005년까지 28억 6000만의 모든 염기서열을 해독하겠다는 것이 목표였다. 미국과 영국, 독일, 프랑스, 일본, 중국의 6개 국가, 24개 기관이 참가하고, 최종적으로 약 3조 5000억 원이 넘는 엄청난 비용을 들여서 만들어진 거대한 프로젝트였다.

5년간 기계 준비 기간을 마친 1996년 초에 국제 회의가 버뮤다에서 개최되어, 각국 연구 기관에서 해독하는 염색체 할당이 정해졌다. 이 회의에서 일본은 인간의 23종류의 염색체 중 21번 염색체를 담당하게 되었고, 후에 3, 6, 8, 11, 18, 22번의 해독에도 참가하게 되었다.

하지만 당시 일본의 인간 게놈 연구 사정은 좋지 않았다. 상하 관계식 행정이나 융통성 없는 규정의 관료 기구 등의 폐해로 미국이나 유럽 국가에 비해 프로젝트 완료가 상당히 늦어졌고, 행정 기관의 관심도 낮았다. 그래도 관계자들의 노력으로 1998년에는 본격적인 게놈 과학 종합 연구 센터가 설립되었다. 버뮤다 회의가 있은 지 2년 반이나 지난 뒤이긴 했지만, 미국과 유럽에 뒤지지 않는 거대 연구소를 설립했다.

또한 이 해에 획기적인 발명이 이루어졌다. 모세관 시퀀서(capillary sequencer)로, 자동이면서 고속으로 DNA의 염기서열을 해독하는 장치다. 이 기계의 등장으로 게놈의 해독 속도는 엄청나게 빨라졌고, 2000년에는 모든 염기서열의 90%를 해독하는 비약적인 성과를 올릴 수 있었다. 그래서 염색체가 처음으로 완전히 해독된 것은 22번 염색체다(1999년). 이 연구는 영국 팀의 주도로 이루어졌으며, 일본 게이오 대학 팀도 함께했다.

일본의 주도로 완전히 해독된 첫 염색체는 21번 염색체[1]다. 《네이처》의 2000년 5월 18일 호에 실린 21번 염색체 해독 데이터는 그 정밀도 부분에서 상당히 높은 평가를 받았다. 미국과 유럽을 부러워하던 일본의 게놈 연구도 이로써 큰 성과를 이루었다.

인간 게놈 전체를 완전히 해독한 것은 이중나선을 발견하고 나서 50년 이 흐른 뒤인 2003년 4월 14일에 달성되었다. 일본이 해독한 것은 1억

| 21번 염색체 |

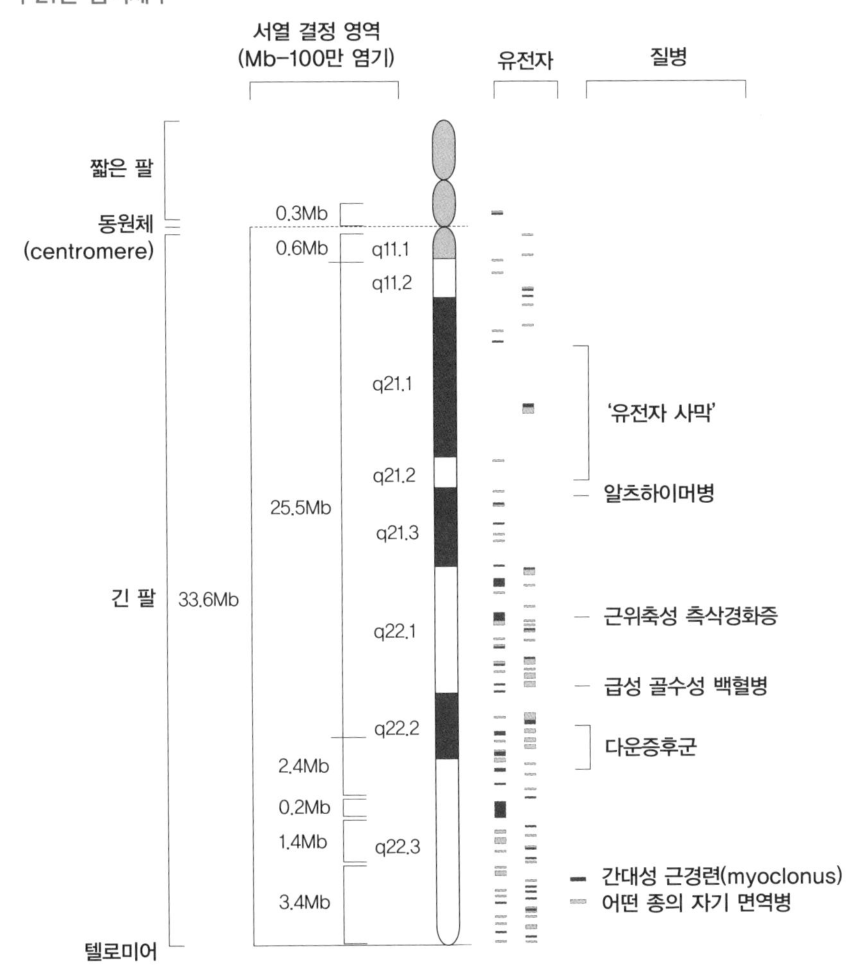

그림 제공 : 이화학연구소 게놈 과학 종합 연구 센터

8500만 염기로, 전체의 6%에 해당한다. 미국이 59%, 영국이 31%를 해독한 것에 이어 세 번째로 공헌한 것이다.

앞으로는 염기서열의 분석으로 발견된 유전자가 어떻게 발현이 조절되며, 이러한 것들이 만드는 단백질 구조나 기능은 무엇인가 하는 면으로 연구의 주축이 옮겨질 것이다. 이것은 포스트게놈이라고 부르는 새로운 시대를 열어갈 것이다. 앞으로는 유전자 연구의 성과가 의료, 복지, 음식물, 생식 등 많은 분야에서 우리의 생활을 크게 바꾸어나갈 것이다. 포스트게놈 시대는 이제 눈앞으로 다가왔다.

아베 데쓰야

1 21번 염색체

21번째 염색체는 3360만 염기가 배열되어 있으며, 인간의 염색체 중에서 가장 작다. 알츠하이머병, 급성 골수성 백혈병, 근위축성 측삭경화증, 어떤 종의 간질 등 몇 가지 병에 관한 유전자가 있는 곳으로 알려져 있다.

또한 21번 염색체가 하나 더 많으면 다운증후군에 걸린다는 것도 알려져 있다. 다운증후군은 많은 유전자가 관련되어 걸리는 것으로 추측되지만, 중심적인 증세에 관한 유전자가 이 염색체에 있는 것 같다. 게놈의 완전 해독으로 다운증후군을 비롯하여 다른 병의 치료에도 앞으로 큰 진전이 있을 것으로 예상된다.

100 유전 정보와 특허

당신은 '스탤스(Stealth) 특허' 라는 말을 들어본 적이 있는가? 이것은 레이더에 잡히지 않는 스탤스 전투기에서 따온 말로, 많은 사람들이 알지 못하는 사이 생각하지 못한 것에 특허가 걸려 있는 것을 나타내는 말이다.

그럼 DNA의 염기서열이 특허 대상이 된다는 것은 알고 있는가? 1981~1995년 사이에 세계에서 총 1175건의 DNA 염기서열 특허가 인정되었다. 다만 '그 당시' 에는 단순한 서열만은 특허가 되지 않았고, 유전자로서의 기능을 해명하여 유용성을 명확히 한 경우에만 특허로 인정했다.

1996년의 버뮤다 회의('099 인간 게놈 연구' 참조)에서 각국 연구 팀에 해독을 담당하는 염색체가 할당되었고, 해독된 인간 게놈의 염기서열은 즉시 무료로 공개하기로 결정했다.

그러나 1998년 5월 크레이그 벤터(Craig Venter)라는 연구자가 세레라 제노믹스사를 설립하여 "인간 게놈을 3년 내에 해독하겠다. 그리고 제약회사나 대학 연구자가 데이터로 접속할 때는 요금을 받겠다", 또한 "우리가 발견한 유전자 중에서 흥미로운 300개는 특허 신청을 할 생각이다"라고 발표했다.

이 발표를 들은 국제인간게놈기구(Human Genome Organization, HUGO)의 국제 프로젝트 팀은 위기감을 갖고 해독 속도를 높이기로 결정했다. 만일 서열 그 자체가 특허로 인정된다면, 인간 게놈 계획의 성과를 의료 등에 응용할 수 없게 되거나 크게 늦어질 가능성이 있기 때문이었다.

그후 이 둘의 치열한 경쟁이 시작되었다. 국제 공동 팀은 버뮤다 회의의 결정에 따라서 해독된 서열은 즉시 무료로 공개했다. 한편 세레라사는 자주 기자회견을 열어 '몇 % 해독했다' 라고 발표했지만, 구체적인 서열에 대해서는 공개하지 않았다. 그 결과 매체를 중심으로 찬반양론의 논의가 벌어졌다.

2000년 3월에는 미국의 클린턴 대통령(당시)과 영국의 블레어 총리(당시)에 의해 '인간 게놈 서열을 즉시 공개할 것을 요구하는 공동 선언' 이 발표되었다. 여기에는 "인간 게놈에 관한 '기초 데이터' 는 의학 발전을 위해서라도 모든 과학자가 자유롭게 이용할 수 있도록 즉시 무료로 공개해야 한다"는 내용이 포함되었다.

그후 각각의 의도와 미국 백악관의 노력으로 양자는 '시퀀스의 초안(대략적인 해독) 완료' 를 동시에 발표하기로 결정했다.

2000년 6월 26일 미국과 영국, 일본, 프랑스, 독일, 중국의 국제 프로젝트 팀과 세레라 제노믹스사는 각각 독립적으로 인간 게놈의 전체 모습을 확실히 연구했다고 선언했다. 그리고 국제 프로젝트 팀 대표인 프랜시스 콜린즈(Francis Collins) 박사와 세레라사의 크레이그 벤터 사장은 서로 악수를 했다.

국제 프로젝트 팀의 논문은 《네이처》의 2001년 2월 15일 호에, 세레라사의 논문은 《사이언스(Science)》의 2001년 2월 16일 호에 각각 발표되었다. 또한 세레라사는 대학 등 비영리 단체 연구자들에게는 무료로 서열 정보를 공개하기로 결정했다.

그후 세레라사가 해독에 사용한 게놈 DNA는 크레이그 벤터 본인이 제공한 것이라고 공표되었다.

2001년 1월 5일 유전자 특허의 심사 지침을 검토한 미국 특허상표국은 '유전자의 일부 조각이라도 그 유용성을 나타낸다면 특허로 인정할 수 있다' 라는 새로운 지침을 발표했다. 이 지침에 따르면 '불완전한 서

1 특허 제도
일본의 특허청 인가 학회는 구두 발표 후 발표자가 작성한 문서에 대표자의 확인 도장을 받으면, 특허 출원을 할 때 증명서로 이용할 수 있도록 인정한다.

2 해독을 완료
인간 게놈은 약 30억 7000만 염기지만, 생명 활동에 관계된다고 생각되는 것은 28억 6000만 염기다. 이 가운데 28억 3000만 염기를 99.99%의 정밀도로 해독을 완료했다. 또한 시퀀스의 초안 단계에서는 99.9%의 정밀도였다. 이 프로젝트에 6개 국가에서 3000명 이상의 연구자가 참가했고, 예산의 추계는 5조 원이 넘는다.

열' 이나 '유전자로서의 기능을 해명하지 못했더라도' 유용성이 나타나면 특허 대상이 된다는 것이다.

특허 제도[1]나 라이벌 간의 경쟁은 연구나 개발을 추진하는 데 강력한 동기가 된다. 그러나 이것이 진정한 공공의 복지로 연결될 것인지는 항상 냉정하게 판단할 필요가 있다. 만일 빈번하게 스텔스 특허로 충돌하게 되면 아무리 노력해도 소용없다고 느껴져 연구나 개발 의욕이 떨어질지도 모른다.

2003년 4월 14일 국제 프로젝트 팀은 '현대의 기술로 해독 불가능한 1%를 제외하고 인간 게놈의 해독을 완료[2]했다' 고 선언했다.

아구이 마사오

중앙에듀북스 Joongang Edubooks Publishing Co.
중앙경제평론사 | 중앙생활사 Joongang Economy Publishing Co./Joongang Life Publishing Co.

중앙에듀북스는 폭넓은 지식교양을 함양하고 미래를 선도한다는 신념 아래 설립된 교육 · 학습서 전문 출판사로서 우리나라와 세계를 이끌고 갈 청소년들에게 꿈과 희망을 주는 책을 발간하고 있습니다.

인간 유전 상식사전 100

초판 1쇄 발행 | 2016년 7월 20일
초판 4쇄 발행 | 2021년 12월 15일

지은이 | 사마키 에미코(左巻恵美子) 외
감 수 | 홍영남(YoungNam Hong)
옮긴이 | 박주영(JooYoung Park)
펴낸이 | 최점옥(JeomOg Choi)
펴낸곳 | 중앙에듀북스(Joongang Edubooks Publishing Co.)

대 표 | 김용주
편 집 | 한옥수 · 백재운
디자인 | 박근영
마케팅 | 김희석
인터넷 | 김회승

출력 | 상식문화 종이 | 한솔PNS 인쇄 | 상식문화 제본 | 은정제책사

잘못된 책은 구입한 서점에서 교환해드립니다.
가격은 표지 뒷면에 있습니다.

ISBN 978-89-94465-30-2(03470)

원서명 | ヒトの遺傳の100不思議

등록 | 2008년 10월 2일 제2-4993호
주소 | ㊄04590 서울시 중구 다산로20길 5(신당4동 340-128) 중앙빌딩
전화 | (02)2253-4463(代) 팩스 | (02)2253-7988
홈페이지 | www.japub.co.kr 블로그 | http://blog.naver.com/japub
페이스북 | https://www.facebook.com/japub.co.kr 이메일 | japub@naver.com
♣ 중앙에듀북스는 중앙경제평론사 · 중앙생활사와 자매회사입니다.

※ 이 책은 《알면 알수록 신비한 인간 유전 100가지》를 독자들의 요구에 맞춰 새롭게 출간하였습니다.

※ 이 도서의 국립중앙도서관 출판시도서목록(CIP)은 서지정보유통지원시스템 홈페이지(http://seoji.nl.go.kr)와 국가자료공동목록시스템(http://www.nl.go.kr/kolisnet)에서 이용하실 수 있습니다.(CIP제어번호: CIP2016015855)